# 柏慕 revit 基础教程
## 建筑篇

主　　编　黄亚斌

副 主 编　李　签　乔晓盼

本篇参编　刘振国

中国水利水电出版社
www.waterpub.com.cn

# 内 容 提 要

　　本书是基于柏慕 1.0——BIM 标准化应用体系的 Revit 基础教程，通过简单的实际项目案列，使读者们能够在短时间内掌握 Revit 相关的知识与技巧。本书针对各个专业，实践性极强，并且能够从基础部分入手，适应 BIM 标准化，BIM 材质库、族库、出图规则、建模命名标准，国标清单项目编码及施工、运维信息管理的统一等，使得 Revit 初学者能够顺利、快速地掌握该软件，并为该软件与其他 BIM 流程的衔接打下基础。

　　本书适合 Revit 初学者、建筑相关专业的学生以及相关从业人员阅读参考。

## 图书在版编目（CIP）数据

柏慕revit基础教程 / 黄亚斌主编. -- 北京 ：中国
水利水电出版社，2015.7（2018.6重印）
ISBN 978-7-5170-3415-5

Ⅰ．①柏… Ⅱ．①黄… Ⅲ．①建筑设计－计算机辅助
设计－应用软件－教材 Ⅳ．①TU201.4

中国版本图书馆CIP数据核字(2015)第229482号

| 书　　　名 | **柏慕 revit 基础教程（建筑篇）** |
| --- | --- |
| 作　　　者 | 主编　黄亚斌　　副主编　李签　乔晓盼 |
| 出 版 发 行 | 中国水利水电出版社<br>（北京市海淀区玉渊潭南路 1 号 D 座　100038）<br>网址：www.waterpub.com.cn<br>E - mail：sales@waterpub.com.cn<br>电话：(010) 68367658（营销中心） |
| 经　　　售 | 北京科水图书销售中心（零售）<br>电话：(010) 88383994、63202643、68545874<br>全国各地新华书店和相关出版物销售网点 |
| 排　　　版 | 中国水利水电出版社微机排版中心 |
| 印　　　刷 | 天津嘉恒印务有限公司 |
| 规　　　格 | 184mm×260mm　16 开本　25 印张（总）　594 千字（总） |
| 版　　　次 | 2015 年 7 月第 1 版　2018 年 6 月第 2 次印刷 |
| 印　　　数 | 4001—7000 册 |
| 总 定 价 | **300.00 元**（1—5 分册） |

# 前　　言

　　北京柏慕进业工程咨询有限公司创立于 2008 年，曾先后为国内外千余家地产商、设计院、施工单位、机电安装公司、工程总包、工程咨询、工程管理公司、物业管理公司等各类建筑及相关企业提供 BIM 项目咨询及培训服务，完成各类 BIM 咨询项目百余个，具备丰富的 BIM 项目应用经验。

　　北京柏慕进业工程咨询有限公司致力于以 BIM 技术应用为核心的建筑设计及工程咨询服务，主要业务有 BIM 咨询、BIM 培训、柏慕产品研发、BIM 人才培养。

　　柏慕 1.0——BIM 标准化应用系统产品经过一年的研发和数十个项目的测试研究，基本实现了 BIM 材质库、族库、出图规则、建模命名标准、国际清单项目编码及施工、运维信息管理的统一，初步形成了 BIM 标准化应用体系。柏慕 1.0 具有 6 大功能特点：①全专业施工图的出图；②国际清单工程量；③建筑节能计算；④设备冷热负荷计算；⑤标准化族库、材质库；⑥施工、运维信息管理。

　　本书主要以实际案例作为教程，结合柏慕 1.0 标准化应用体系，从项目前期准备开始，到专业模型建设、施工图出图、国际工程量清单及施工运维信息等都进行了讲解。对于建模过程有详细叙述，适合刚接触 Revit 的初学者、柏慕 1.0 产品的用户以及广大 Revit 爱好者。

　　由于时间紧迫，加之作者水平有限，书中难免有疏漏之处，敬请广大读者谅解并指正。凡是购买柏慕 1.0 产品的用户均可登陆柏慕进业官网（www.51bim.com）免费下载柏慕族库及本书相关文件。

　　欢迎广大读者朋友来访交流，柏慕进业公司北京总部电话：010－84852873；地址：北京市朝阳区农展馆南路 13 号瑞辰国际中心 1805 室。

编者

2015 年 8 月

# 目　录

# 设　备　篇

# 装　修　篇

# 景　观　篇

# 建 筑 篇

　　建筑篇基于柏慕 1.0——BIM 标准化应用体系。通过简单的实际项目案例，使得读者能够在短时间内掌握 Revit 中建筑方面的知识与技巧。针对建筑行业，实践性极强，并且能够从基础部分入手适应 BIM 的标准化，BIM 材质库、族库、出图规则、建模命名标准，国标清单项目编码及施工、运维信息管理的统一等，使得初学者能够顺利、快速掌握 Revit 软件，并为其他 BIM 流程的衔接打下基础。

# 第 1 章
## Autodesk Revit 及柏慕 1.0 简介

## 1.1 Autodesk Revit 简介

Revit 是 Autodesk 公司一套系列软件的名称。Revit 系列软件是专为建筑信息模型（BIM）构建的，可帮助设计师设计、建造和维护质量更好、能效更高的建筑。Autodesk Revit（以下简称 Revit）是我国建筑业 BIM 体系中使用最广泛的软件之一。

### 1.1.1 Revit 软件

Revit 提供支持建筑设计、MEP 工程设计和结构工程的工具。

Revit 可以按照建筑师和设计师的思维方式进行工作，因此，可以提供更加精确的建筑设计。通过使用专为支持建筑信息模型工作流而构建的工具，获取并分析概念，优化建筑设计，保持建筑设计阶段与其他各阶段的一致性。

Revit 为暖通、电气和给排水（MEP）工程师提供工具，可以设计最复杂的建筑系统。Revit 支持建筑信息建模（BIM），可帮助导出从概念到建筑的精确设计、分析和文档。使用信息丰富的模型在整个建筑生命周期中支持建筑系统。为暖通、电气和给排水（MEP）工程师构建的工具可帮助您设计和分析高效的建筑系统以及为这些系统编档。

Revit 为结构工程师和设计师提供了工具，可以更加精确地设计和建造出高效的建筑结构。为支持建筑信息建模（BIM）而构建的 Revit 可帮助您使用智能模型，通过模拟和分析更加深入地了解项目，并在施工前预测性能。使用智能模型中固有的坐标和一致信息，提高文档设计的精确度。专为结构工程师构建的工具可帮助您更加精确地设计和构建更加高效的建筑结构。

### 1.1.2 Revit 样板

项目样板文件在实际的设计过程中起着非常重要的作用，它统一的标准设置为设计者提供了便利，在满足设计标准的同时大大提高了设计者的工作效率。

项目样板提供项目的初始状态。基于样板的任意新项目均继承来自样板的所有族、设置（如单位、填充样式、线样式、线宽和视图比例）以及几何图形。样板文件是一个系统化的文件，很多内容来源于项目过程中的日积月累，其中柏慕样板就是从百余个项目中提炼，针对不同用户做出最底层的标准设置而成的，用于标准化、规范化用户的使用习惯，从而打通上下游的数据接口。

柏慕样板针对不同专业、不同工作的协同方式等设定了 8 个样板，分别为柏慕 1.0 建筑结构样板、柏慕 1.0 设备综合样板、柏慕 1.0 水样板、柏慕 1.0 暖样板、柏慕 1.0 电样板、柏慕 1.0 全专业样板、柏慕 1.0 节能样板、柏慕 1.0 制图样板。选择使用合适的样板，有助于快速开展项目。

### 1.1.3 Revit 族库

Revit 族库就是把大量的 Revit 族按照特性、参数等属性分类归档而成的数据库。相关行业企业或组织随着项目的开展和深入，都会积累出一套自己特有的族库。在以后的工作中，可直接调用族库数据，并根据实际情况修改参数，提高工作效率。族库的质量，是相关行业企业或组织的核心竞争力的一种体现。

因此柏慕在族库上做了大量的工作，制定了一套完整的族标准，如：族命名、族材质、族制作流程以及族储存格式等。为了感谢广大读者的支持和厚爱，柏慕为广大 Revit 爱好者提供了一大批免费的标准族，可进入柏慕官网 www.51bim.com 自行下载。

## 1.2 Revit 2015 的安装、启动和注册方法

### 1.2.1 Revit 2015 安装

打开解压好的 Revit 2015 安装文件包，并运行 Setup.exe 文件 开始安装程序，如图 1.2-1 所示。

图 1.2-1

进入到程序安装界面，如图 1.2-2 所示。单击【安装】按钮开始进行安装，默认为在此计算机上安装。

弹出如图 1.2-3 所示窗口，选择【我接受】，单击【下一步】按钮，进入如图 1.2-4 所示界面。

在【许可类型】中选择【单击】，在【产品信息】中选择【我有我的产品信息】，输入序列号：666-69696969，产品密钥：829G1。单击【下一步】按钮，进入如图 1.2-5 所示界面，在该界面中可以对所要安装的程序和安装路径进行设置，建议选择 Revit2015，安装路径为默认路径。

**注意**：安装时安装路径中不能包含用中文命名的文件夹，否则会安装失败。

图 1.2 - 2

图 1.2 - 3

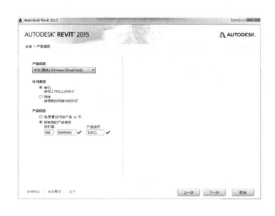

图 1.2 - 4

图 1.2 - 5

单击【安装】按钮进入如图 1.2 - 6 界面，并等待，至安装结束。

安装完成后弹出界面，如图 1.2 - 7 所示，单击【完成】按钮。

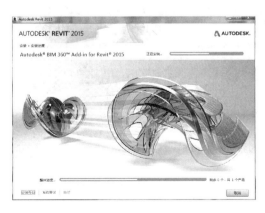

图 1.2 - 6

图 1.2 - 7

图 1.2-8

### 1.2.2　Revit 2015 启动方法

启动方法有以下 3 种：

1）双击桌面的快捷图标，如图 1.2-8 所示。

2）在桌面的快捷方式图标上单击鼠标右键，单击【开始】命令。

3）单击【开始】＞【所有程序】＞【Autodesk】＞【Revit2015】

### 1.2.3　Revit 2015 注册方法

断开网络连接后，启动 Revit 2015，进入激活许可界面，如图 1.2-9 所示，勾选【同意】。

选择【我同意】，弹出许可对话框，单击【激活】按钮，如图 1.2-10 所示。

图 1.2-9

图 1.2-10

选择【申请号】后面的字母及数字内容，复制【Ctrl＋C】，选择【我具有 Autodesk 提供的激活码】选项，如图 1.2-11 所示。

图 1.2-11

图 1.2-12

打开注册机文件夹内【Ken Gen-32bit】（注意：如果机器为 64 位系统，将选择【Ken Gen-64bit】，根据个人及其配置选择相关文件），出现所示对话框，如图 1.2-12

所示，将刚复制的申请号使用快捷键【Ctrl＋V】粘贴在【Request】一栏内。单击【Patch】按钮，出现对话框，如图 1.2－13 所示，表示配置成功，然后单击【确定】按钮。再单击【Generate】，即可生成【Activaton】栏内的激活码，如图 1.2－14 所示。

复制【Activaton】栏内产生的激活码，并粘贴回【激活码】一栏内，如图 1.2－15 所示。单击【下一步】，出现如图 1.2－16 界面，单击【完成】一栏内按钮，完成注册。

进入到 Revit 2015 的工作界面，如图 1.2－17 所示。

图 1.2－13

图 1.2－14

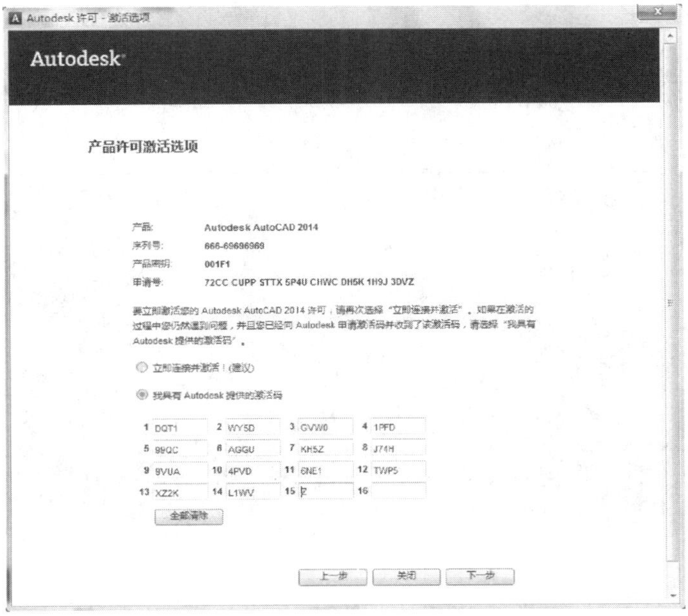

图 1.2－15

7

图 1.2 - 16

图 1.2 - 17

## 1.3  柏慕 1.0 简介

### 1.3.1  柏慕 1.0 产品特点

柏慕 1.0——BIM 标准化应用系统产品经过一年多时间，历经十数个项目的测试研究，基本实现了 BIM 材质库、族库、出图规则、建模命名规则、国标清单项目编码以及施工运维的各项信息管理的有机统一，初步形成 BIM 标准化应用体系，并具备以下 6 个突出的功能特点。

1) 全专业施工图出图。
2) 国标清单工程量。
3) 建筑节能计算。
4) 设备冷热负荷计算。
5) 标准化族库、材质库。
6) 施工、运维信息标准化管理。

### 1.3.2  工具栏命令介绍

#### 1.3.2.1  导入明细表功能

单击【导入明细表】按钮，弹出窗口后选择打开 Schedule 文件夹，如图 1.3-1 所示。

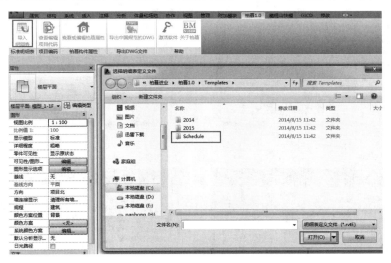

图 1.3-1

其中有 4 个明细表文件，如图 1.3-2 所示，分别是柏慕 1.0 设备明细表、柏慕 1.0 土建明细表、国标工程量清单明细表、施工运维信息应用明细表。

柏慕 1.0 设备明细表如图 1.3-3 所示。

柏慕 1.0 土建明细表如图 1.3-4 所示。

国标工程量清单明细表如图 1.3-5 所示。

施工运维信息应用明细表如图 1.3-6 所示。

图 1.3-2

图 1.3-3

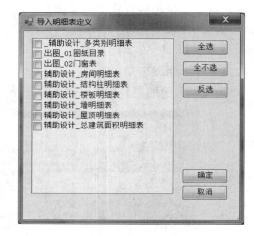

图 1.3-4

图 1.3-5

图 1.3-6

　　模型建完后，使用明细表功能时，只需选择需要用的明细表，单击【确定】，在项目浏览器的明细表中可以查看导入的明细表，如图 1.3 - 7 所示。

图 1.3 - 7

　　选中明细表，双击【查看数据】，柏慕 1.0 明细表中加入了项目编码，如图 1.3 - 8 所示。在柏慕的样板和族库中都进行了设置，如果使用其他样板，项目编码则需要手动添加。

| <清单土建_主次梁> | | | | |
| A | B | C | D | E |
| 项目编码 | 项目名称 | 体积 | b | h |
| 010503002 | 矩形梁-现浇混凝土-C35-450*900 | 4.77 m² | 450.000 | 900.000 |
| 010503002 | 矩形梁-现浇混凝土-C35-400*2400 | 5.96 m² | 400.000 | 2400.000 |
| 010503002 | 矩形梁-现浇混凝土-C35-400*2000 | 9.47 m² | 400.000 | 2000.000 |
| 010503002 | 矩形梁-现浇混凝土-C35-400*1500 | 50.71 m² | 400.000 | 1500.000 |
| 010503002 | 矩形梁-现浇混凝土-C35-400*900 | 212.89 m² | 400.000 | 900.000 |
| 010503002 | 矩形梁-现浇混凝土-C35-400*800 | 23.80 m² | 400.000 | 800.000 |
| 010503002 | 矩形梁-现浇混凝土-C35-400*700 | 72.11 m² | 400.000 | 700.000 |
| 010503002 | 矩形梁-现浇混凝土-C35-400*500 | 7.51 m² | 400.000 | 500.000 |
| 010503002 | 矩形梁-现浇混凝土-C35-350*900 | 9.04 m² | 350.000 | 900.000 |
| 010503002 | 矩形梁-现浇混凝土-C35-350*800 | 4.28 m² | 350.000 | 800.000 |
| 010503002 | 矩形梁-现浇混凝土-C35-350*700 | 2.91 m² | 350.000 | 700.000 |
| 010503002 | 矩形梁-现浇混凝土-C35-300*900 | 8.62 m² | 300.000 | 900.000 |
| 010503002 | 矩形梁-现浇混凝土-C35-300*800 | 7.99 m² | 300.000 | 800.000 |
| 010503002 | 矩形梁-现浇混凝土-C35-300*750 | 6.11 m² | 300.000 | 750.000 |
| 010503002 | 矩形梁-现浇混凝土-C35-300*700 | 126.62 m² | 300.000 | 700.000 |
| 010503002 | 矩形梁-现浇混凝土-C35-300*500 | 1.79 m² | 300.000 | 500.000 |
| 010503002 | 矩形梁-现浇混凝土-C35-250*500 | 38.16 m² | 250.000 | 500.000 |
| 010503002 | 矩形梁-现浇混凝土-C35-200*500 | 3.55 m² | 200.000 | 500.000 |
| 010503002 | 矩形梁-现浇混凝土-C35-200*400 | 2.75 m² | 200.000 | 400.000 |
| 010503002 | 矩形梁-现浇混凝土-C35-200*280 | 2.30 m² | 200.000 | 280.000 |

图 1.3 - 8

**1.3.2.2 查看编辑项目代码**

查看和编辑项目代码是可以查看样板文件中设置给构件添加的项目编码，给国标工程量清单提供数据。

选择模型中某个构件，单击 工具，弹出【项目编码】窗口，在最上面会显示当前构件的编码，如图 1.3 - 9 所示。

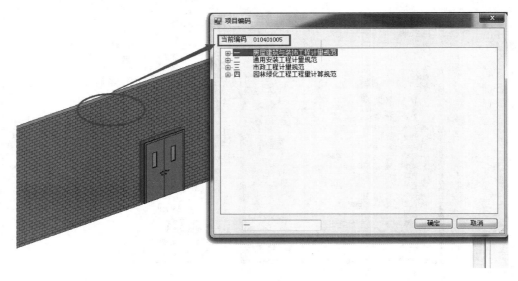

图 1.3 - 9

若自己新建的构件没有项目编码，也可以用此工具为构件添加项目编码。同样的选择某个构件，然后单击【项目编码】工具，选择相对应的一项，项目编码会出现在左下角的方框内，然后单击【确定】，项目编码就被赋予到构件上了，如图 1.3 - 10 所示。

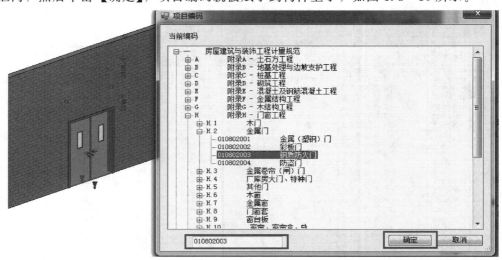

图 1.3 - 10

**1.3.2.3　查看或编辑柏慕属性**

　　柏慕 1.0 样板和族库中给所有的构件都添加了一些共享参数，主要是施工和运维方面的。为跟下游行业的数据对接，柏慕 1.0 产品仅添加了这些参数，具体的参数值未添加，需客户根据实际项目自行添加。

　　选择某个构件之后，单击 🏠 工具，弹出【查看编辑柏慕参数】对话框，如图1.3－11 所示。参数值目前都未添加，需要添加的时候直接在【参数值】一栏输入就行。

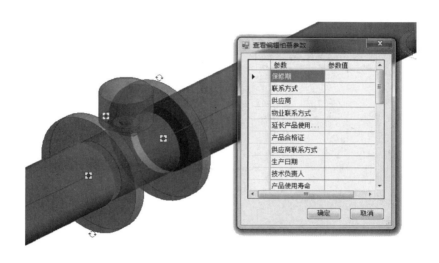

图 1.3－11

> **注意**：柏慕 1.0 版本在此处有漏洞，需要【参数值】全部都输入，单击确定才能给构件赋值。此漏洞会在之后出的更新版本中修复。

**1.3.2.4　导出中国规范的 DWG**

　　柏慕 1.0 中已经设置好了 DWG 导出图层，是在参照天正的基础上进行设置的。单击 ▥ 工具，弹出【Export DWG】窗口，可设置另存为路径，如图 1.3－12 所示。

图 1.3－12

在选项设置中注意将【DWG 单位】改为【millimeter】，如图 1.3 - 13 所示。其他设置跟 Revit 导出设置一样，然后单击【确定】和【保存】，就能导出 DWG 格式的文件了。

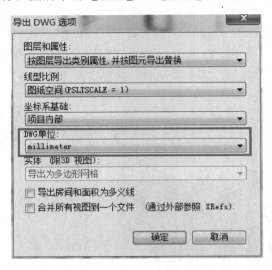

图 1.3 - 13

# 第2章

## 建 筑 模 型 案 例

本章通过一个小别墅的实际案例，详细讲解 Revit 的一些基本操作方法，读者可以在实际操作中体会 Revit 的便捷之处；此外，通过本案例可以了解一个项目的基本流程以及常规 BIM 模型在实际工作中的应用。

### 2.1 绘制标高轴网

标高用于定义楼层层高及生成相应的平面视图，而轴网用于给构件定位。在 Revit 中轴网确定了一个不可见的工作平面，而轴网编号以及标高符号样式均可定制修改。在本小节中，需重点掌握轴网和标高的绘制以及如何生成对应标高的平面视图等功能应用。

### 2.1.1 新建项目

启动 Revit，默认将打开【最近使用的文件】界面，如图 2.1－1 所示。

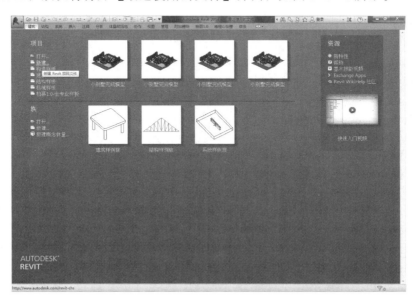

图 2.1－1

单击【新建】弹出【新建项目】对话框，单击【浏览】选择样板文件【BIM 基础教程样板文件】，单击【打开】并单击【确定】键新建项目，进入 Revit 绘图操作界面，如图 2.1－2 所示。

图 2.1－2

单击应用程序菜单按钮，将该项目另存为项目文件【建筑模型-小别墅】，如图 2.1－3 所示。

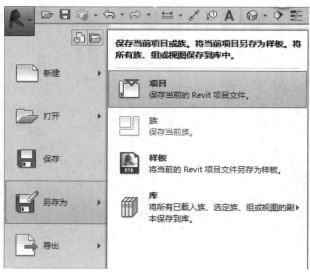

图 2.1－3

### 2.1.2　绘制标高

在 Revit 中，【标高】命令必须在立面和剖面视图中才能使用，因此在绘制使用标高时，必须先打开一个立面视图。

1. 创建标高

在项目浏览器中展开【立面】项，双击视图名称【南】进入南立面视图。

选择【2F】标高，将标高【1F】与【2F】之间的临时尺寸标注修改为【3300】，并按【Enter】键完成，如图 2.1 - 4 所示。

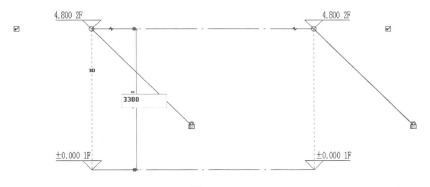

图 2.1 - 4

使用【复制】命令 ，绘制标高【F3】，调整其临时尺寸标注为【3000】，如图 2.1 - 5 所示。双击标高标头，在弹出的更改参数值对话框中修改名称为【3F】，如图 2.1 - 6 所示。

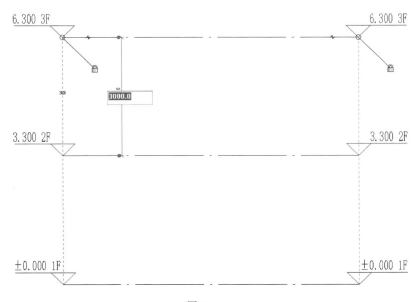

图 2.1 - 5

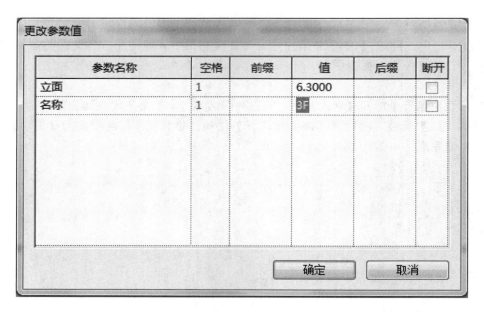

图 2.1-6

使用【复制】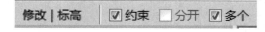 命令，创建【地坪标高】和【-1F】。选择标高【2F】，单击【修改|标高】选项卡下【修改】面板中的【复制】命令，并在选项栏中勾选【约束】和【多个】复选框，如图 2.1-7 所示。

移动光标在标高【2F】上任意一点单击捕捉该点作为复制参考点，然后垂直向下移动光标，输入间距值【3750】后单击【Enter】键确认复制完成新的标高，如图 2.1-8 所示。

图 2.1-7

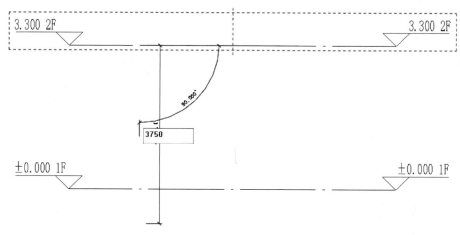

图 2.1-8

继续向下移动光标，复制另外 2 条新的标高，分别输入间距值 2850、200 后按【Enter】键确认完成。

分别选择新复制的 3 条标高，双击标高标头，修改其名称分别为【0F】【—1F】【—1F—1】后按【Enter】键确认。结果如图 2.1－9 所示。

至此，建筑的标高创建完成，保存文件。

2. 创建结构标高

1）在项目浏览器中展开"立面"项，双击视图名称"南"进入南立面视图。

2）分别选择【3F】【2F】【1F】【—1F】4 条标高，使用"复制" <sup>℃</sup> 命令，选项栏设置同上，移动光标在标高【3F】上单击捕捉一点作为复制参考点，然后垂直向下移动光标，输入间距值【50】后按【Enter】键确认复制完成新的标高，如图 2.1－9 所示。

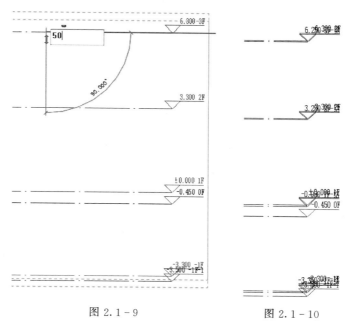

图 2.1－9　　　　　　　　　　　　图 2.1－10

3）双击标高标头，分别修改其参数值为新标高名称【3F—结】【2F—结】【1F—结】【—1F—结】，完成结果如图 2.1－10 所示。

4）选择【3F—结】，单击图 2.1－11 中所示的【锁定】图标，然后拖拽标高端点向右拖动，避免标高标头干涉。

图 2.1.11

5）对其他【2F-结】【1F-结】【-1F-结】作相同处理，完成结果如图 2.1-12 所示。

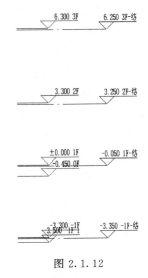

图 2.1.12

6）因为本项目处于方案阶段，在此对于结构标高只做设置，所以将结构标高隐藏。选择【3F-结】【2F-结】【1F-结】【-1F-结】4 条标高，单击【隐藏图元】命令 ，将所有结构标高在视图中隐藏，对其他立面视图作相同处理，完成后保存文件。

3. 编辑标高

接上节练习完成下面的标高编辑。

1）按住【Ctrl】键单击选中标高【0F】和【-1F-1】，从类型选择器下拉列表中选择【标高：下标头】类型，两个标头自动向下翻转方向，如图 2.1-13 所示。

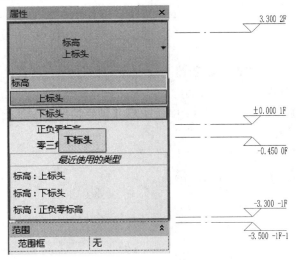

图 2.1.13

2）单击选项卡【视图】→【平面视图】→【楼层平面】命令，打开【新建楼层平面】对话框，如图 2.1-14 所示。从列表中选择所有标高，单击【确定】后，在项目浏览器中创建新的楼层平面。

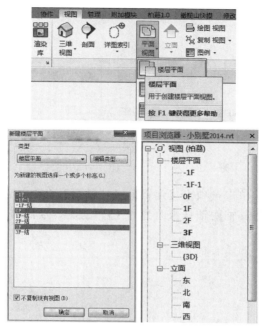

图 2.1-14

3）保存文件。

### 2.1.3  绘制轴网

下面在平面视图中创建轴网。在 Revit 中轴网只需要在任意一个平面视图中绘制一次，其他平面和立面、剖面视图中都将自动显示。

1. 创建轴网

在项目浏览器中双击【楼层平面】项目中的【1F】视图，打开首层平面视图。

单击选项卡【建筑】→【轴网】命令，绘制第一条垂直轴线，如图 2.1-15 所示，并双击轴网轴号，修改其值为【1】。

图 2.1-15

选择①号轴线，单击【复制】 命令，移动光标在①号轴线上，单击捕捉一点作为复制参考点，然后水平向右移动光标，直接输入数值 1200 后按【Enter】键，确认后完成复制②号轴线。保持光标位于新复制的轴线右侧，分别输入 4300、1100、1500、3900、3900、600、2400，后按【Enter】键确认，绘制③～⑨号轴线，如图 2.1-16 所示。

选择⑧号轴线，修改其轴网轴号为【1/7】后按【Enter】键确认，将⑧号轴线改为附加轴线。同理选择后面的⑨号轴线，修改其轴网轴号为【8】。完成后垂直轴线结果如图 2.1-17 所示。

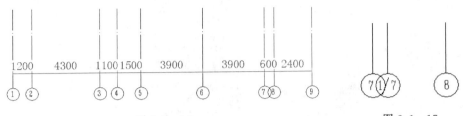

图 2.1-16                              图 2.1-17

绘制水平方向轴网。单击选项卡【建筑】→【轴网】命令，创建第一条水平轴线。选择刚创建的水平轴线，将其轴网轴号修改为【A】，创建Ⓐ号轴线，如图 2.1-18 所示。

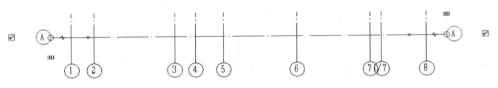

图 2.1-18

使用【复制】 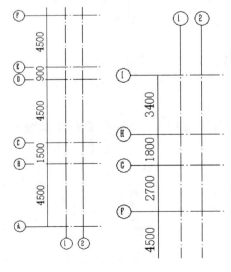 命令，创建【B-I】号轴线。选择Ⓐ号轴线，单击【复制】命令，移动光标在Ⓐ号轴线上单击捕捉任意一点作为复制参考点，然后垂直向上移动光标，保持光标位于新复制的轴线上方，依次输入 4500、1500、4500、900、4500、2700、1800、3400 后按【Enter】键确认，完成复制，如图 2.1-19 所示。

图 2.1-19

选择【I】号轴线，修改其轴网轴号为【J】，创建①号轴线。完成后保存文件。如图 2.1 - 20 所示。

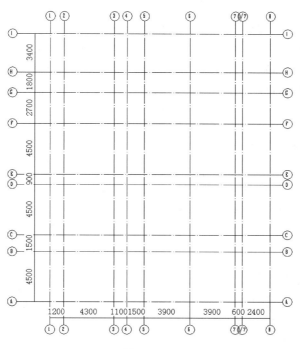

图 2.1 - 20

2. 编辑轴网

绘制完轴网后，需要在平面和立面视图中手动调整轴网标头的位置，修改⑦号和①/7 号轴线、①号和⑤号轴网标头干涉等，以满足出图需求。

偏移①号、①/7 号轴网标头，如图 2.1 - 21 所示（单击红色框中的添加弯头符号，并拖拽到适当位置）。

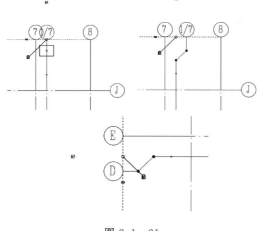

图 2.1 - 21

## 2.2 绘制地下一层墙体

在项目浏览器中双击【楼层平面】展开项中的【-1F】，打开地下一层平面视图，绘制地下一层墙体。这里说明一下，柏慕1.0建模规则是建筑墙体分三道墙体分别绘制，即内装饰墙（考虑精装修时绘制）、核心层墙体和外装饰墙。本案例中因暂无装修部分，故绘制两道墙体。在建模时先绘制核心层墙体，待核心层墙体绘制完成且门窗添加完毕之后再绘制外装饰墙。

### 2.2.1 绘制地下一层外墙

单击选项卡【建筑】→【墙】命令。在类型选择器中选择【基本墙：基墙_钢筋砼C30-240厚】，在【属性】栏设置实例参数【底部限制条件】为【-1F-1】；【顶部约束】为【直到标高1F】，单击【应用】，并设置其【偏移量】为【20】，如图2.2-1所示。

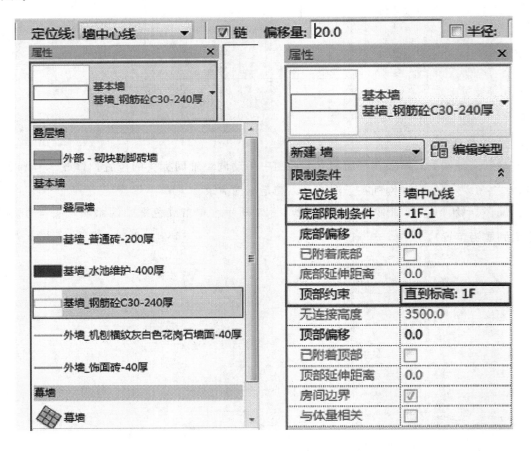

图 2.2-1

单击绘制面板中的【直线】命令，移动光标单击鼠标左键捕捉Ⓔ轴和①轴交点为绘制墙体起点，按顺时针方向绘制如图 2.2－2 所示墙体。

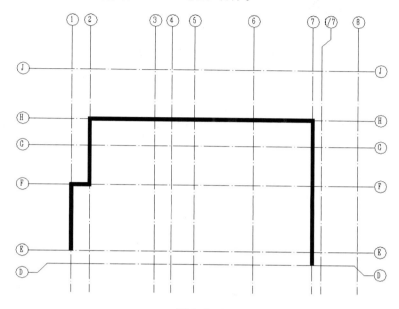

图 2.2－2

在类型选择器中选择【基本墙：基墙＿普通砖－200 厚】，单击【编辑类型】，进入【类型属性】对话框，单击【复制】按钮，重命名墙体为【基墙＿陶粒混凝土空心砌块－200 厚】，如图 2.2－3 所示。

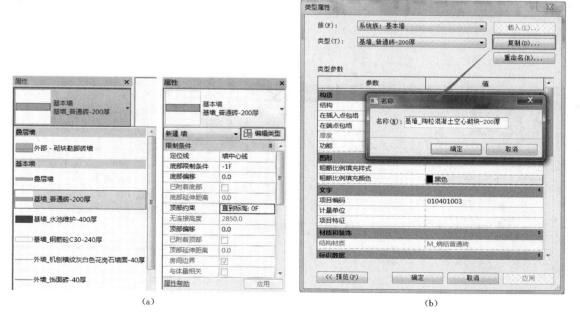

(a)                                    (b)

图 2.2－3

单击【编辑】按钮，进入【编辑部件】面板，如图 2.2 - 4 所示。

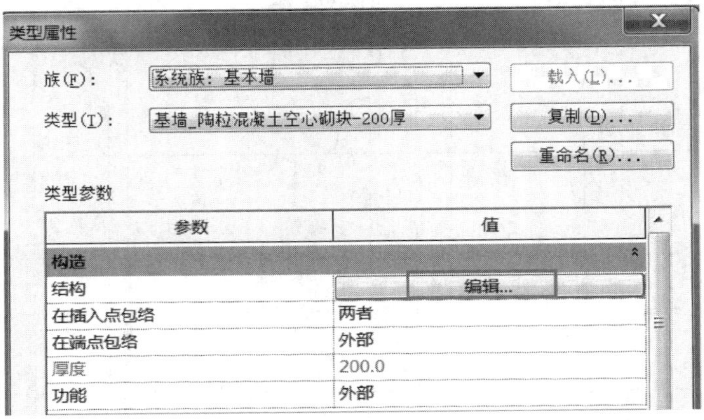

图 2.2 - 4

按照如图 2.2 - 5 所示内容设置墙体构造层的【材质】和【厚度】，单击【确定】，完成墙体的创建。

> **注意**：若设置复合墙，可以单击【插入】添加构造层，在选中要移动的构造层时单击【向上】或【向下】调节其在墙体中的位置。

单击【属性】栏，同样设置实例参数【底部限制条件】为【-1F-1】；【顶部约束】为【直到标高 1F】，单击【应用】。

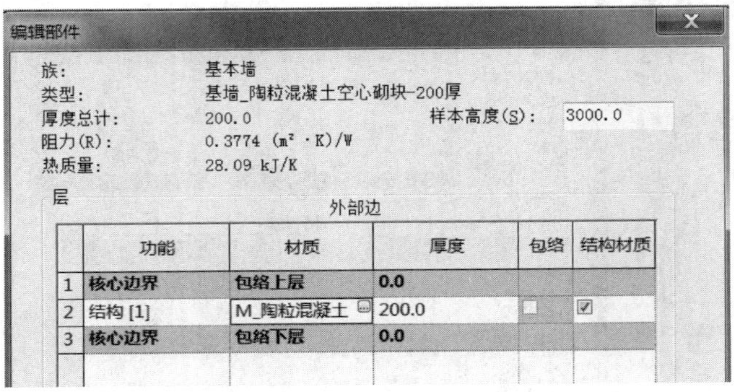

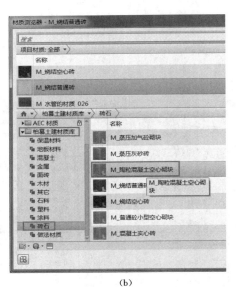

(a)　　　　　　　　　(b)

图 2.2 - 5

选择【绘制】面板中【直线】命令，移动光标单击鼠标左键捕捉①轴和⑦轴交点为绘制墙体起点，然后按顺时针方向绘制，在Ⓔ轴与⑤轴交点处向下移动光标，输入【8280】并按【Enter】键绘制该段墙体，继续绘制完成如图 2.2-6 所示墙体，完成后保存文件。

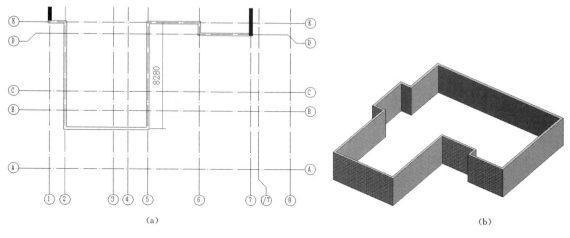

(a)

(b)

图 2.2-6

## 2.2.2　绘制地下一层内墙

单击选项卡【建筑】→【墙】命令，在类型选择器中选择【基本墙：基墙 _ 普通砖-200 厚】类型。单击【属性】栏，设置实例参数【底部限制条件】为【-1F】；【顶部约束】为【直到标高 1F】，单击【应用】，如图 2.2-7 所示。然后按图 2.2-8 所示内墙位置捕捉轴线交点，绘制地下室内墙。

图 2.2-7

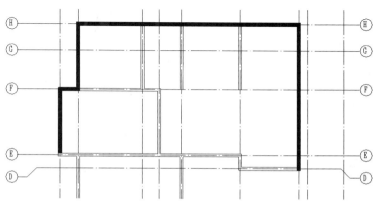

图 2.2-8

新建墙体类型【基墙＿普通砖-120厚】。在类型选择器中选择【基本墙：基墙＿普通砖-200厚】→【复制】，新建墙体类型，并命名为【基墙＿普通砖-120厚】，编辑其结构厚度为【120】，单击【属性】栏，设置实例参数【底部限制条件】为【－1F】；【顶部约束】为【直到标高1F】，单击【应用】。按图2.2-9所示的内墙位置捕捉轴线交点，绘制【基墙＿普通砖-120厚】地下室内墙。

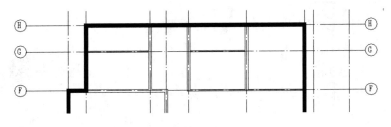

图 2.2-9

完成后模型如图 2.2-10 所示，保存文件。

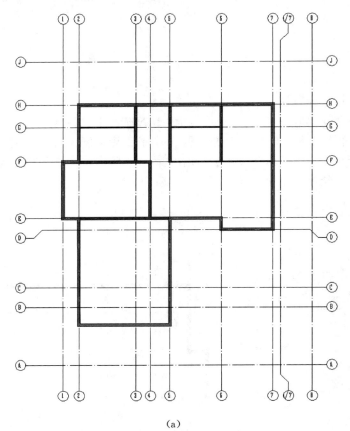

(a)

图 2.2-10（一）

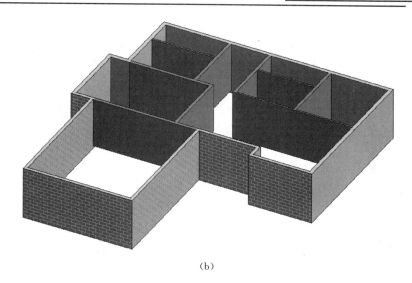

(b)

图 2.2-10（二）

## 2.3　绘制地下一层门窗

### 2.3.1　放置地下一层门

打开【-1F】平面视图，单击选项卡【建筑】→【门】命令，在类型选择器中选择
【BM_木质单扇平开门：M0921】类型，如图 2.3-1 所示。

图 2.3-1

在选项栏上选择【在放置时进行标记】，以便对门进行自动标记，如图 2.3-2 所示。

将光标移动到如图 2.3-3 所示的位置，单击鼠标左键以放置门，拖动蓝色控制点移
动到Ⓖ轴，修改临时尺寸值为【1550】。

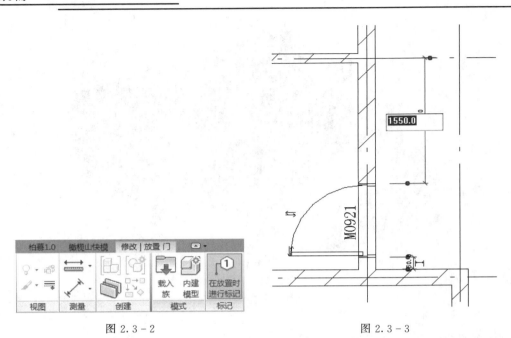

图 2.3-2                                           图 2.3-3

同理，在类型选择器中分别选择【BM_防火卷帘门：JLM5422】【BM_木质单扇平开门：M0921】【BM_木质单扇平开门：M0821】【BM_铝合金四扇推拉门：TLM2124】门类型，按图 2.3-4 所示位置插入到地下一层墙上。

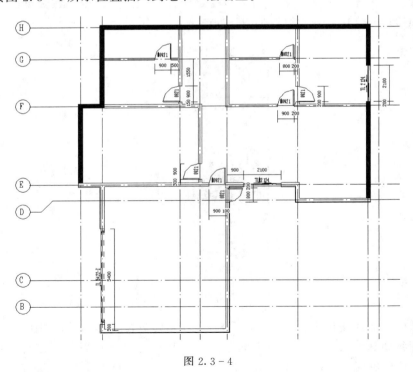

图 2.3-4

完成后地下一层的门如图 2.3－5 所示，保存文件。

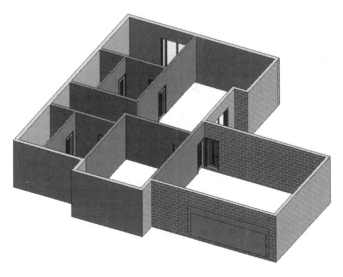

图 2.3－5

### 2.3.2　放置地下一层窗

打开【－1F】视图，单击选项卡【建筑】→【窗】命令。在类型选择器中分别选择【BM＿铝合金双扇推拉窗：TLC1206】【BM＿铝合金上下双扇固定窗：C0823】【BM＿铝合金组合窗（四扇推拉）：ZHC3215】【BM＿铝合金上下双扇固定窗：C0624】类型，按图 2.3－6 所示位置，在墙上单击将窗放置在合适位置。

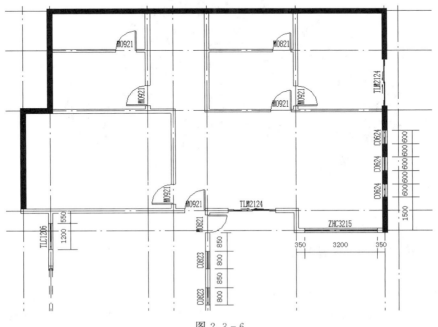

图 2.3－6

接下来编辑窗台高度。在任意视图中选择【BM_铝合金上下双扇固定窗：C0823】，单击【图元属性】按钮打开【实例属性】对话框，修改底高度值为【400】，如图2.3-7所示。单击【应用】完成设置。

图2.3-7

同理，编辑其他窗的底高度。其中C0624为250mm、ZHC3215为900mm、TLC1206为1900mm。编辑完成后的地下一层窗，如图2.3-8所示，保存文件。

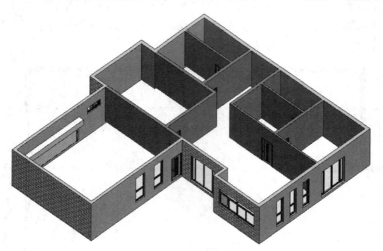

图2.3-8

## 2.4 绘制地下一层外装饰墙

单击选项卡【建筑】→【墙】命令。在类型选择器中选择【基本墙：外墙_饰面砖-40厚】类型，单击【属性】栏，设置实例参数【底部限制条件】为【-1F-1】；【顶部约

束】为【直到标高 1F】；【定位线】为【面层面：内部】，单击【应用】，如图 2.4 - 1
所示。

图 2.4 - 1

在【基墙 _ 混凝土砌块 - 200 厚】墙外侧，自①轴和⑦轴交点为绘制墙体起点，按顺
时针方向绘制如图 2.4 - 2 所示的墙体。

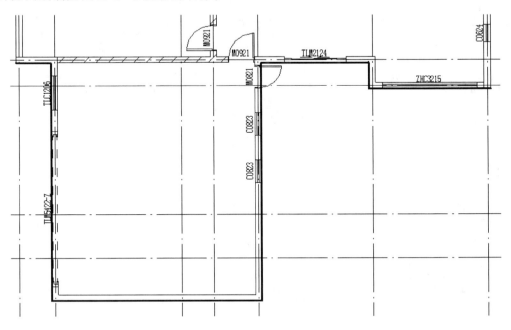

图 2.4 - 2

完成后模型如图 2.4 - 3 所示。

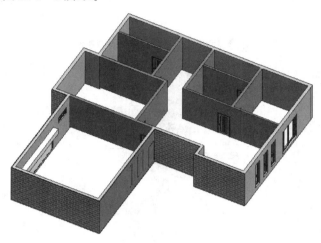

图 2.4 - 3

单击选项卡【修改】→【连接】→【连接几何图形】，如图 2.4 - 4 所示。然后依次单击两层墙体，将两者连接确保门窗洞口被自动剪切，完成后模型如图 2.4 - 5 所示。

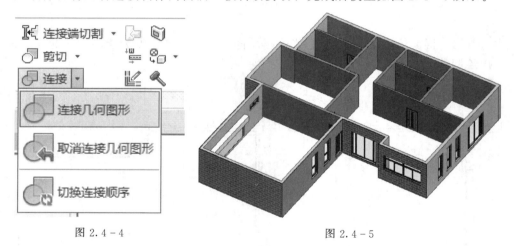

图 2.4 - 4                  图 2.4 - 5

## 2.5 绘制地下一层楼板

双击项目浏览器中的【-1F】打开地下一层平面。单击选项卡【建筑】→【楼板】命令，进入楼板绘制模式，如图 2.5 - 1 所示。

图 2.5 - 1

　　选择【绘制】面板，单击【拾取墙】命令，移动光标到外墙外边线上，依次单击拾取
【基墙 _ 钢筋砼 C30 - 240 厚】和【基墙 _ 陶粒混凝土空心砌块 - 200 厚】外边线自动创建楼
板轮廓线，单击选项栏中的【修剪】命令,依次单击两条相交轮廓线，完成如图 2.5 - 2
所示。

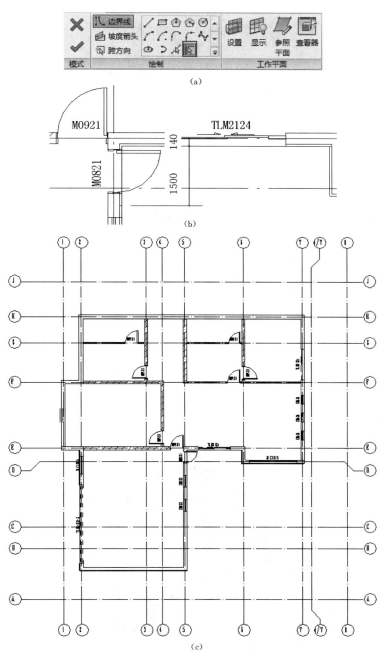

图 2.5 - 2

在类型选择器中选择【有梁板—现浇钢筋混凝土 C30 - 200 厚】，单击【属性】栏，设置实例参数【标高】为【-1F】，单击【应用】，如图 2.5 - 3 所示。

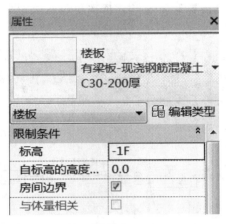

图 2.5 - 3

单击【完成绘制】命令 ✅ 完成创建地下一层楼板，在弹出的如图 2.5 - 4 所示的对话框中选择【是】。

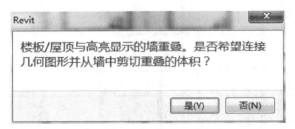

图 2.5 - 4

创建完成的地下一层楼板如图 2.5 - 5 所示。

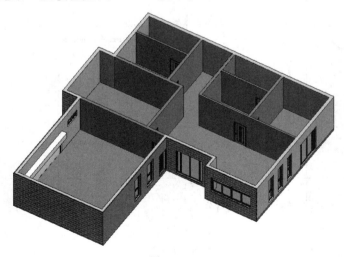

图 2.5 - 5

## 2.6　绘制首层建筑模型

### 2.6.1　复制地下一层外墙

将项目视图切换到三维视图，将鼠标放置在任意一道外墙上，通过按【Tab】键切换选择全部外墙，如图 2.6-1 所示。

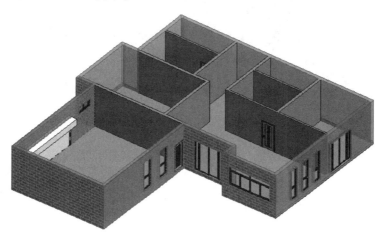

图 2.6-1

单击【复制到粘贴板】命令，然后单击【粘贴】→【与选定的标高对齐】命令，打开【选择标高】对话框，如图 2.6-2 所示。

图 2.6-2

选择【1F】，单击【确定】，完成后模型如图 2.6－3 所示。

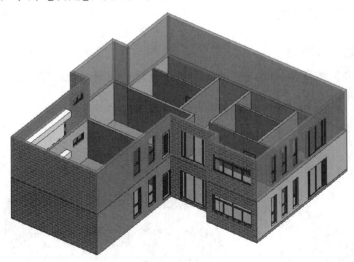

图 2.6－3

在项目浏览器中双击【楼层平面】项下的【1F】，打开一层平面视图。如图 2.6－4 所示框选所有构件，单击选项栏中的【过滤器】工具，打开【过滤器】对话框，如图 2.6－5 所示取消勾选【墙】，单击【确定】选择所有门窗。然后按【Delete】键，删除所有门窗。

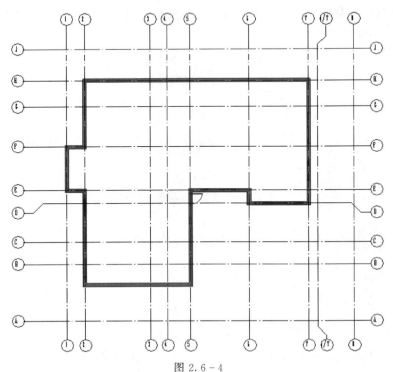

图 2.6－4

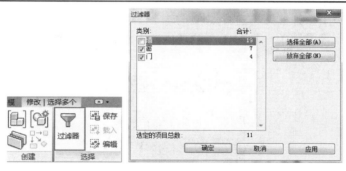

图 2.6 - 5

## 2.6.2　编辑首层外墙

调整外墙位置：单击【修改】选项栏中的【移动】命令 ✛，单击【基墙 _ 混凝土砌块-200 厚】的墙体中心线，垂直向上移动到 B 轴并单击，使其中心线与 B 轴对齐，如图 2.6 - 6 所示。

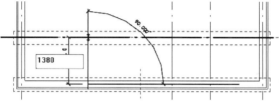

图 2.6 - 6

单击任意选择一道【基墙 _ 混凝土砌块-200 厚】墙体，单击鼠标右键，弹出如图 2.6 - 7 所示对话框，单击鼠标左键选择【选择全部实例】→【在视图中可见】，此时该类型墙体被全部选中。

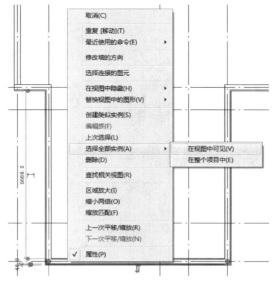

图 2.6 - 7

在类型选择器中选择【基墙_普通砖-200厚】替换更新原有墙体，单击【属性】栏，设置实例参数【底部限制条件】为【1F】；【顶部约束】为【直到标高2F】，单击【应用】，如图2.6-8所示。

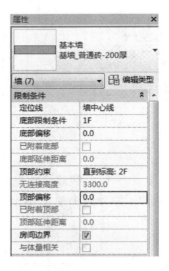

图 2.6-8

同理，分别选择视图中所有【基墙_钢筋砼C30-240厚】【外墙_饰面砖-40厚】墙体将其删除。

单击选项卡【建筑】→【墙】命令。在类型选择器中选择【基本墙：基墙_普通砖-200厚】类型，单击【属性】栏，设置实例参数【底部限制条件】为【1F】；【顶部约束】为【直到标高2F】，单击【应用】，自ⓔ轴和①轴交点为绘制墙体起点，按顺时针方向绘制如图2.6-9所示的墙体。

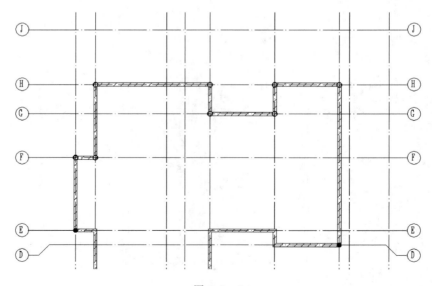

图 2.6-9

完成后模型如图 2.6 - 10 所示，保存文件。

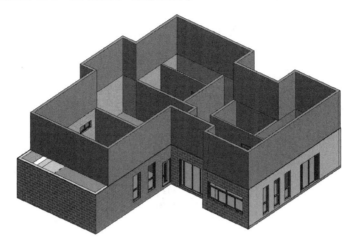

图 2.6 - 10

### 2.6.3　绘制首层内墙

接下来绘制首层平面内墙。

单击选项栏中【建筑】→【墙】命令，在类型选择器中选择【基墙 _ 普通砖 - 200 厚】类型，在选项栏选择【绘制】→【直线】命令。单击【属性】按钮打开【图元属性】对话框，设置实例参数【底部限制条件】为【1F】；【顶部约束】为【直到标高 2F】，单击【应用】，如图 2.6 - 11 绘制类型为【基墙 _ 普通砖 - 200 厚】的内墙。

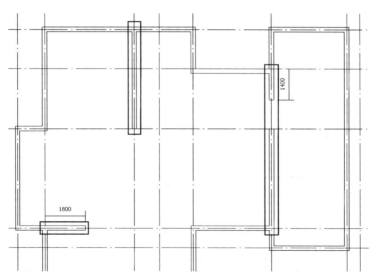

图 2.6 - 11

单击选项栏中【建筑】→【墙】命令，在类型选择器中选择【基墙 _ 普通砖 - 120 厚】类型，在选项栏选择【绘制】→【直线】命令。单击【属性】按钮打开【图元属性】对话框，设置实例参数【底部限制条件】为【1F】；【顶部约束】为【直到标高2F】，单击【应用】，如图2.6-12所示。

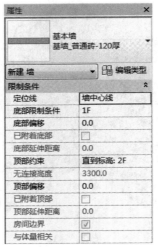

图2.6-12

在绘制Ⓕ轴左端墙体时需设置其【偏移量】为【40】，单击【空格】键切换墙体内外侧方向，以保证Ⓕ轴上两段墙的下侧墙面对齐，如图2.6-13所示。

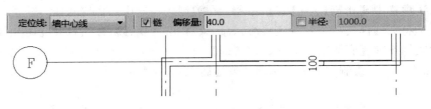

图2.6-13

然后绘制如图2.6-14所示位置，其他类型为【基墙_普通砖-120厚】的内墙。

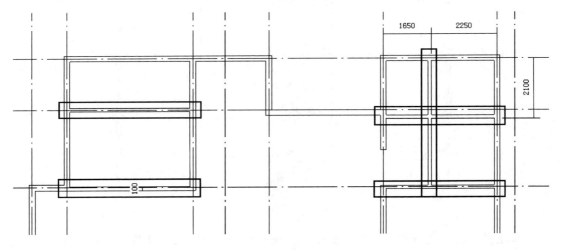

图2.6-14

完成后的首层墙体如图 2.6 - 15 所示，保存文件。

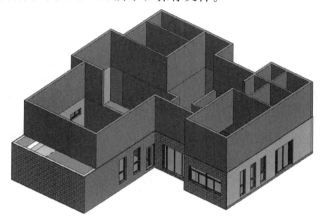

图 2.6 - 15

### 2.6.4 插入和编辑门窗

编辑完成首层平面内外墙体后，即可创建首层门窗。门窗的插入和编辑方法同 2.3 节的内容，本节不再详述。

在项目浏览器中【楼层平面】下双击【1F】，打开首层平面视图。

单击【建筑】→【门】命令，在类型选择器中分别选择门类型：【BM _ 铝合金四扇推拉门：TLM3627】【BM _ 木质单扇平开门：M0921】【BM _ 木质单扇平开门：M0821】【BM _ 木质双扇平开门：M1824】【BM _ 铝合金四扇推拉门：TLM2124】，按图 2.6 - 16

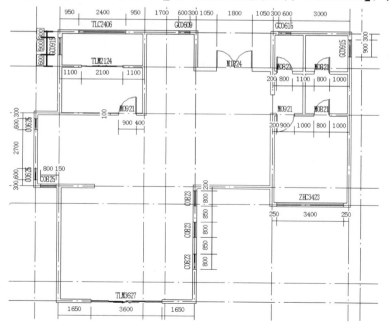

图 2.6 - 16

所示位置移动光标到墙体上单击放置门，并精确定位。

单击【建筑】→【窗】命令，在类型选择器中分别选择窗类型【BM＿铝合金上下双扇固定窗：C0825】【BM＿铝合金上下双扇固定窗：C0625】【BM＿铝合金单扇固定窗：GC0915】【BM＿铝合金双扇推拉窗：TLC2406】【BM＿铝合金单扇固定窗：GC0609】【BM＿铝合金单扇固定窗：GC0615】【BM＿铝合金组合窗（四扇推拉）：ZHC3423】【BM＿铝合金上下双扇固定窗：C0823】按图2.6－16所示位置移动光标到墙体上单击放置窗，并精确定位。

编辑窗台高：在平面视图中选择窗，单击【属性】栏打开【图元属性】对话框，设置参数【底高度】参数值，调整窗户的窗台高。各窗的窗台高为：C0825—150mm、 C0625—300mm、GC0915—900mm 、 TLC2406—1200mm、GC0609—1000mm、GC0615—900mm、ZHC3423—100mm、C0823—100mm，完成后模型如图2.6－17所示。

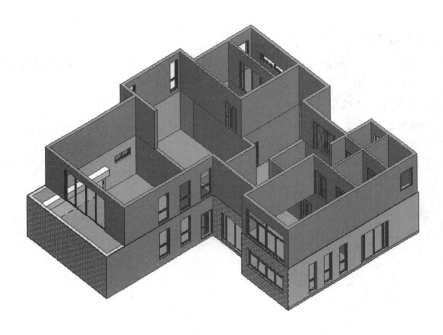

图 2.6 - 17

## 2.6.5　绘制首层外装饰墙

单击选项卡【建筑】→【墙】命令。在类型选择器中选择【基本墙：外墙＿机刨横纹灰白色花岗石墙面-40厚】类型，单击【属性】栏，设置实例参数【底部限制条件】为【1F】；【顶部约束】为【直到标高2F】；【定位线】为【面层面：内部】，单击【应用】，如图2.6－18所示。

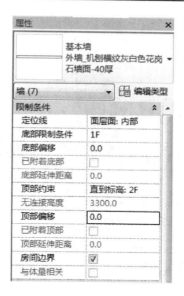

图 2.6 - 18

在【基墙 _ 普通砖 - 200 厚】墙外侧，自Ⓔ轴和①轴交点为绘制墙体起点，按顺时针方向绘制如图 2.6 - 19 所示墙体。

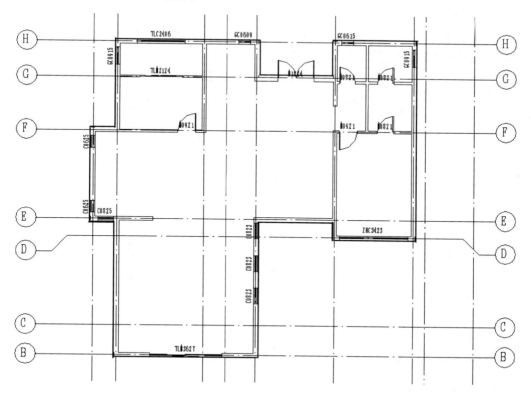

图 2.6 - 19

单击选项卡【修改】→【连接】→【连接几何图形】，然后依次单击两层墙体，将两者连接确保门窗洞口被自动剪切。完成后模型如图 2.6 - 20 所示。

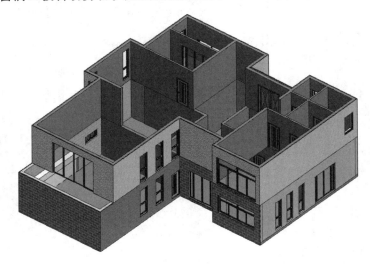

图 2.6 - 20

### 2.6.6 创建首层楼板

打开平面视图【1F】。单击【建筑】→【楼板】命令，进入楼板绘制模式。

单击【拾取墙】命令 ，移动光标依次单击拾取墙【基墙_钢筋砼 C30 - 240 厚】和墙【基墙_陶粒混凝土空心砌块 - 200 厚】外边线自动创建楼板轮廓线，如图 2.6 - 21 所示。

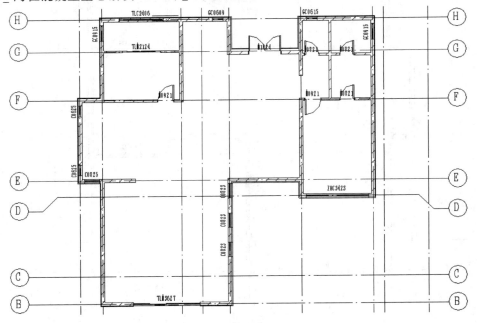

图 2.6 - 21

选择Ⓑ轴下面的轮廓线，单击选项栏中【移动】命令✛，光标垂直往下移动，输入【4500】，如图 2.6－22 所示。

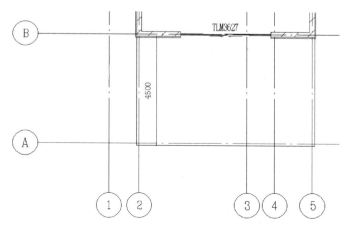

图 2.6－22

单击绘制面板中【直线】命令✎，绘制如图 2.6－23 所示轮廓线。

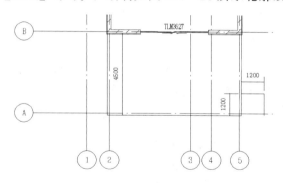

图 2.6－23

单击选项栏中的【修剪】命令╤修剪轮廓线，完成后的楼板轮廓线草图如图 2.6－24 所示。

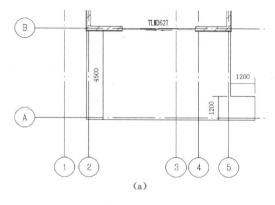

(a)

图 2.6－24 （一）

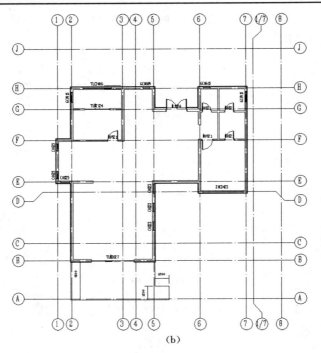

(b)

图 2.6－24（二）

在【楼板属性】对话框下，选择楼板类型为【地＿水泥砂浆面层－100 厚】，如图 2.6－25 所示，单击"完成绘制"按钮 ✔，完成首层楼板的创建。

图 2.6－25

在弹出如图 2.6－26 所示的对话框中选择【是】和【分离目标】。

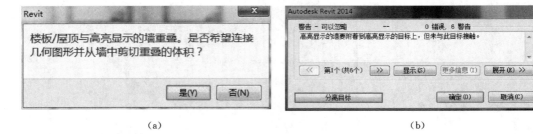

（a）                                （b）

图 2.6－26

楼板创建完成后模型如图 2.6 - 27 所示，至此，一层平面的主体全部绘制完成，保存文件。

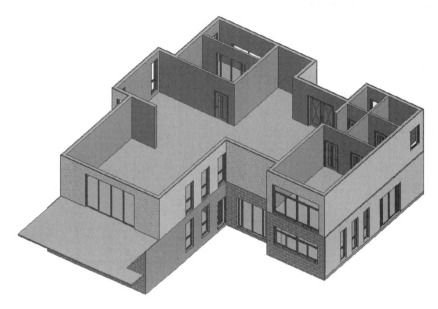

图 2.6 - 27

## 2.7　绘制二层建筑模型

### 2.7.1　复制首层墙体

同绘制首层墙体方法相同，绘制二层墙体时，将首层墙体复制到二层，并在此基础上对墙体进行修改。单击【项目浏览器】中的【立面】→【南】，进入【南立面】视图。框选首层所有构件，如图 2.7 - 1 所示。

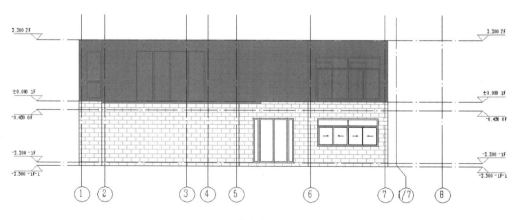

图 2.7 - 1

在构件选择状态下，选项栏中单击【过滤器】工具 $\bar{\mathbb{Y}}$，确保只勾选【墙】【门】【窗】【楼板】等类别，单击【确定】关闭对话框，如图 2.7－2 所示。

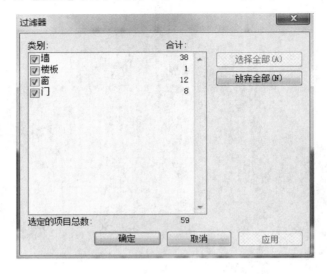

图 2.7－2

单击【复制到粘贴板】命令，然后单击【粘贴】→【与选定的标高对齐】命令，打开【选择标高】对话框，单击选择【2F】，单击【确定】，如图 2.7－3 所示。

图 2.7－3

首层平面所有的构件都被复制到二层平面，如图 2.7－4 所示。

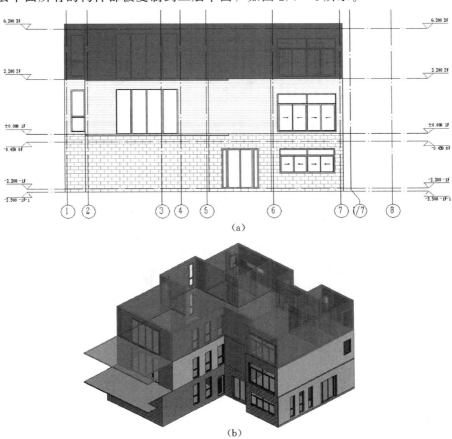

(a)

(b)

图 2.7－4

框选二层所有构件，单击【过滤器】工具，只勾选【门】【窗】，单击【确定】选择所有门窗。按【Delete】键，删除所有门窗，如图 2.7－5 所示。

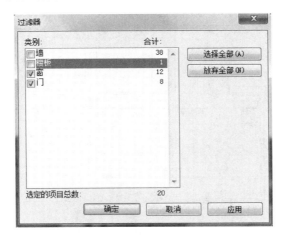

图 2.7－5

完成之后模型如图 2.7 - 6 所示，保存文件。

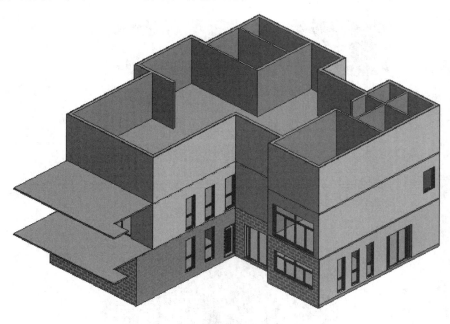

图 2.7 - 6

### 2.7.2 编辑二层外墙

将视图切换到二层平面视图，按住 Ctrl 键连续单击选择所有内墙，再按【Delete】键，删除所有内墙，单击选项栏中【修剪】命令，修剪如图 2.7 - 7 所示的墙体。

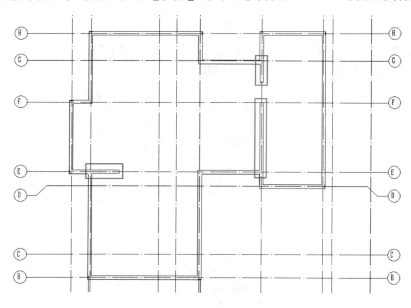

图 2.7 - 7

完成后如图 2.7 - 8 所示。

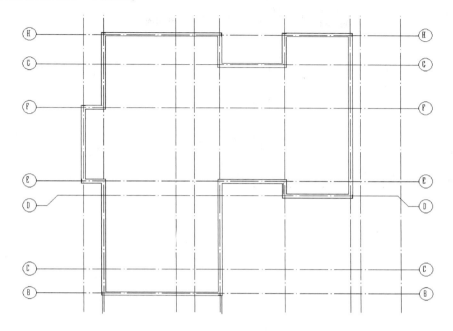

(a)

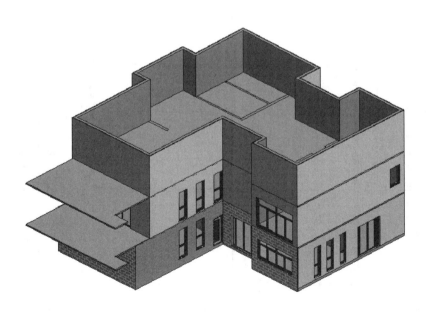

(b)

图 2.7 - 8

调整外墙位置：选择Ⓑ轴上的两道墙体，单击选项栏中【移动】命令，将其移动到Ⓒ轴，同理将⑤轴上Ⓒ、Ⓔ轴之间的墙体移动到④轴，如图 2.7 − 9 所示。

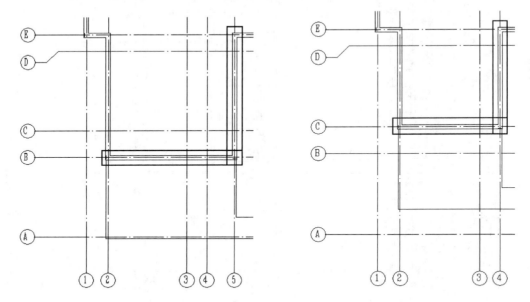

图 2.7 − 9

其余部分墙体可以通过选项栏中的【修剪】命令，修改墙的位置，并选择多余墙体删除，完成后如图 2.7 − 10 所示。

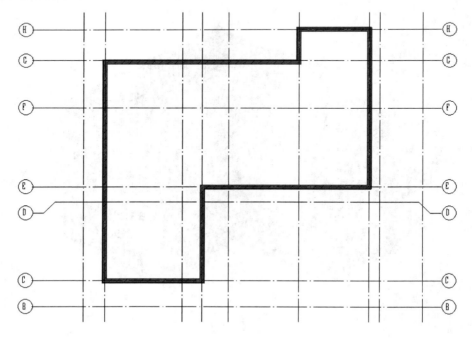

图 2.7 − 10

选择该楼层全部墙体，在【属性】栏设置实例参数【顶部约束】为【直到标高 3F】，单击【应用】，如图 2.7－11 所示，完成之后保存文件。

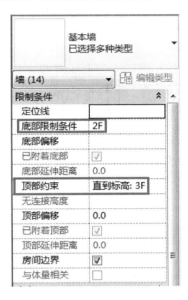

图 2.7－11

### 2.7.3　绘制二层内墙

外墙绘制完成之后继续绘制二层平面内墙。

单击【建筑】→【墙】命令，在类型选择器中选择【基墙＿普通砖－200 厚】类型，在【属性】栏设置实例参数【底部限制条件】为【2F】；【顶部约束】为【直到标高 3F】，单击【应用】，如图 2.7－12 所示。

图 2.7－12

选择【绘制】→【直线】命令，按如图 2.7-13 所示的位置绘制类型为【基墙_普通砖-200 厚】的内墙。

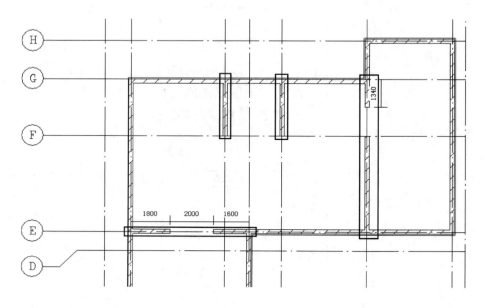

图 2.7-13

然后在类型选择器中选择墙类型【基墙_普通砖-120 厚】，绘制如图 2.7-14 所示的内墙。

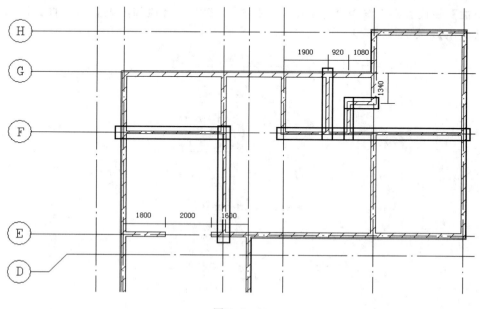

图 2.7-14

完成后的二层墙体如图 2.7 - 15 所示，保存文件。

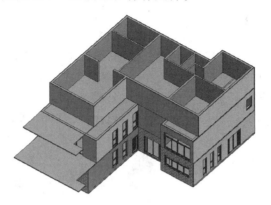

图 2.7 - 15

### 2.7.4　插入和编辑门窗

门窗的插入和编辑方法同 2.3 节内容，本节不再详述。

在项目浏览器中【楼层平面】项下双击【2F】，进入二层平面视图。单击【建筑】→【门】命令，在类型选择器中选择【BM _ 木质单扇平开门：M0921】【BM _ 木质单扇平开门：M0821】【BM _ 木质双扇平开门：M1824】【BM _ 铝合金四扇推拉门：TLM3324】【BM _ 铝合金四扇推拉门：TLM3627】，按图 2.7 - 16 所示位置在墙体上单击放置门，并

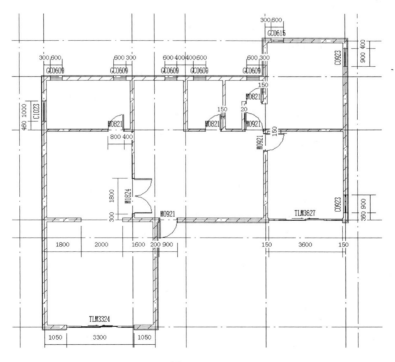

图 2.7 - 16

精确定位。

单击【建筑】→【窗】命令，在类型选择器中选择【BM_铝合金上下双扇固定窗：C1023】【BM_铝合金上下双扇固定窗：C0923】【BM_铝合金单扇固定窗：GC0609】【BM_铝合金单扇固定窗：GC0615】按图2.7-16所示位置在墙体上单击放置窗，并精确定位。

编辑窗台高：在平面视图中选择窗，单击【属性】栏打开【图元属性】对话框，设置参数【底高度】参数值，调整窗户窗台高。各窗的窗台高度为：GC0609—1100mm、GC0615—900mm、C0923—300mm、C1023—300mm，完成，如图2.7-17所示。

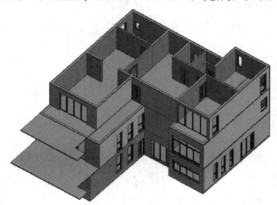

图2.7-17

### 2.7.5　编辑二层楼板

接下来要对楼板进行一定的修改。在视图中选择二层的楼板，单击选项栏中的【编辑】命令，打开楼板轮廓草图，如图2.7-18所示。

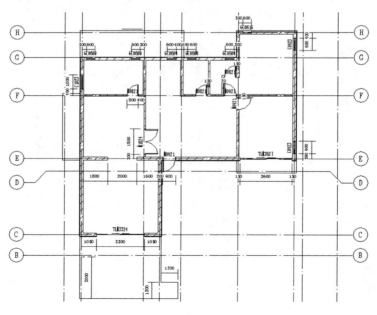

图2.7-18

删除如图 2.7 - 19 中标示的两条线段。

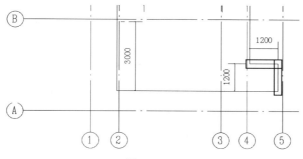

图 2.7 - 19

单击选项栏中的【修剪】命令，修改完成，如图 2.7 - 20 所示。

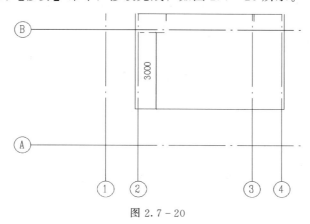

图 2.7 - 20

单击【修改】面板下的【参照平面】命令，在当前视图中绘制一条相对于Ⓑ轴距离【100mm】的参照线，如图 2.7 - 21 所示。

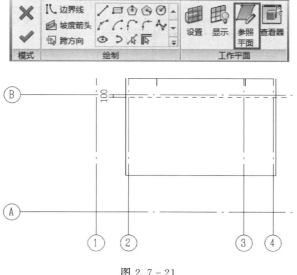

图 2.7 - 21

单击选项栏中的【对齐】命令 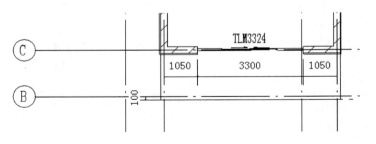，将最下面的边界线与参照线对齐，如图 2.7 - 22 所示。

图 2.7 - 22

然后使用【修剪】命令，修剪如图 2.7 - 23 所示的线段，完成。如图 2.7 - 24 所示。

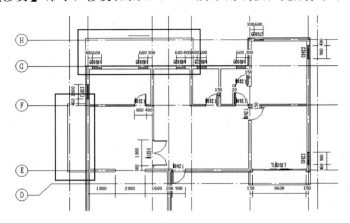

图 2.7 - 23

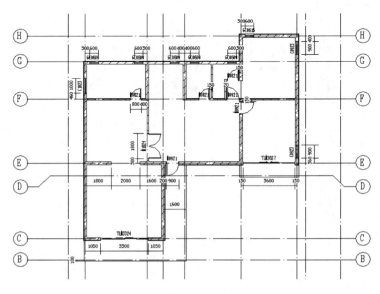

图 2.7 - 24

完成轮廓绘制后，单击【完成绘制】命令 ✅，完成二层楼板的创建，在弹出如图 2.7-25 所示的对话框中单击【是】和【分离目标】。

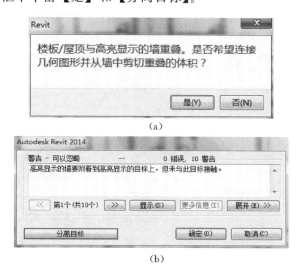

(a)

(b)

图 2.7-25

完成后模型如图 2.7-26 所示，至此，二层平面的主体全部绘制完成，保存文件。

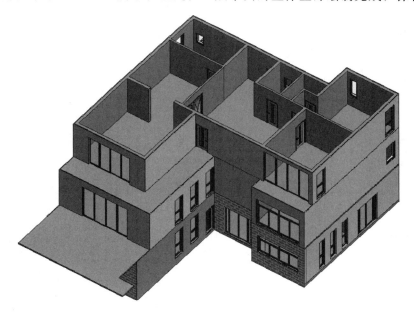

图 2.7-26

## 2.8　绘制玻璃幕墙

玻璃幕墙是现代化建筑中经常使用的一种立面，是当代的一种新型墙体，将建筑美学、建筑功能、建筑节能和建筑结构等因素有机地统一起来。因此玻璃幕墙的使用范围越来越广，本小节将简单介绍幕墙的基本绘制方法。

在项目浏览器中双击【楼层平面】项下的【1F】，打开一层平面视图，创建新的幕墙类型【C2156】，如图 2.8-1 所示。

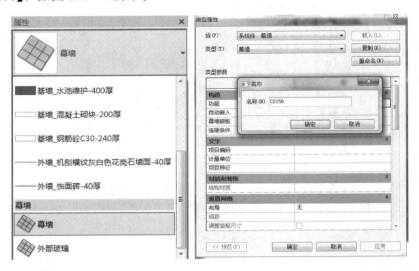

图 2.8-1

在【实例属性】对话框中，设置【底部限制条件】为【1F】；【底部偏移】为【0】；【顶部约束】为【未连接】；【不连续高度】为【5600】，并单击【编辑类型】勾选【自动嵌入】。如图 2.8-2 所示。

图 2.8-2

　　设置完上述参数后，按照与绘制墙同样的方法在Ⓔ轴与⑤轴、⑥轴之间的墙上单击捕捉两点绘制幕墙，位置如图 2.8-3 所示。

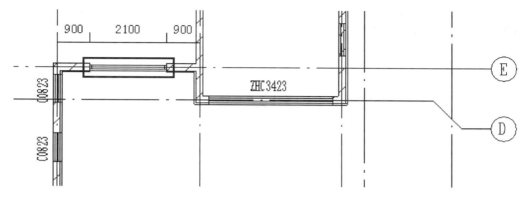

图 2.8-3

　　完成后的幕墙如图 2.8-4 所示，保存文件。

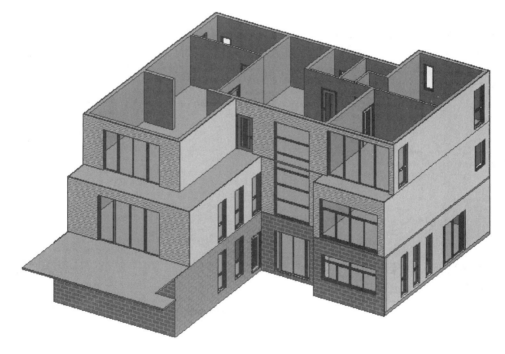

图 2.8-4

## 2.9　绘制屋顶

　　屋顶的基本绘制方法有两种：拉伸屋顶和迹线屋顶，本节将分别介绍这两种屋顶的绘制方法。

### 2.9.1 创建拉伸屋顶

在项目浏览器中双击【楼层平面】项目下的【2F】，进入二层平面视图。打开【实例属性】对话框，设置参数【基线】为【1F】，如图 2.9-1 所示。

图 2.9-1

单击【建筑】选项卡中的【工作平面】面板→【参照平面】命令，如图 2.9-2 所示，在Ⓕ轴和Ⓔ轴向外 800mm 处各绘制一条参照线，在①轴向左 500mm 处绘制一条参照线。

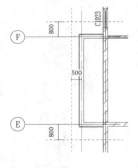

图 2.9-2

单击【建筑】→【屋顶】→【拉伸屋顶】命令，如图 2.9-3 所示。系统会弹出【工作平面】对话框提示设置工作平面。

图 2.9-3

在【工作平面】对话框中选择【拾取一个平面】，单击【确定】关闭对话框。移动光标单击拾取刚绘制的垂直参照平面，打开【转到视图】对话框，在对话框中单击选择【立面：西】，单击【确定】进入【西立面】视图，并设置偏移值为【162】，如图 2.9－4 所示。

图 2.9－4

单击【绘制】面板【直线】命令，按如图 2.9－5 所示的尺寸绘制拉伸屋顶截面形状线。

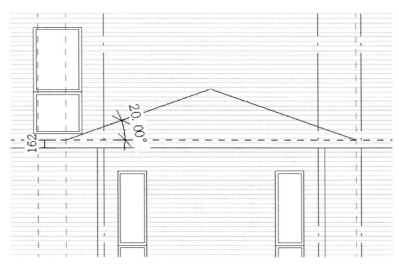

图 2.9－5

在类型选择器中选择【屋_青灰色琉璃筒瓦-140 厚】，单击【完成屋顶】命令创建拉伸屋顶，结果如图 2.9-6 所示，保存文件。

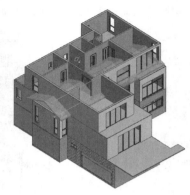

图 2.9-6

### 2.9.2　修改屋顶

打开三维视图，选中屋顶，将其进行拉伸或用【对齐】命令，即可调整屋顶长度使其端面和二层外墙墙面对齐，最后结果如图 2.9-7 所示。

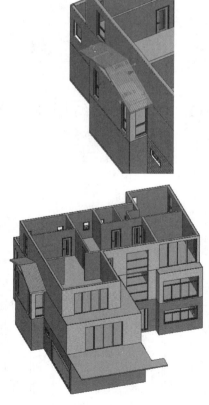

图 2.9-7

屋顶绘制完成后，需要将屋顶下方的墙体附着到屋顶上。按住 Ctrl 键连续单击选择屋顶下面的多面墙，在【修改墙】面板中单击【附着顶部/底部】命令，然后选择屋顶为被附着的目标，则墙体自动将其顶部附着到屋顶下面，如图 2.9 - 8 所示。这样在墙体和屋顶之间就创建了关联关系。

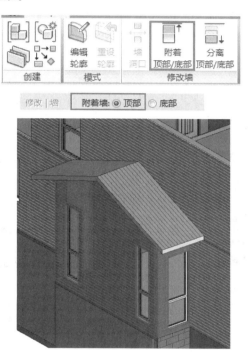

图 2.9 - 8

**注意**：本案例中建筑墙体是分两道墙绘制，因此选择时不要漏选。

创建屋脊。单击【结构】→【梁】命令，从类型选择器中选择梁类型为【屋脊：屋脊线】，勾选【三维捕捉】，在三维视图｛3D｝中捕捉屋脊线两个端点创建屋脊，如图 2.9 - 9 所示。完成后保存文件。

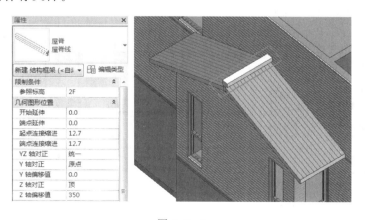

图 2.9 - 9

### 2.9.3 二层多坡屋顶

下面使用【迹线屋顶】命令创建项目北侧二层的多坡屋顶。

在项目浏览器中双击【楼层平面】项目下的【2F】，打开二层平面视图。单击【建筑】→【屋顶】→【迹线屋顶】命令，进入绘制屋顶轮廓迹线草图模式。在【绘制】面板选择【直线】命令，绘制如图 2.9 - 10 所示的屋顶迹线，轮廓线沿相应轴网往外偏移 800mm。

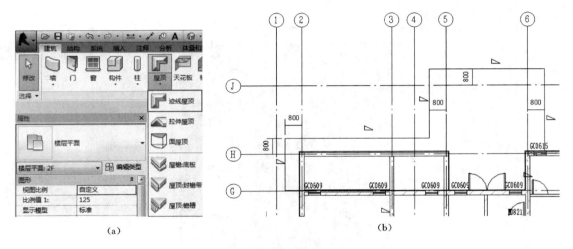

（a）　　　　　　　　　　　　　　（b）

图 2.9 - 10

单击【属性】栏，在类型选择器中选择【屋 _ 青灰色琉璃筒瓦 - 140 厚】。按住【Ctrl】键连续单击选择最上面、最下面和右侧最短的那条水平迹线，以及下方左右两条垂直迹线，选项栏取消勾选【定义坡度】选项，取消这些边的坡度，编辑其他三边的坡度为【20°】，如图 2.9 - 11 所示。

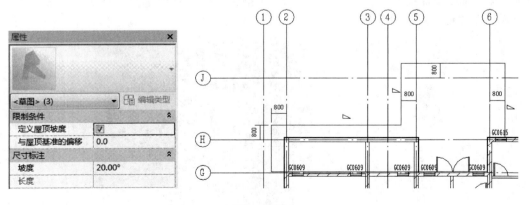

图 2.9 - 11

单击【完成屋顶】命令创建了二层多坡屋顶，如图 2.9 - 12 所示。

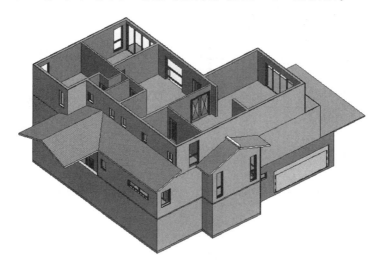

图 2.9 - 12

同前所述，选择屋顶下的墙体，选项栏中选择【附着】命令，拾取刚创建的屋顶，将墙体附着到屋顶下。然后使用【结构】→【梁】命令，创建新建屋顶屋脊，如图 2.9 - 13 所示，保存文件。

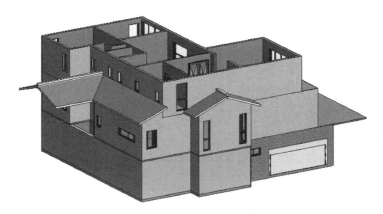

图 2.9 - 13

### 2.9.4　三层多坡屋顶

三层多坡屋顶的创建方法同二层屋顶。

在项目浏览器中双击【楼层平面】项目下的【3F】，设置参数【基线】为【2F】。单击【建筑】→【屋顶】→【迹线屋顶】命令，进入绘制屋顶迹线草图模式。【绘制】面板选择【直线】命令，如图 2.9 - 14 所示，在相应的轴线向外偏移 800mm，绘制出屋顶的轮廓。

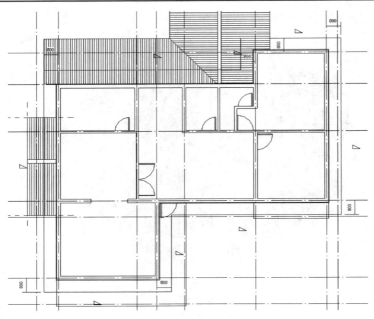

图 2.9 - 14

单击【属性】栏，在类型选择器中选择【屋_青灰色琉璃筒瓦-140 厚】，设置【坡度】参数为【20°】。单击【工作平面】面板中的【参照平面】命令，如图 2.9 - 15 所示，绘制两条参照平面和中间两条水平迹线平齐，并和左右最外侧的两条垂直迹线相交。

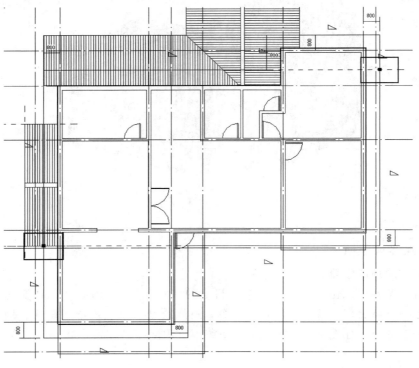

图 2.9 - 15

　　单击选项栏中的【拆分】命令 ⊹，移动光标到参照平面和左右最外侧的两条垂直迹线交点位置。分别单击，将两条垂直迹线拆分成上下两段。拆分位置如图 2.9-15 所示。

　　按住 Ctrl 键连续单击最左侧迹线拆分后的上半段和最右侧迹线拆分后的下半段，选项栏取消勾选【定义坡度】选项，取消坡度。完成后的屋顶迹线轮廓如图 2.9-16 所示。

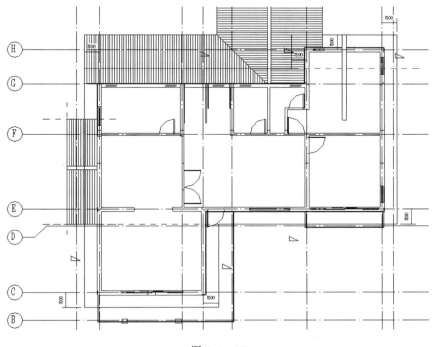

图 2.9-16

　　单击【完成屋顶】命令完成三层多坡屋顶的创建。

　　选择三层墙体，用【附着】命令将墙顶部附着到屋顶下面。用【梁】命令捕捉三条屋脊线创建屋脊，完成后的模型如图 2.9-17 所示，最后保存文件。

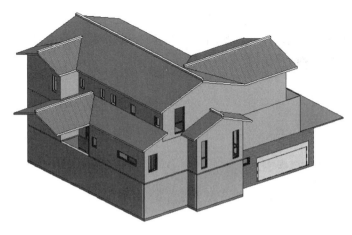

图 2.9-17

## 2.10　绘制楼梯、扶手及台阶

本节详细介绍了扶手楼梯和坡道的创建和编辑的方法，并对项目应用中可能遇到的各类问题进行了细致的讲解。

### 2.10.1　创建室外楼梯

在项目浏览器中双击【楼层平面】项目下的【1F】，打开一层平面视图。

单击【建筑】→【楼梯】→【楼梯（按草图）】命令，进入绘制草图模式。设置楼梯【实例属性】，选择楼梯类型为【室外楼梯】，设置楼梯的【底部标高】为【－1F－1】；【顶部标高】为【1F】；【宽度】为【1150】；【所需踢面数】为【20】；【实际踏板深度】为【280】，如图 2.10－1 所示。

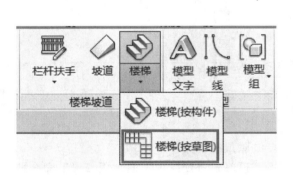

图 2.10－1

单击【绘制】→【梯段】→【直线】命令，在建筑外单击一点为第一跑起点，垂直向下移动光标，直到显示【创建了 10 个踢面，剩余 10 个】时，单击鼠标左键捕捉该点作为第一跑终点，创建第一跑草图，按 Esc 键结束绘制命令，如图 2.10－2 所示。

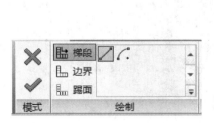

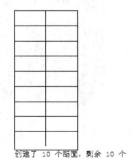

创建了 10 个踢面，剩余 10 个

图 2.10－2

　　单击【建筑】→【参照平面】命令，在草图下方绘制一水平参照平面作为辅助线，改变临时尺寸距离为【900】，如图 2.10 - 3 所示。

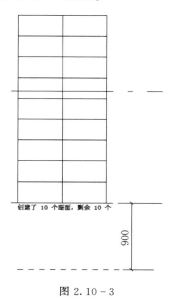

图 2.10 - 3

　　继续选择【梯段】→【直线】命令，移动光标至水平参照平面上与梯段中心线延伸相交位置，当参照平面亮显并提示【交点】时单击捕捉交点作为第二跑的起点位置，向下垂直移动光标到矩形预览框之外单击，创建剩余的踏步，结果如图 2.10 - 4 所示。

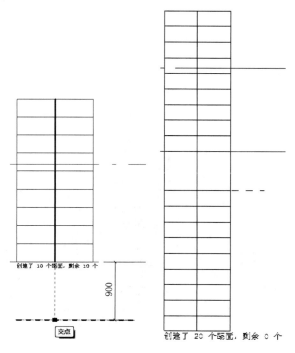

图 2.10 - 4

框选刚绘制的楼梯梯段草图，单击选项栏中的【移动】命令✛，将草图移动到⑤轴【外墙 _ 饰面砖-40 厚】外边缘位置如图 2.10 - 5 所示。

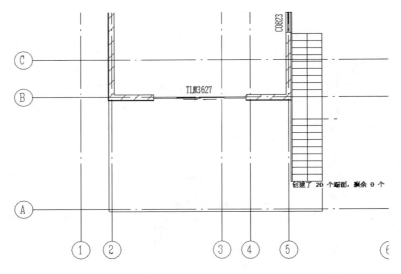

图 2.10 - 5

扶手类型：单击【工具】面板【扶手类型】命令，从对话框的下拉列表中选择扶手类型为【栏杆—金属立杆】，如图 2.10 - 6 所示。

图 2.10 - 6

单击【完成楼梯】完成创建室外楼梯，结果如图 2.10 - 7 所示。

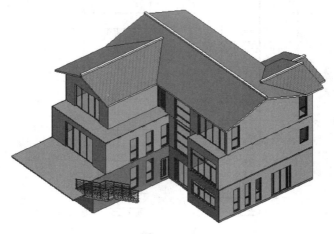

图 2.10 - 7

## 2.10.2　创建室内楼梯

在项目浏览器中双击【楼层平面】项下【－1F】，打开地下一层平面视图。

单击【建筑】→【楼梯】→【楼梯（按草图）】命令，进入绘制草图模式。单击【建筑】→【参照平面】命令，在地下一层如图 2.10 - 8 所示的位置绘制四条参照平面。

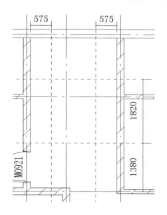

图 2.10 - 8

接下来设置楼梯属性，在类型选择器中选择楼梯类型为【整体式楼梯】，设置楼梯的【底部标高】为【－1F】；【顶部标高】为【1F】；梯段【宽度】为【1150】；【所需踢面数】为【19】；【实际踏板深度】为【260】，如图 2.10 - 9 所示。

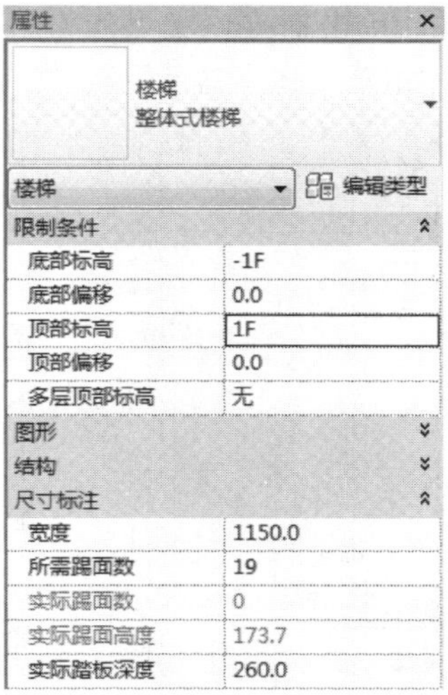

图 2.10 - 9

单击【编辑类型】打开【类型属性】对话框，在【梯边梁】项中设置参数【楼梯踏步梁高度】为【80】；【平台斜梁高度】为【100】。在【材质和装饰】项中设置楼梯的【整体式材质】参数为【C_钢筋砼 C30】，如图 2.10 - 10 所示。设置完成后单击【确定】关闭所有对话框。

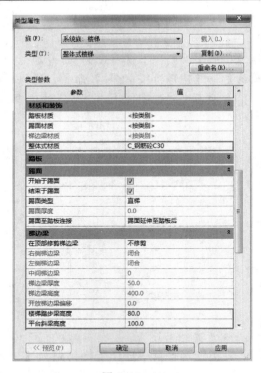

图 2.10 - 10

单击【梯段】→【直线】命令，移动光标至参照平面右下角交点位置，两条参照平面亮显，同时系统提示【交点】时，单击捕捉该交点作为第一跑起跑位置，向上垂直移动光标至右上角参照平面交点位置，如图 2.10 - 11 所示。

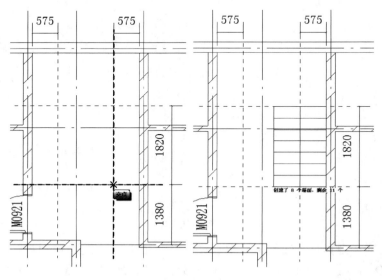

图 2.10 - 11

移动光标到左上角参照平面交点位置，单击捕捉作为第二跑起点位置。向下垂直移动光标到矩形预览图形之外单击捕捉一点，系统会自动创建休息平台和第二跑梯段草图，如图 2.10 - 12 所示。

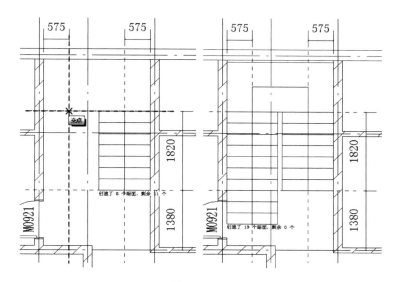

图 2.10 - 12

扶手类型：单击【工具】面板中的【栏杆扶手】命令，从弹出的对话框下拉列表中选择需要的扶手类型。本案例选择【1100mm】的扶手类型，如图 2.10 - 13 所示。

图 2.10 - 13

单击选择楼梯顶部的绿色边界线，鼠标拖拽其和顶部墙体内边界重合，如图 2.10 - 14 所示。

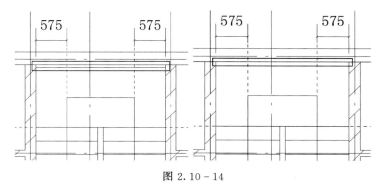

图 2.10 - 14

单击【完成】命令创建地下一层到一层的 U 型不等跑楼梯, 如图 2.10 - 15 所示。

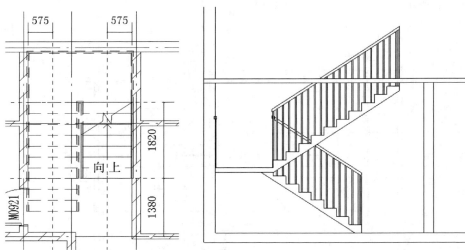

图 2.10 - 15

### 2.10.3 编辑踢面和边界线

单击选择上节绘制的楼梯, 在选项栏中单击【编辑草图】命令, 重新回到绘制楼梯边界和踢面草图模式。

选择右侧第一跑的踢面线, 按【Delete】键删除, 如图 2.10 - 16 所示。

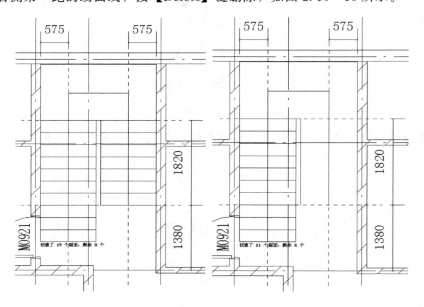

图 2.10 - 16

单击【绘制】→【踢面】→【起点-终点-半径弧】命令, 单击捕捉下面水平参照平面左右两边的踢面线端点，再捕捉弧线中间一个端点绘制一段圆弧，以【260】为间距复制7 条该圆弧踢面，如图 2.10 - 17 所示。

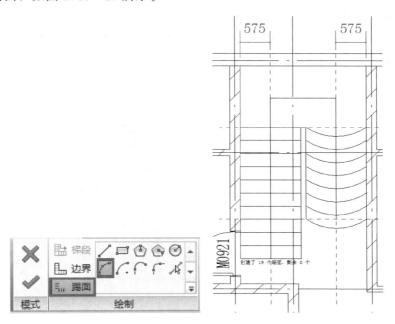

图 2.10 - 17

单击【完成】命令，即可创建圆弧踢面楼梯，如图 2.10 - 18 所示。

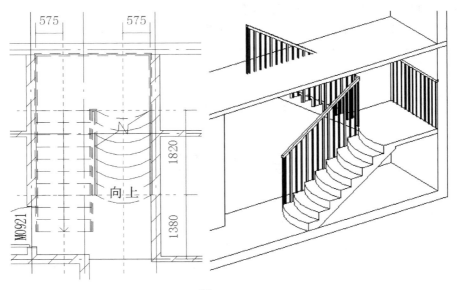

图 2.10 - 18

### 2.10.4 绘制多层楼梯

在项目浏览器中双击【楼层平面】项目下的【-1F】，打开地下一层平面视图，设置楼梯【实例属性】，如图2.10-19所示，设置参数【多层顶部标高】为【2F】，完成绘制多层楼梯并保存文件。

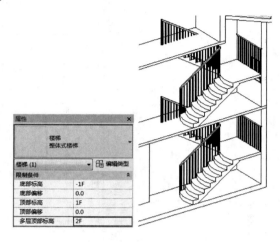

图 2.10-19

### 2.10.5 竖井

在项目浏览器中双击【楼层平面】项目下的【-1F】，打开地下一层平面视图。单击【建筑】→【洞口】→【竖井】命令，进入绘制模式。在③～⑤轴，Ⓕ～Ⓗ轴之间绘制如图2.10-20所示的竖井，然后单击完成绘制。

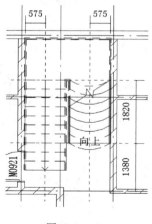

图 2.10-20

> **注意**：竖井洞口可以创建一个跨多个标高的垂直洞口，贯穿其间的屋顶、楼板和天花板进行剪切。

如图 2.10 - 21 所示，选中竖井，上下拖拽到适当位置，剪切【1F】和【2F】楼板。

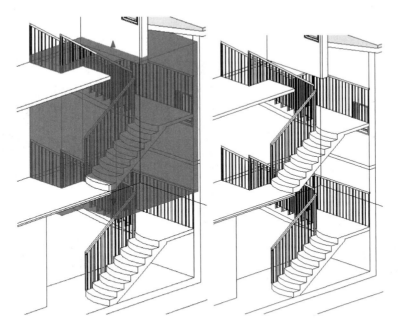

图 2.10 - 21

在项目浏览器中双击【楼层平面】项目下的【2F】，打开二层平面视图，选中如图 2.10 - 22（a）所示的两道墙体，使用【拆分】命令将其拆分，完成后如图 2.10 - 22（b）所示。

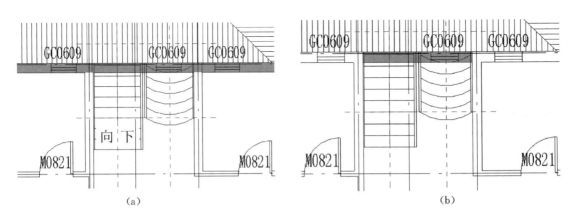

图 2.10 - 22

选择图 2.10 - 22（b）所示墙体，修改其实例属性参数【底部限制条件】为【2F】；【底部偏移】为【930】，完成后如图 2.10 - 23 所示。

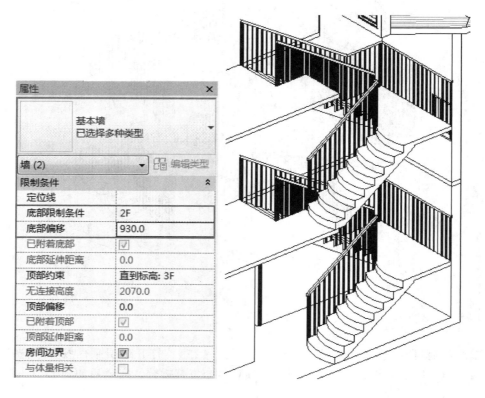

图 2.10 - 23

### 2.10.6　编辑栏杆扶手

在项目浏览器中双击【楼层平面】项下的【1F】，打开首层平面视图。

修改室外楼梯的栏杆扶手。分别选择室外楼梯的两道栏杆，在选项栏中单击【编辑路径】命令，进入栏杆编辑草图模式，分别绘制路径，如图 2.10 - 24（a）所示，单击【完成】命令，结果如图 2.10 - 24（b）所示。

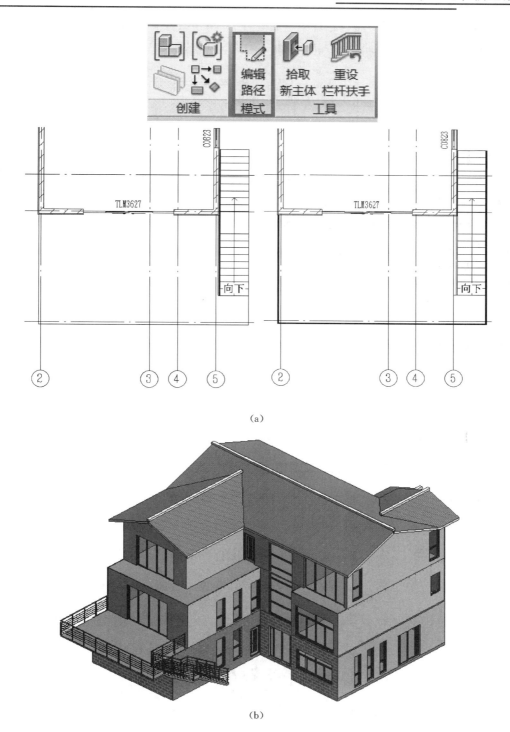

(a)

(b)

图 2.10 - 24

绘制楼梯扶手。单击【建筑】→【栏杆扶手】→【绘制路径】命令，进入绘制模式。

在类型选择器中选择扶手类型【栏杆—金属立杆】，单击【绘】→【直线】命令绘制如图 2.10 - 25 （a）所示的一段路径，完成绘制，如图 2.10 - 25 （b）所示。

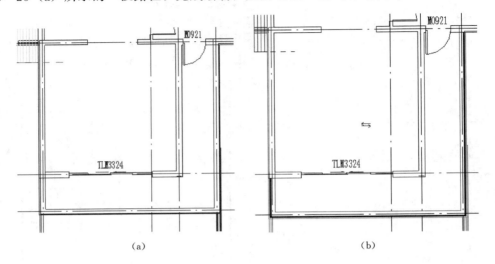

（a）                                （b）

图 2.10 - 25

同前所述绘制另一段栏杆，如图 2.10 - 26 所示，保存文件，完成后模型如图 2.10 - 27 所示。

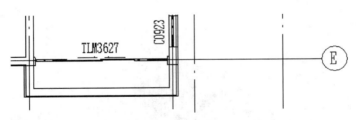

图 2.10 - 26

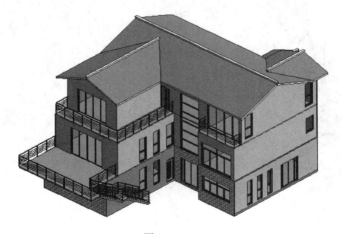

图 2.10 - 27

### 2.10.7　坡道

在项目浏览器中双击【楼层平面】项目下的【-1F-1】，打开【-1F-1】平面视图。

单击【建筑】→【坡道】，进入绘制模式。设置【实例属性】参数【底部标高】和【顶部标高】都为【-1F-1】；【顶部偏移】为【200】；【宽度】为【2500】，如图 2.10-28 所示。

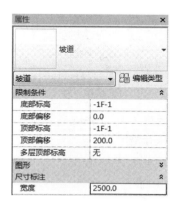

图 2.10-28

单击【编辑类型】按钮打开坡道【类型属性】对话框，设置参数【最大斜坡长度】为【6000】；【坡道最大坡度（1/X）】为【2】；【造型】为【实体】，如图 2.10-29 所示。

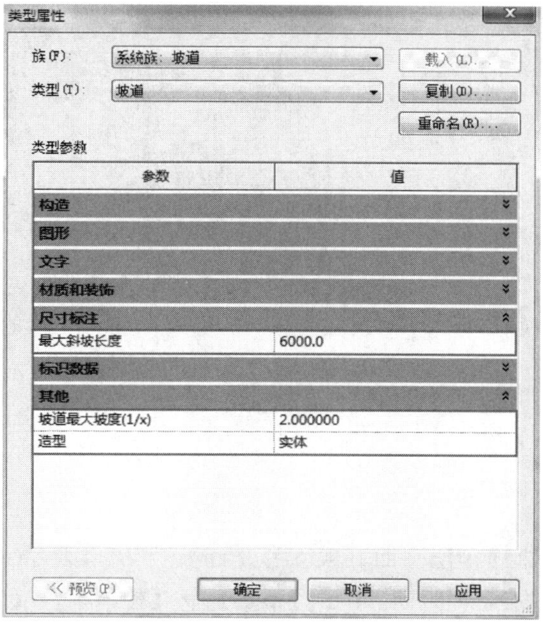

图 2.10-29

单击【扶手类型】命令，设置【扶手类型】参数为【无】，单击【确定】，如图 2.10 -
30 所示。

图 2.10 - 30

移动光标到绘图区域中，从右向左拖曳光标绘制坡道梯段，如图 2.10 - 31 所示（可
框选所有草图线，将其移动到图示位置）。

单击【完成坡道】命令，创建的坡道如图 2.10 - 32 所示，保存文件。

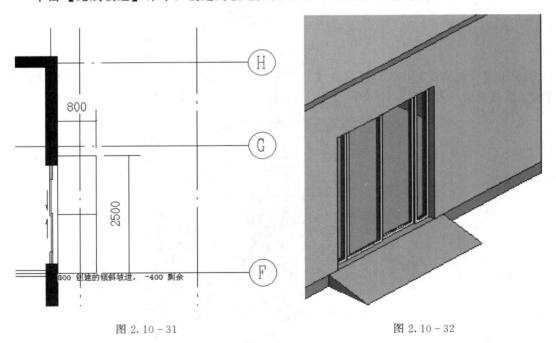

图 2.10 - 31                                        图 2.10 - 32

### 2.10.8　主入口台阶

在项目浏览器中双击【楼层平面】项下的【1F】，打开首层平面视图。

绘制北侧主入口处的室外楼板。单击【建筑】→【楼板】→【直线】命令，绘制如图
2.10 - 33 所示的楼板轮廓。

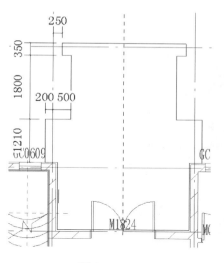

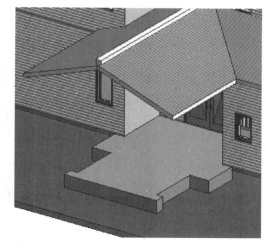

图 2.10 - 33

图 2.10 - 34

设置楼板属性，选择楼板类型为【无梁板-现浇钢筋混凝土 C30 - 450 厚】，单击【应用】→【完成楼板】，完成后的室外楼板如图 2.10 - 34 所示。

打开三维视图，单击【建筑】→【楼板】→【楼板边】命令，在类型选择器中选择【楼板边缘—台阶】类型，如图 2.10 - 35 所示。

移动光标到楼板一侧凹进部位的水平上边缘，边线高亮显示时单击鼠标放置楼板边缘。单击边时，Revit 会将其作为一个连续的楼板边。用【楼板边】命令生成的台阶，如图 2.10 - 36 所示。

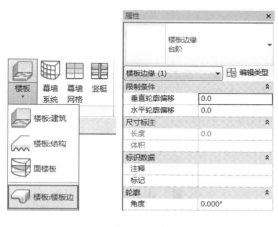

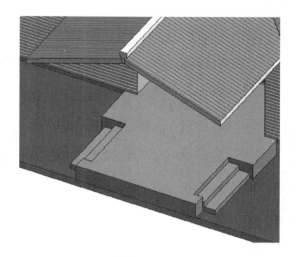

图 2.10 - 35

图 2.10 - 36

## 2.10.9 地下一层台阶

同样方法，用【楼板边】命令给地下一层南侧入口处添加台阶。在类型选择器中选择

【地下一层台阶】，拾取楼板的上边缘单击放置台阶，结果如图 2.10 - 37 所示，完成后保存文件。

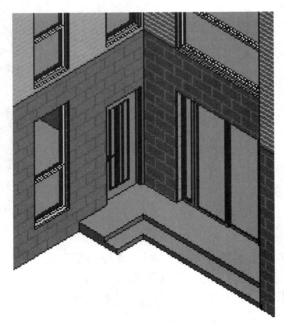

图 2.10 - 37

## 2.11　柱、梁和结构构件

### 2.11.1　地下一层平面结构柱

在项目浏览器中双击【楼层平面】项目下的【-1F-1】，打开【-1F-1】平面视图。

单击【建筑】→【柱】→【结构柱】，在类型选择器中选择柱类型【BM _ 现浇混凝土矩形柱：250×450】，如图 2.11 - 1 所示，单击放置结构柱。

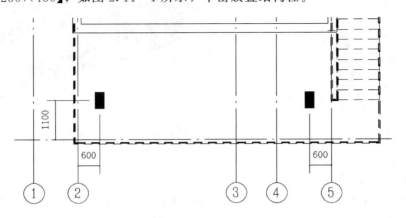

图 2.11 - 1

打开三维视图，选择刚绘制的结构柱，在选项栏中单击【附着】命令，再单击拾取一层楼板，将柱的顶部附着到楼板下面，如图 2.11－2 所示，保存文件。

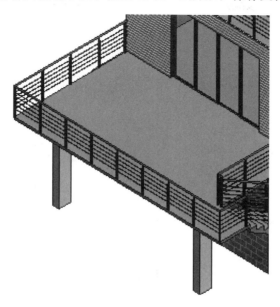

图 2.11－2

### 2.11.2　一层平面结构柱

在项目浏览器中双击【楼层平面】项目下的【1F】，打开首层平面视图，创建首层平面结构柱。

单击【建筑】→【柱】→【结构柱】命令，在类型选择器中选择柱类型【BM＿现浇混凝土矩形柱：350×350】，在如图 2.11－3 所示的位置，按图中尺寸，在主入口上方单击放置两个结构柱。

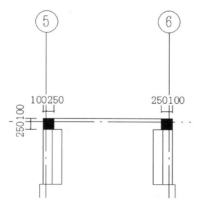

图 2.11－3

选择两个结构柱，设置实例属性参数【底部标高】为【0F】；【顶部标高】为【1F】；【顶部偏移】为【2800】，如图 2.11－4 所示，单击【应用】。

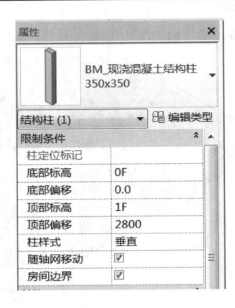

图 2.11 - 4

单击【建筑】→【柱】→【建筑柱】命令，在类型选择器中选择柱类型【BM _ 现浇混凝土矩形柱：250×250】，在结构柱上方放置两个建筑柱，放置完成后，设置【底部偏移】为【2800】，如图 2.11 - 5 所示，单击【应用】。

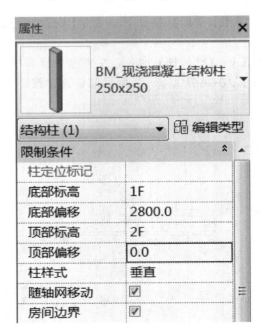

图 2.11 - 5

打开三维视图，选择两个矩形柱，选项栏中单击【附着】命令，【附着对正】选项选择【最大相交】，如图 2.11 - 6 所示。再单击拾取上面的屋顶，将矩形柱附着于屋顶下面，保存文件。

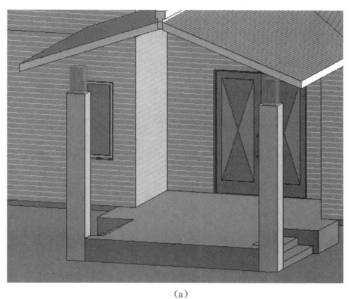

(a)

(b)

图 2.11 - 6

## 2.11.3　二层平面建筑柱

在项目浏览器中双击【楼层平面】项目下的【2F】，打开二层平面视图，创建二层平面建筑柱。

单击【建筑】→【柱】→【建筑柱】命令，在类型选择器中选择柱类型【BM＿现浇混凝土矩形柱：300×200】。移动光标捕捉如图 2.11－7 所示位置，先单击【空格键】调整柱的方向，再单击鼠标左键放置建筑柱。

完成后的模型如图 2.11－8 所示，保存文件。

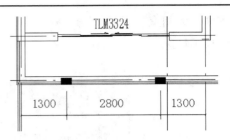

图 2.11－7

图 2.11－8

### 2.11.4 室外平台梁

在项目浏览器中双击【楼层平面】项目下的【1F】，打开首层平面视图，创建室外平台梁。

单击【结构】→【梁】命令，在类型选择器中选择柱类型【BM＿现浇混凝土矩形梁：200×400】，设置实例参数，如图 2.11－9 所示。

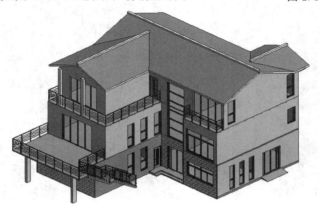

图 2.11－9

单击绘制【直线】命令，在图 2.11 - 10 （a）中所示的位置绘制两道梁，完成后如图
2.11 - 10 （b）所示。

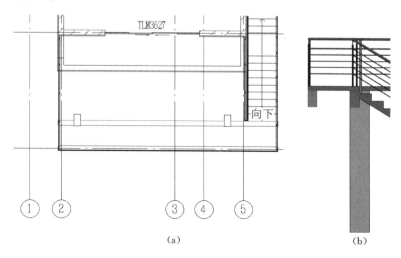

（a）　　　　　　　　　（b）

图 2.11 - 10

最后完成的模型如图 2.11 - 11 所示。

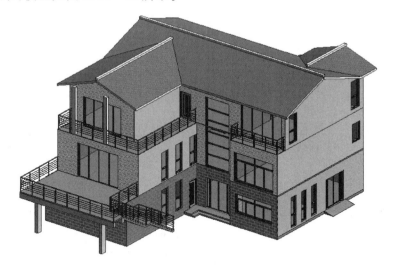

图 2.11 - 11

## 2.12　内建模型

### 2.12.1　二层雨篷玻璃

本案例二层南侧雨篷的创建分顶部玻璃和工字钢梁两部分，顶部玻璃可以用【屋顶】
→【玻璃斜窗】快速创建。

93

在项目浏览器中双击【楼层平面】项目下的【2F】，打开二层平面视图。单击【建筑】→【屋顶】→【迹线屋顶】命令，进入绘制屋顶轮廓迹线草图模式。【绘制】面板选择【直线】命令，选项栏取消勾选【定义坡度】选项，如图 2.12-1 所示绘制屋顶迹线。

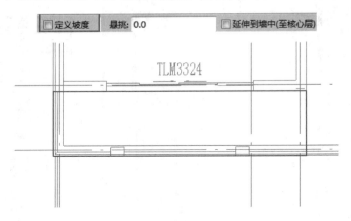

图 2.12-1

设置屋顶属性，在类型选择器中选择屋顶类型为【玻璃斜窗】，设置【底部标高】为【2F】；【自标高的底部偏移】为【2600】，如图 2.12-2 所示。

图 2.12-2

单击【完成】命令，创建二层南侧雨篷玻璃，如图 2.12-3 所示，保存文件。

图 2.12-3

### 2.12.2　二层雨篷工字钢梁

在项目浏览器中双击【楼层平面】项目下的【2F】，打开【2F】平面视图。

单击【建筑】→【构件】→【内建模型】命令，在【族类别和族参数】对话框中选择【屋顶】，并命名为【二层雨篷工字钢梁】，进入族编辑器模式，如图 2.12-4 所示。

图 2.12-4

> 注意：案例中为了柱附着，新建族类别需要设置为【屋顶】或【楼板】。

选择【创建】→【放样】命令，单击【工作平面】→【设置】，移动光标靠近玻璃斜窗，当玻璃斜窗上表面高亮显示时单击鼠标左键确定，如图 2.12-5 所示。

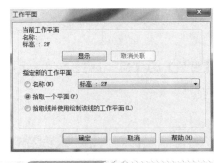

图 2.12-5

单击【拾取路径】，拾取如图 2.12 - 6 所示路径，单击  完成。

图 2.12 - 6

双击项目浏览器【立面】项目下的【南】，进入南立面视图，单击【编辑轮廓】命令，绘制如图 2.12 - 7 所示的工字钢梁轮廓。

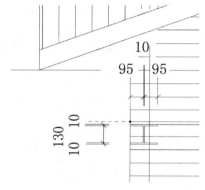

图 2.12 - 7

单击【属性】栏，设置【材质】为【M_钢】，单击 ✔ 【完成】，通过放样创建的工字钢梁如图 2.12 - 8 所示。

(a)

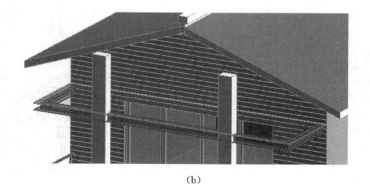

(b)

图 2.12 - 8

在项目浏览器中双击【楼层平面】项目下的【2F】，打开【2F】平面视图。单击【创建】→【拉伸】命令，然后单击【工作平面】→【设置】，在弹出的【工作平面】对话框中选择【拾取一个平面】项，在【2F】视图中单击拾取Ⓑ轴，如图 2.12 - 9 所示，在弹出的【进入视图】对话框中选择【立面：南】，单击【打开视图】切换至南立面视图。

图 2.12 - 9

在【绘制】面板中选择【直线】命令，并在二层柱位置绘制如图 2.12 - 10 所示的工字钢的轮廓。

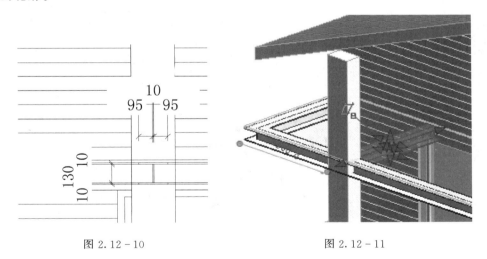

图 2.12 - 10　　　　　　　　　　图 2.12 - 11

单击【完成】命令✔，拉伸创建的工字钢梁如图 2.12 - 11 所示。

**注意**：Revit 中的每个视图都有相关的工作平面。在某些视图（如楼层平面、三维视图、图纸视图等）中，工作平面是自动定义的。而在其他视图（如立面和剖面视图）中，必须自定义工作平面。工作平面用于某些绘制操作（如创建拉伸屋顶）和在视图中启用某些命令（如在三维视图中启用旋转和镜像）。

选择拉伸的工字钢梁，使用【复制】命令，往右复制间距为【1400】的三根工字钢梁，如图 2.12 – 12 所示。

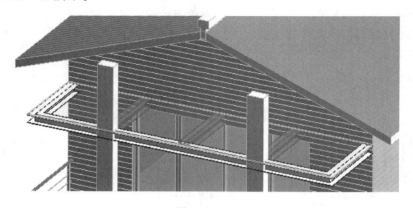

图 2.12 – 12

选择这三根工字钢梁，单击【属性】栏，设置【拉伸起点】为【60】；【拉伸终点】为【1360】；【材质】为【M＿钢】，单击【应用】完成，如图 2.12 – 13 所示。

图 2.12 – 13

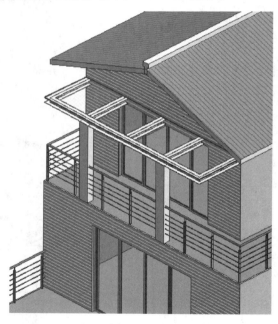

图 2.12 – 14

单击【完成】命令，完成了二层南侧雨篷玻璃下面的支撑工字钢梁。选择雨篷下方的柱，使用【附着】命令将其附着于工字钢梁下面，结果如图 2.12 – 14 所示，保存文件。

### 2.12.3　地下一层雨篷

在项目浏览器中双击【楼层平面】项目下的【–1F–1】，打开【–1F–1】平面视图。

单击【建筑】→【墙】命令。在类型选择器中选择【基本墙：基墙_钢筋砼 C30 - 240 厚】类型，单击【属性】栏，设置实例参数【底部限制条件】为【-1F-1】；【顶部约束】为【直到标高 1F】，单击【应用】。在模型右侧按图 2.12 - 15 所示位置绘制 4 面墙体。

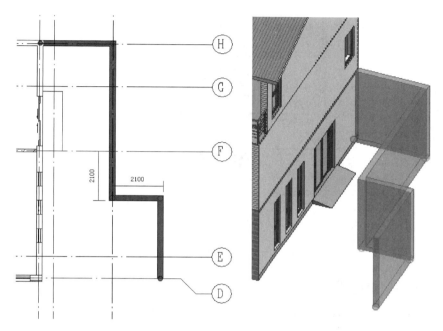

图 2.12 - 15

接下来绘制雨篷玻璃。单击【建筑】→【屋顶】→【迹线屋顶】命令，进入绘制屋顶轮廓迹线草图模式。在【绘制】面板选择【直线】命令，选项栏中取消勾选【定义坡度】选项，如图 2.12 - 16 所示绘制屋顶迹线。

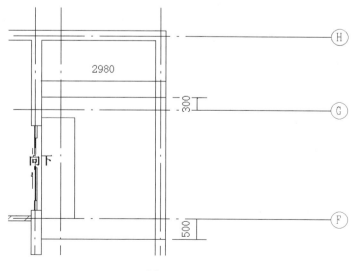

图 2.12 - 16

在类型选择器中选择屋顶类型为【玻璃斜窗】，设置【底部标高】为【1F】；【自标高的底部偏移】为【550】，如图 2.12-17 所示。

图 2.12-17

单击【完成】命令，完成创建地下一层雨篷玻璃，保存文件。

### 2.12.4 地下一层雨篷工字钢梁

单击【创建】→【放样】命令，单击【工作平面】→【设置】，在弹出的【工作平面】对话框中选择【拾取一个平面】项，在【−F−1】视图中单击拾取Ⓕ轴，如图 2.12-18 所示，在弹出的【进入视图】对话框中选择【立面：南】，单击【打开视图】切换至南立面视图。

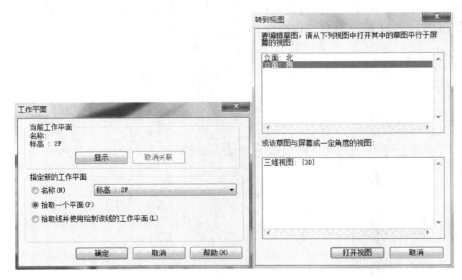

图 2.12-18

单击【绘制路径】，绘制如图 2.12-19 路径，单击【完成】。

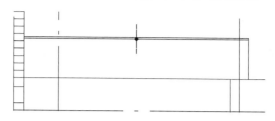

图 2.12-19

双击项目浏览器【立面】项目下的【西】，进入西立面视图，单击【编辑轮廓】命令，绘制如图 2.12-20 所示的工字钢梁轮廓，单击【属性】栏，设置【材质】为【M_钢】，单击【完成】命令。

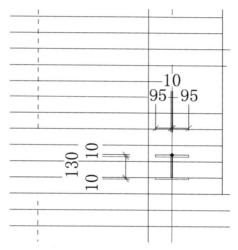

图 2.12-20

选择放样的工字钢梁，使用【对齐】命令将其移动到雨篷边缘，使用【复制】命令，向右复制间距为【1100】的四根工字钢梁，如图 2.12-21 所示。

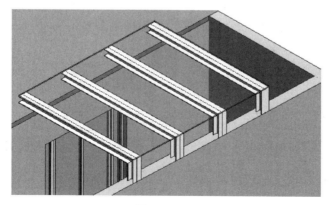

图 2.12-21

## 2.13 场地布置

通过本节的学习，我们将了解场地的相关设置与地形表面、场地构件的创建与编辑的基本方法和相关应用技巧。

### 2.13.1 地形表面

在项目浏览器中双击【楼层平面】项目下的【—1F—1】，打开【—1F—1】平面视图。

单击【建筑】→【工作平面】→【参照平面】命令，绘制如图 2.13-1 所示的 6 条参照平面。

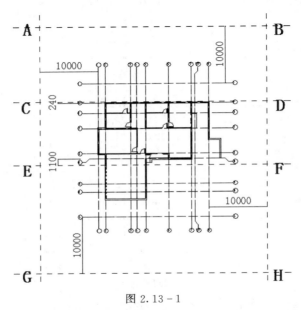

图 2.13-1

单击【体量和场地】→【地形表面】命令，将进入草图模式。单击【放置点】命令，选项栏显示【高程】选项，设置高程为【—450】依次单击图 2.13-1 中的 A、B、C、D 四点，即放置了 4 个高程为【—450】的点，再次设置高程值为【—3500】，依次单击 E、F、G、H 四点，放置四个高程为【—3500】的点，设置如图 2.13-2 所示。

图 2.13-2

单击【属性】栏，设置【材质】为【0 _ 草】，单击【应用】，如图 2.13 - 3 所示。

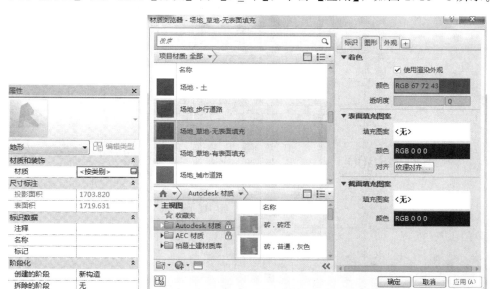

图 2.13 - 3

单击【完成】命令创建地形表面，结果如图 2.13 - 4 所示，保存文件。

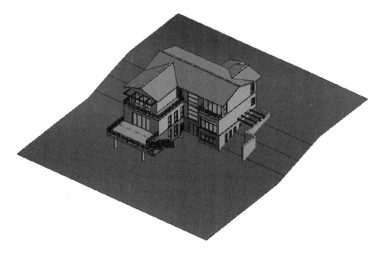

图 2.13 - 4

### 2.13.2　建筑地坪

在项目浏览器中双击【楼层平面】项目下的【-1F】，打开地下一层平面视图。

单击【体量和场地】→【建筑地坪】命令，进入建筑地坪的草图绘制模式。

单击【绘制】面板中的【直线】命令，移动光标到绘图区域，开始顺时针绘制建筑地坪轮廓，如图 2.13 - 5 所示，必须保证轮廓线闭合。

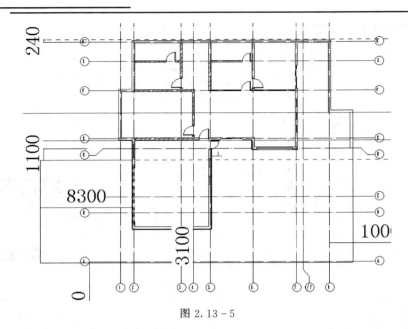

图 2.13－5

设置实例属性，选择【标高】为【－1F－1】，单击【编辑类型】，进入【类型属性】对话框，编辑其结构材质为【S＿碎石】，单击【确定】关闭所有对话框，如图 2.13－6 所示。

(a)

(b)

图 2.13－6

单击【完成】命令创建建筑地坪。保存文件，效果如图 2.13 - 7 所示。

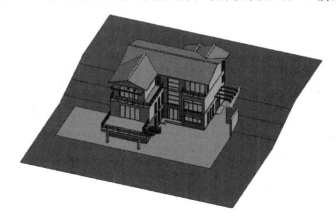

图 2.13 - 7

### 2.13.3　地形子面域（道路）

在项目浏览器中双击【楼层平面】项目下的【-1F-1】，打开【-1F-1】平面视图。

单击【体量和场地】→【子面域】命令，进入草图绘制模式。单击【绘制】面板【直线】命令，绘制如图 2.13 - 8 子面域轮廓。

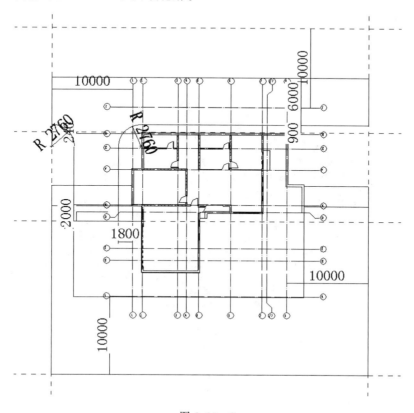

图 2.13 - 8

单击【属性】栏，设置【材质】为【场地-柏油路】，单击【应用】→【完成】，至此完成了子面域道路的绘制，如图 2.13 - 9 所示，保存文件。

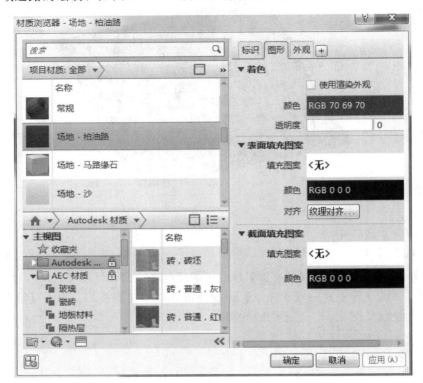

(a)

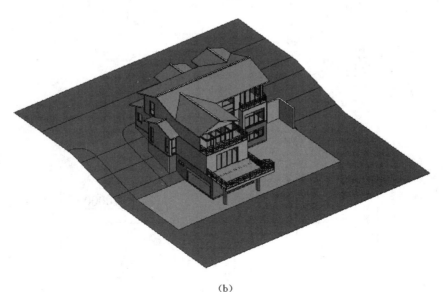

(b)

图 2.13 - 9

### 2.13.4　场地构件

单击【体量和场地】→【场地构件】命令，在类型选择器中选择需要的构件在场地中放置。也可如图 2.13-10 所示，单击【插入】→【载入族】，打开【载入族】对话框，定位到【建筑】→【植物】→【3D】→【乔木】文件夹，单击选择【白杨 3D.rfa】，单击【确定】载入到项目中。

图 2.13-10

在场地中根据自己的需要在道路及别墅周围添加场地构件——树。

至此，完成整个小别墅项目案例的模型创建，如图 2.13-11 所示，保存文件。

图 2.13-11

## 2.14　方案图深化

### 2.14.1　平面图深化

在完成了小别墅模型搭建之后，本节将讲解如何将搭建的模型转变为方案阶段的平面图进行输出。各楼层平面图处理方法基本一致，本节以首层平面图为例详细说明。

1. 复制相应出图平面

在项目浏览器中选择【楼层平面】项目下的【1F】，单击鼠标右键弹出如图所示的对话框，单击【复制视图】→【带细节复制】，并重命名视图名称为【出图_1-首层平面图】，如图 2.14-1 所示。

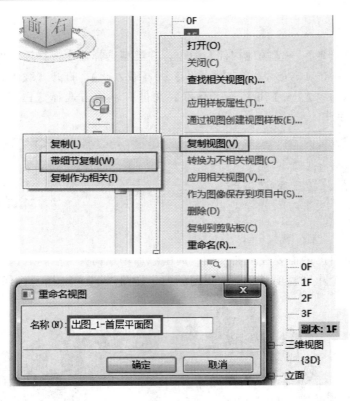

图 2.14 - 1

2. 应用样板属性

在项目浏览器中选择【楼层平面】项目下的【出图＿1-首层平面图】，单击鼠标右键，在弹出的对话框中，单击【应用样板属性】，弹出如图对话框，单击选择【BM＿建-平面图出图】视图样板，如图 2.14 - 2 所示，单击【应用属性】关闭对话框并保存文件。

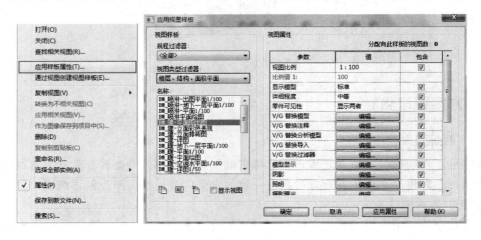

图 2.14 - 2

**注意：** 柏慕1.0设置了多种样板供用户选择。

3. 尺寸标注

在项目浏览器中双击【楼层平面】项目下的【出图_1-首层平面图】，进入视图，使用【过滤器】命令选择视图中的所有轴网，单击选项栏【影响范围】命令，弹出如图所示的对话框，选择所有平面视图，如图2.14-3所示，单击【确定】完成。

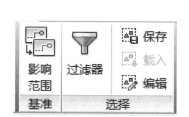
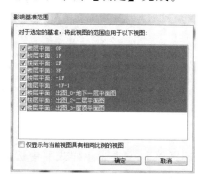

图 2.14-3

为了快速为轴网添加尺寸标注，需要单击【建筑】→【墙】命令，【绘制】面板选择【矩形】命令，从左上至右下绘制如图所示的矩形墙体，保证跨越所有轴网，绘制完成后按【Esc】键退出墙体绘制，完成后如图2.14-4所示。

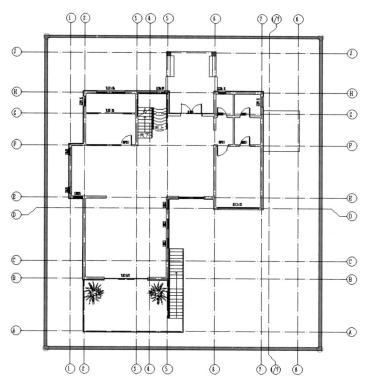

图 2.14-4

单击【注释】→【尺寸标注】→【对齐】命令，设置选项栏【拾取】为【整个墙】，单击【选项】按钮，在弹出的【自动尺寸标注选项】对话框中，选中【洞口】【宽度】【相交轴网】选项，如图2.14－5所示。

图 2.14－5

在【类型选择器】→【标注样式】中选择【3.5－长仿宋－0.8（左下）】，在绘图区域移动光标到刚绘制的矩形墙体一侧单击，创建整面墙以及与该墙所有相交轴网的尺寸标注，在适当位置单击放置尺寸标注，同样的方法借助矩形墙体标注另外三面墙体的轴网，如图2.14－6所示。

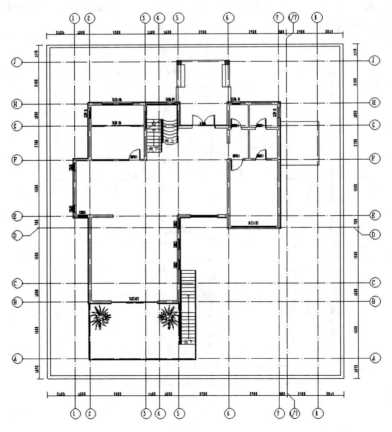

图 2.14－6

移动光标到矩形墙体的任意位置，按 Tab 键切换到矩形的整个轮廓，单击选中矩形轮廓，将选中的四道墙体删除，完成后如图 2.14 - 7 所示。

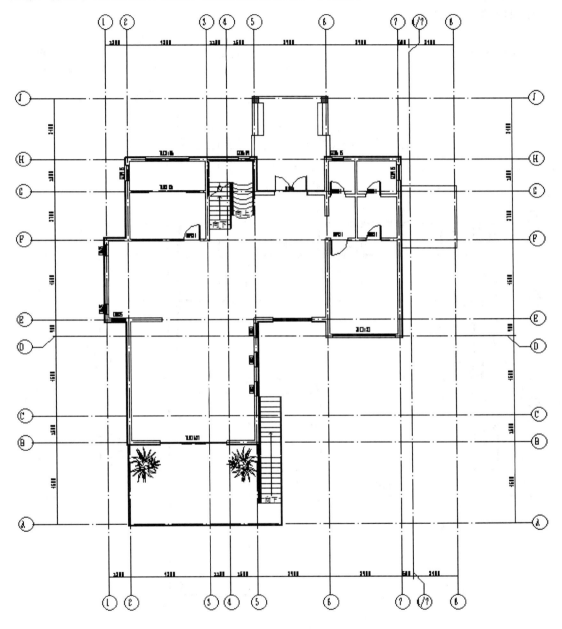

图 2.14 - 7

> **注意**：在 Revit 中尺寸标注依附于其标注的图元存在，当参照图元删除后，其依附的尺寸标注也被删除，而上步操作中添加的尺寸是借助墙体来捕捉到关联轴线，只有端部尺寸标注依附于墙体存在，所以当墙体删除以后，尺寸标注只有端部尺寸被删除。

单击【注释】→【尺寸标注】→【对齐】命令，设置选项栏【拾取】为【单个参照点】，在视图中绘制第一道尺寸线：总长度、总宽度，第三道尺寸线：门窗洞口尺寸，以及建筑内部部分定位尺寸线，完成如图 2.14 - 8 所示。

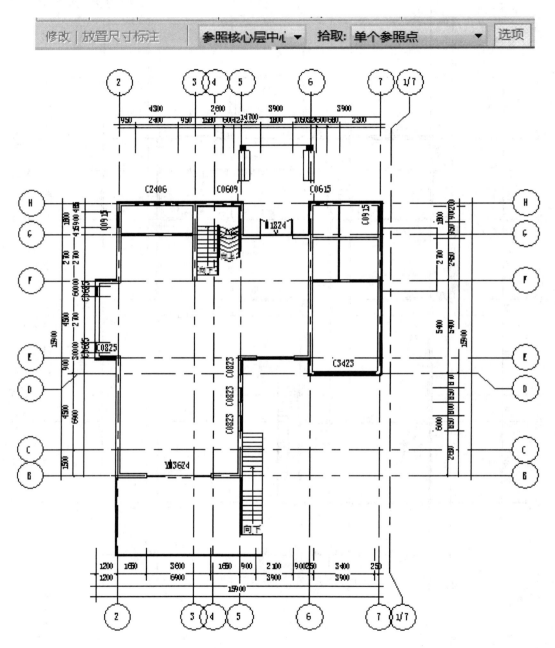

图 2.14 - 8

4. 房间标记

在项目浏览器中双击【楼层平面】项目下的【出图 _ 1-首层平面图】，进入视图，单击选项栏【建筑】→【房间】命令，单击【属性】栏，在类型选择器中选择【BM _ 标记-房间：名称】，在视图中的房间放置房间标记，如图 2.14 - 9 所示。

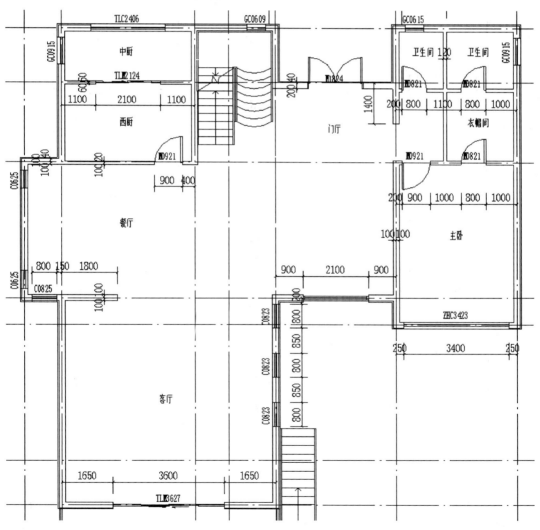

图 2.14 - 9

对于开敞性房间需要进行【房间分隔】，单击选项栏【建筑】→【房间分隔】命令，【绘制】面板选择【直线】命令，在如图 2.14-10 所示的位置画【房间分隔】。

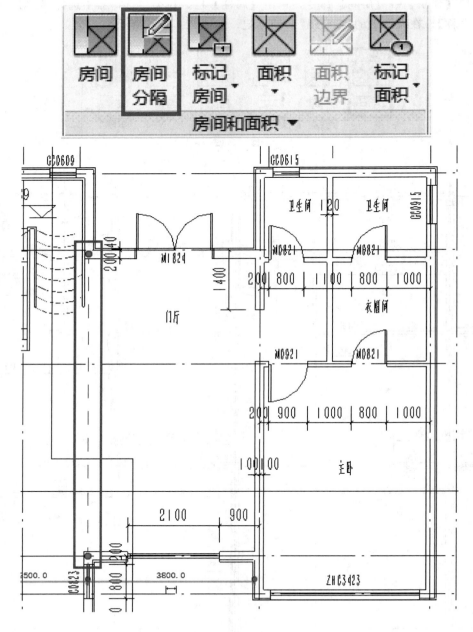

图 2.14-10

在项目浏览器中双击【楼层平面】项目下的【出图_1-首层平面图】，进入视图，用同样方法放置【房间标记】并用【房间分隔】处理房间划分，分别修改【房间名称】为【中厨】【西厨】【餐厅】【客厅】【门厅】【卫生间】【衣帽间】【主卧】等。

5. 高程点标注

在项目浏览器中双击【楼层平面】项目下的【出图 _ 1 -首层平面图】，进入视图，单击选项栏【注释】→【高程点】命令，单击【属性】栏【编辑类型】，在弹出对话框中完成设置，如图 2.14 - 11 所示。

图 2.14 - 11

6. 图名标注

在项目浏览器中双击【楼层平面】项目下的【出图 _ 0 -地下一层平面图】，进入视图，单击选项栏【注释】→【详图组】→【放置详图组】命令，在平面视图中如图所示的位置放置。

选择详图组，单击【解组】命令将其解组，双击【视图名称】修改文字为【地下一层平面图】，移动【比例】至适当位置，完成后如图 2.14 - 12 所示。

地下一层平面图 1:100

图 2.14 - 12

## 2.14.2　立面图深化

1. 应用视图样板

在项目浏览器中选择【立面】项目下的【东】，进入视图，单击鼠标右键，在弹出的对话框中单击【应用样板属性】，弹出如图 2.14 - 13 所示的对话框，单击选择【BM _ 建-

图 2.14 - 13

115

立面图出图】视图样板，单击【应用属性】关闭对话框保存文件。

2. 尺寸标注

单击【注释】→【尺寸标注】→【对齐】命令，在类型选择器中【标注样式】选择【3.5－长仿宋－0.8（左下）】，对视图中的轴网及标高进行尺寸标注，完成后如图 2.14 - 14 所示。

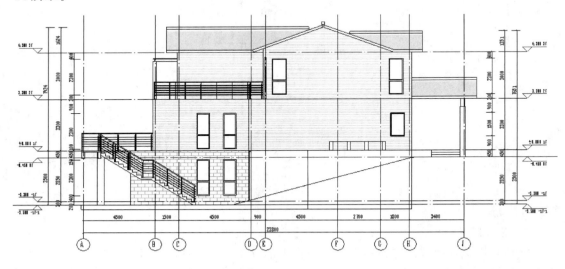

图 2.14 - 14

3. 高程点标注

在项目浏览器中选择【立面】项目下的【东】，进入视图，单击选项栏【注释】→【高程点】命令，在立面视图如图 2.14 - 15 所示位置放置高程点。

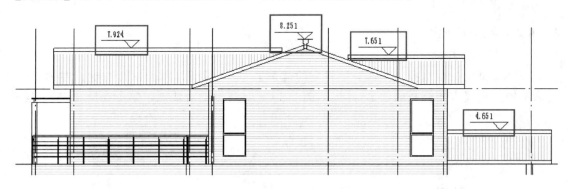

图 2.14 - 15

4. 立面底线

单击【注释】→【构件】→【详图构件】，在类型选择器中选择【BM＿立面底线】，在视图中放置并单击【翻转】符号，拖拽拉伸点将【地形】以下范围覆盖，在中间倾斜段放置一段【立面底线】，单击【修改】→【旋转】命令，单击选项栏【地点】，在绘图区域单击【立面底线】端点作为【旋转中心】，单击水平线右侧一点逆时针旋转至与地形对齐，结束，如图 2.14 - 16 所示。

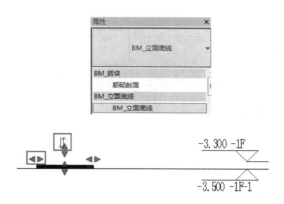

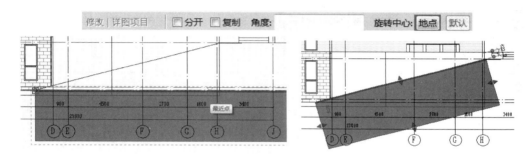

图 2.14 - 16

5. 视图裁剪

单击【属性】栏，勾选【裁剪区域】和【裁剪区域可见】，如图 2.14 - 17 所示。

图 2.14 - 17

移动裁剪区域的【拖拽点】至适当位置，调整视图的显示范围，如图 2.14 - 18 所示。

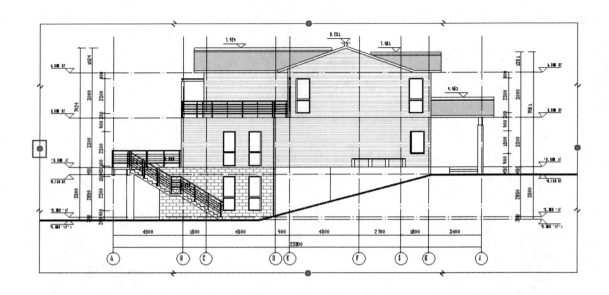

图 2.14 - 18

单击【属性】栏，取消勾选【裁剪区域可见】，如图 2.14 - 19 所示。

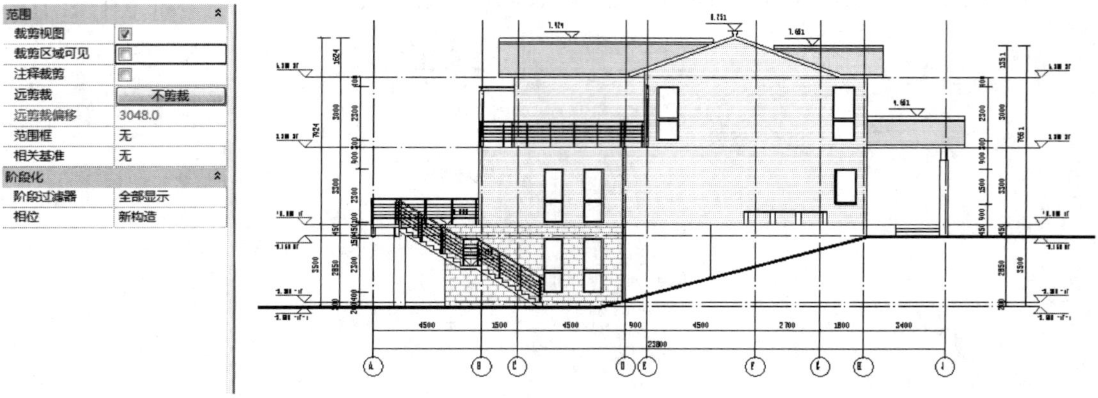

图 2.14 - 19

### 2.14.3　剖面图深化

1. 创建剖面

在项目浏览器中双击【楼层平面】项目下的【出图 _ 1 - 首层平面图】，进入视图，单击选项栏【视图】→【剖面】命令，在如图 2.14 - 20 所示的位置绘制一条剖面线。

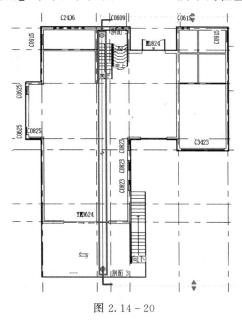

图 2.14 - 20

单击选择该剖面线，单击【修改 | 视图】→【拆分线段】命令，在剖面线中部拆分线段，完成如图 2.14 - 21 所示。

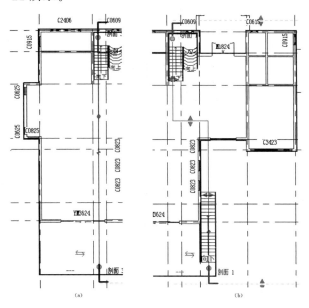

(a)　　　　　　　　　　(b)

图 2.14 - 21

单击剖面标头附近的【翻转】及【旋转】工具，改变剖面视图方向，并对剖面线稍作调整，完成后如图 2.14 - 22 所示。

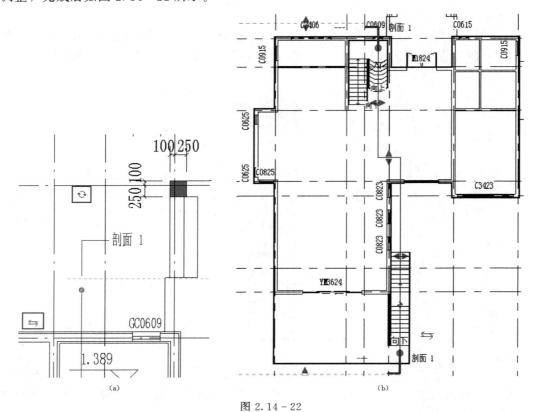

图 2.14 - 22

同样方法绘制一条水平剖面线创建【剖面 2】，如图 2.14 - 23 所示。

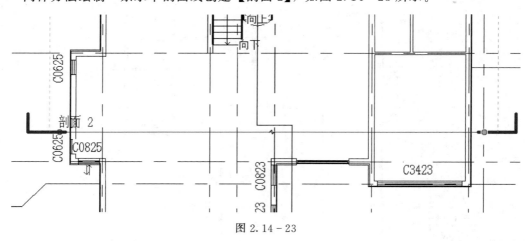

图 2.14 - 23

2. 尺寸标注

在项目浏览器中选择【剖面】项目下的【剖面 1】，进入视图，单击鼠标右键，在弹出的对话框中，单击【应用样板属性】，弹出如图对话框，单击选择【BM_建-剖面图】视图样板，单击【应用属性】关闭对话框，并单击鼠标右键选择【重命名】将视图重命名为【I】。

若剖面视图中出现裁剪区域范围框，单击【属性】栏，取消勾选【裁剪区域可见】，如图 2.14 - 24 所示。

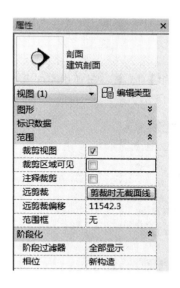

图 2.14 - 24

单击【注释】→【尺寸标注】→【对齐】命令，在类型选择器【标注样式】中选择【3.5 - 长仿宋 - 0.8（左下）】，对视图中的轴网及标高进行尺寸标注。

将【剖面 2】重命名为【II】，并对视图进行尺寸标注。

3. 高程点标注

单击选项栏【注释】→【高程点】命令，在 I - I、II - II 剖面视图中放置高程点，完成如图 2.14 - 25 所示。

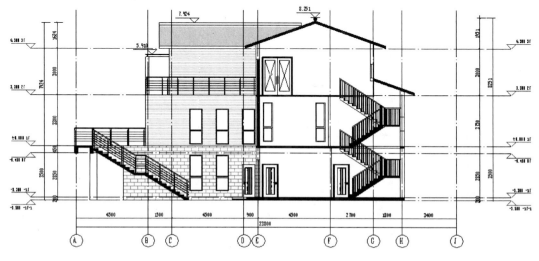

图 2.14 - 25

4. 剖面处理

同前所述，调整剖面视图Ⅰ-Ⅰ、Ⅱ-Ⅱ上的立面底线和裁剪区域，完成后保存文件。

## 2.15　成果输出

### 2.15.1　创建图纸

单击选项栏【视图】→【图纸】命令，在弹出对话框中选择【BM_图框-标准标题栏-横式：A2】，完成如图 2.15-1 所示。

图 2.15-1

在项目浏览器中选择新建的图纸，单击鼠标右键选择【重命名】，修改其图纸标题如图 2.15-2 所示。

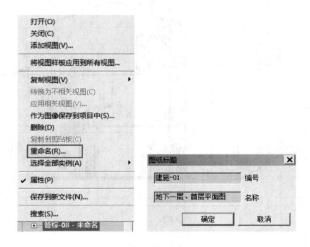

图 2.15-2

　　在项目浏览器中双击【图纸（柏慕-制图）】项目下的【建施-01-地下一层、首层平面图】，进入视图，选择【出图_0-地下一层平面图】拖拽至绘图区域的图纸中。

　　同样方法新建图纸【建施-02-二层、屋顶平面图】【建施-03-东、北立面图】【建施-04-南、西立面图】【建施-05-Ⅰ-Ⅰ、Ⅱ-Ⅱ剖面图】。

> 　　**注意**：每张图纸可布置多个视图，但每个视图仅可以放置到一个图纸上。要在项目的多个图纸中添加特定视图，请在项目浏览器中该视图的名称上单击鼠标右键，在弹出的快捷菜单中选择【复制视图】→【复制作为相关】，创建视图副本，可将副本布置于不同图纸上。除图纸视图外，明细表视图、渲染视图、三维视图等也可以直接拖曳到图纸中。

　　如需修改视口比例，可在图纸中选择视口并单击鼠标右键，在弹出的快捷菜单中选择【激活视图】命令。此时【图纸标题栏】灰显，单击绘图区域左下角视图控制栏比例，弹出比例列表，可选择列表中的任意比例值，也可选择【自定义】选项，在弹出的【自定义比例】对话框中将【100】更改为新值后单击【确定】，如图 2.15-3 所示。比例设置完成后，在视图中单击鼠标右键，在弹出的快捷菜单中选择【取消激活视图】命令，完成比例的设置，保存文件。

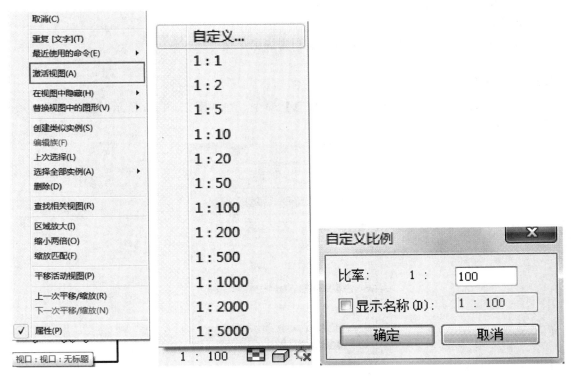

图 2.15-3

### 2.15.2 图纸处理

在项目浏览器中双击【图纸（柏慕-制图）】项目下的【建施-01-地下一层、首层平面图】，进入视图，选择地下一层平面图，单击【属性】栏，视口选择【无标题】，单击【应用】，如图 2.15-4 所示。

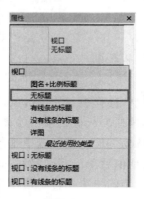

图 2.15-4

双击视口，激活视图，调整裁剪区域，将轴网及尺寸标注调整至适当位置，使视口在图纸位置适中。

同样方法对其他图纸的视口进行调整，完成保存文件。

### 2.15.3 设置项目信息

单击【管理】→【设置】→【项目信息】命令，在如图 2.15-5 所示对话框中录入项目信息，单击【确定】完成录入。

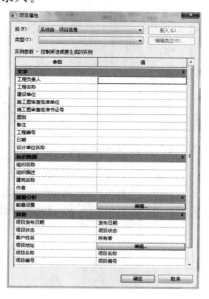

图 2.15-5

图纸里的设计人、审核人等内容可在图纸属性中进行修改，如图 2.15 - 6 所示。

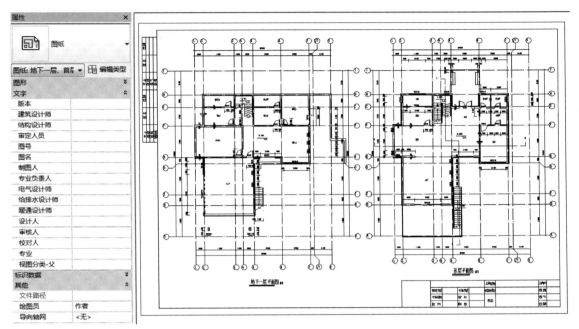

图 2.15 - 6

至此完成了项目信息的设置。

### 2.15.4 图例视图

创建图例视图：单击【视图】→【图例】→【图例】，在弹出的【新图例视图】对话框中输入名称为【图例 1】，单击【确定】完成图例视图的创建，如图 2.15 - 7 所示。

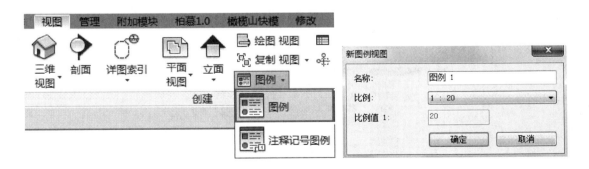

图 2.15 - 7

选取图例构件：进入新建图例视图，单击【注释】→【构件】→【图例构件】，按图示内容进行选项栏设置，完成后在视图中放置图例，如图 2.15 - 8 所示。

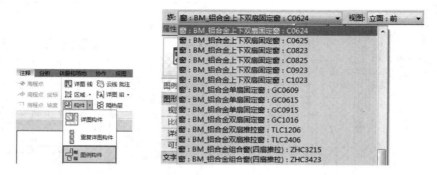

图 2.15 - 8

重复以上操作，分别修改选项栏中的族为窗族、门族，在图中进行放置，如图 2.15 - 9 所示。

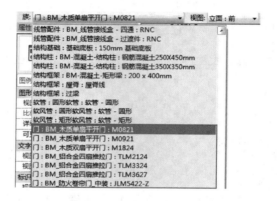

图 2.15 - 9

添加图例注释：使用文字及尺寸标注命令，按图示内容为其添加注释说明，如图 2.15 - 10 所示。

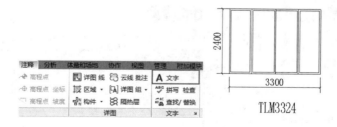

图 2.15 - 10

## 2.15.5 图纸列表、措施表及设计说明

单击【视图】→【明细表】→【图纸列表】选项，在弹出的【图纸列表属性】对话框

中根据项目要求添加字段，如图 2.15 - 11 所示。

图 2.15 - 11

　　若可用的字段中没有需要字段，可以单击【添加参数】为项目添加参数。

　　切换到【排序/成组】选项卡，根据要求选择明细表的排序方式，切换到【外观】选项卡，取消勾选【数据前的空行】，单击【确定】完成图纸列表的创建，如图 2.15 - 12 所示。

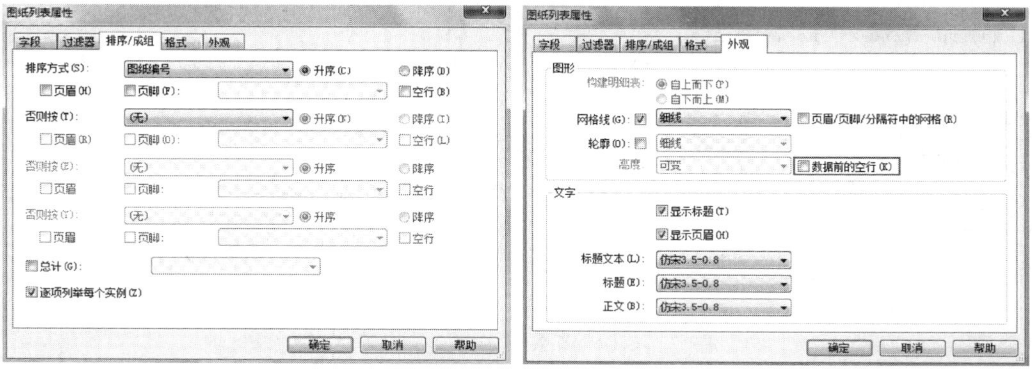

图 2.15 - 12

进入图例视图，单击【注释】→【文字】，根据项目要求添加设计说明，如图 2.15 - 13 所示。

 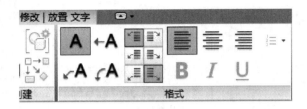

图 2.15 - 13

新建图纸【建施-0A -设计说明】在项目浏览器中分别把设计说明、图纸列表拖拽到新建图纸中。

## 2.15.6　打印

创建图纸之后，可以直接打印出图。

接上节练习，选择【应用程序菜单】→【文件】→【打印】命令，弹出【打印】对话框，单击左下角【选择】，弹出【视图/图纸集】对话框，取消勾选【视图】，再单击【选择全部】，单击【确定】关闭对话框，如图 2.15 - 14 所示。

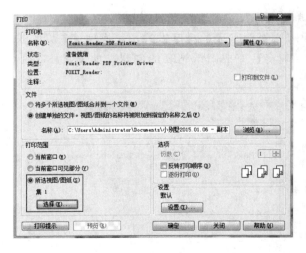 

图 2.15 - 14

在【名称】下拉列表框中选择可用的打印机名称。

　　单击【名称】后的【属性】按钮,弹出打印机的【文档属性】对话框,如图 2.15 - 15 所示。布局方向选择为【横向】,纸张规格选择【A2】,单击【确定】按钮,返回【打印】对话框。

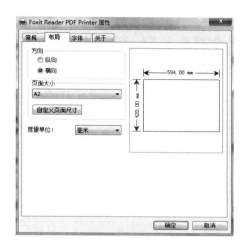

图 2.15 - 15

　　单击【确定】按钮,即可自动打印图纸。

　　**注意**:Revit 打印机、绘图仪驱动可以在 Windows 的【设备和打印】中添加。

## 2.16　工程量统计

### 2.16.1　创建明细表

　　单击【视图】→【明细表】→【明细表/数量】选项,在弹出的【新建明细表】对话框中选择【门】类别,如图 2.16 - 1 所示。

图 2.16 - 1

　　单击【确定】，弹出【明细表属性】对话框，单击选择对话框左侧栏所需要参数，再单击【添加】至右侧栏中，（双击左侧栏或右侧栏中参数添加或删除），单击右下方的【上移】【下移】调节字段的顺序，参数添加完成如图所示。若可用的字段中没有需要字段，可以单击【添加参数】为项目添加参数。单击【确定】进入【门明细表】视图，如图 2.16-2 所示。

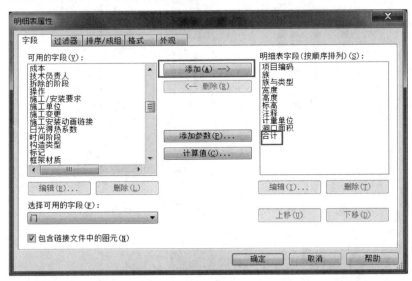

图 2.16-2

　　单击【属性】栏中【字段】后的【编辑】按钮，弹出【明细表属性】对话框，切换到【排序/成组】选项卡，根据要求选择明细表的排序方式，切换到【格式】选项卡，单击左侧栏中【合计】，勾选【计算总数】，切换到【外观】选项卡，取消勾选【数据前的空行】，如图 2.16-3 所示。

(a)

图 2.16-3 （一）

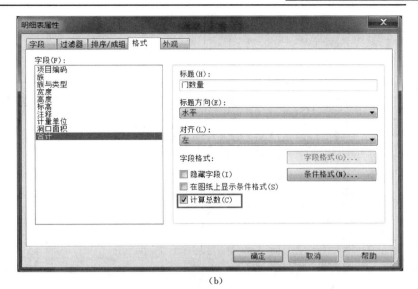

（b）

（c）

图 2.16 - 3（二）

单击【确定】完成图纸列表的创建，如图 2.16 - 4 所示。

&lt;清单_土建-门&gt;

| A | B | C | D | E | F |
|---|---|---|---|---|---|
| 项目编码 | 项目名称 | 族与类型（项目特征） | 计量单位 | 工程量 | 门数量 |
| | | | | | |
| 010801002 | BM_木质单扇平开门 | BM_木质单扇平开门：M0821 | | 1.68 | 8 |
| 010801002 | BM_木质单扇平开门 | BM_木质单扇平开门：M0921 | | 1.89 | 11 |
| 010801002 | BM_木质双扇平开门 | BM_木质双扇平开门：M1824 | | 4.32 | 2 |
| 010802001 | BM_铝合金四扇推拉门 | BM_铝合金四扇推拉门：TLM2124 | | 5.04 | 3 |
| 010802001 | BM_铝合金四扇推拉门 | BM_铝合金四扇推拉门：TLM3324 | | 7.92 | 1 |
| 010802001 | BM_铝合金四扇推拉门 | BM_铝合金四扇推拉门：TLM3627 | | 9.72 | 2 |
| 010803002 | BM_防火卷帘门 | BM_防火卷帘门：JLM5422 | | 11.88 | 1 |
| 总计：28 | | | | | |

图 2.16 - 4

同样方法用于【窗】【墙】【楼板】【屋顶】，完成后保存文件，如图 2.16 - 5 所示。

**〈清单_土建-窗〉**

| A | B | C | D | E | F |
|---|---|---|---|---|---|
| 项目编码 | 项目名称 | 族与类型（项目特征） | 计量单位 | 工程量（窗面积） | 合计 |
| 010807001 | BM_铝合金上下双扇固定窗 | BM_铝合金上下双扇固定窗：C0624 | | 1.44 | 3 |
| 010807001 | BM_铝合金上下双扇固定窗 | BM_铝合金上下双扇固定窗：C0625 | | 1.50 | 2 |
| 010807001 | BM_铝合金上下双扇固定窗 | BM_铝合金上下双扇固定窗：C0823 | | 1.84 | 5 |
| 010807001 | BM_铝合金上下双扇固定窗 | BM_铝合金上下双扇固定窗：C0825 | | 2.00 | 2 |
| 010807001 | BM_铝合金上下双扇固定窗 | BM_铝合金上下双扇固定窗：C0923 | | 2.07 | 2 |
| 010807001 | BM_铝合金上下双扇固定窗 | BM_铝合金上下双扇固定窗：C1023 | | 2.30 | 2 |
| 010807001 | BM_铝合金单扇固定窗 | BM_铝合金单扇固定窗：GC0609 | | 0.54 | 6 |
| 010807001 | BM_铝合金单扇固定窗 | BM_铝合金单扇固定窗：GC0615 | | 0.90 | 2 |
| 010807001 | BM_铝合金单扇固定窗 | BM_铝合金单扇固定窗：GC0915 | | 1.35 | 2 |
| 010807001 | BM_铝合金双扇推拉窗 | BM_铝合金双扇推拉窗：TLC1206 | | 0.72 | 1 |
| 010807001 | BM_铝合金双扇推拉窗 | BM_铝合金双扇推拉窗：TLC2406 | | 1.44 | 1 |
| 010807001 | BM_铝合金组合窗（四扇推拉） | BM_铝合金组合窗（四扇推拉）：ZHC3215 | | 4.80 | 1 |
| 010807001 | BM_铝合金组合窗（四扇推拉） | BM_铝合金组合窗（四扇推拉）：ZHC3423 | | 7.82 | 1 |
| 总计：28 | | | | | 28 |

(a)

**〈清单_土建-直形墙〉**

| A | B | C | D | E | F |
|---|---|---|---|---|---|
| 项目编码 | 项目名称 | 族与类型（项目特征） | 注释（注释等于直形墙） | 计量单位 | 工程量 |
| 010504001 | 基墙_钢筋砼C30-240厚 | 基本墙：基墙_钢筋砼C30-240厚 | 直形墙 | | 3.49 |
| 010504001 | 基墙_钢筋砼C30-240厚 | 基本墙：基墙_钢筋砼C30-240厚 | 直形墙 | | 0.92 |
| 010504001 | 基墙_钢筋砼C30-240厚 | 基本墙：基墙_钢筋砼C30-240厚 | 直形墙 | | 3.46 |
| 010504001 | 基墙_钢筋砼C30-240厚 | 基本墙：基墙_钢筋砼C30-240厚 | 直形墙 | | 11.32 |
| 010504001 | 基墙_钢筋砼C30-240厚 | 基本墙：基墙_钢筋砼C30-240厚 | 直形墙 | | 5.20 |
| 010504001 | 基墙_钢筋砼C30-240厚 | 基本墙：基墙_钢筋砼C30-240厚 | 直形墙 | | 2.50 |
| 010504001 | 基墙_钢筋砼C30-240厚 | 基本墙：基墙_钢筋砼C30-240厚 | 直形墙 | | 5.46 |
| 010504001 | 基墙_钢筋砼C30-240厚 | 基本墙：基墙_钢筋砼C30-240厚 | 直形墙 | | 1.66 |
| 010504001 | 基墙_钢筋砼C30-240厚 | 基本墙：基墙_钢筋砼C30-240厚 | 直形墙 | | 2.77 |
| 总计：9 | | | | | 36.79 |

(b)

图 2.16 - 5

### 2.16.2 创建多类别明细表

单击【视图】→【明细表】→【明细表/数量】选项，在弹出的【新建明细表】对话框中选择【多类别】，单击【确定】按钮。

在【字段】选项卡中选择要统计的字段，单击【添加】移动到【明细表字段】列表中，若可用的字段中没有需要的字段，可以单击【添加参数】为项目添加参数。

设置过滤器、排序/成组、格式、外观等属性，确定创建多类别明细表。

### 2.16.3 导出明细表

打开要导出的明细表，单击【应用程序菜单】，选择【导出】→【报告】→【明细表】命令，在【导出】对话框中指定明细表的名称和路径，单击【保存】按钮将该文件保存为分隔符文本，如图 2.16 - 6 所示。

图 2.16 - 6

在【导出明细表】对话框中设置明细表外观和输出选项，单击【确定】按钮，完成导出，如图 2.16 - 7 所示。

图 2.16 - 7

启动 Microsoft Excel 或其他电子表格程序，打开导出的明细表，即可进行任意编辑修改，如图 2.16 - 8 所示。

| | A | B | C | D | E | F |
|---|---|---|---|---|---|---|
| 1 | 清单_土建-窗 | | | | | |
| 2 | 项目编码 | 项目名称 | 族与类型（项目特征） | 计量单位 | 工程量（窗面积） | 合计 |
| 3 | | | | | | |
| 4 | 010807001 | BM_铝合金上下双扇固定窗 | BM_铝合金上下双扇固定窗：C0624 | | 1.44 | 3 |
| 5 | 010807001 | BM_铝合金上下双扇固定窗 | BM_铝合金上下双扇固定窗：C0625 | | 1.5 | 2 |
| 6 | 010807001 | BM_铝合金上下双扇固定窗 | BM_铝合金上下双扇固定窗：C0823 | | 1.84 | 5 |
| 7 | 010807001 | BM_铝合金上下双扇固定窗 | BM_铝合金上下双扇固定窗：C0825 | | 2 | 1 |
| 8 | 010807001 | BM_铝合金上下双扇固定窗 | BM_铝合金上下双扇固定窗：C0923 | | 2.07 | 2 |
| 9 | 010807001 | BM_铝合金上下双扇固定窗 | BM_铝合金上下双扇固定窗：C1023 | | 2.3 | 1 |
| 10 | 010807001 | BM_铝合金单扇固定窗 | BM_铝合金单扇固定窗：GC0609 | | 0.54 | 6 |
| 11 | 010807001 | BM_铝合金单扇固定窗 | BM_铝合金单扇固定窗：GC0615 | | 0.9 | 2 |
| 12 | 010807001 | BM_铝合金单扇固定窗 | BM_铝合金单扇固定窗：GC0915 | | 1.35 | 2 |
| 13 | 010807001 | BM_铝合金双扇推拉窗 | BM_铝合金双扇推拉窗：TLC1206 | | 0.72 | 1 |
| 14 | 010807001 | BM_铝合金双扇推拉窗 | BM_铝合金双扇推拉窗：TLC2406 | | 1.44 | 1 |
| 15 | 010807001 | BM_铝合金组合窗(四扇推拉) | BM_铝合金组合窗(四扇推拉)：ZHC3215 | | 4.8 | 1 |
| 16 | 010807001 | BM_铝合金组合窗(四扇推拉) | BM_铝合金组合窗(四扇推拉)：ZHC3423 | | 7.82 | 1 |
| 17 | 总计：28 | | | | | 28 |

图 2.16 - 8

# 柏慕 revit 基础教程
## 结构篇

主　　编　黄亚斌

副 主 编　李　签　乔晓盼

本篇参编　吕　朋

中国水利水电出版社
www.waterpub.com.cn

# 内 容 提 要

本书是基于柏慕 1.0——BIM 标准化应用体系的 Revit 基础教程，通过简单的实际项目案例，使读者们能够在短时间内掌握 Revit 相关的知识与技巧。本书针对各个专业，实践性极强，并且能够从基础部分入手，适应 BIM 标准化，BIM 材质库、族库、出图规则、建模命名标准，国标清单项目编码及施工、运维信息管理的统一等，使得 Revit 初学者能够顺利、快速地掌握该软件，并为该软件与其他 BIM 流程的衔接打下基础。

本书适合 Revit 初学者、建筑相关专业的学生以及相关从业人员阅读参考。

## 图书在版编目（C I P）数据

柏慕revit基础教程 / 黄亚斌主编. -- 北京 ： 中国
水利水电出版社，2015.7（2018.6重印）
ISBN 978-7-5170-3415-5

Ⅰ．①柏… Ⅱ．①黄… Ⅲ．①建筑设计－计算机辅助
设计－应用软件－教材 Ⅳ．①TU201.4

中国版本图书馆CIP数据核字(2015)第229482号

| 书　　　名 | **柏慕 revit 基础教程（结构篇）** |
|---|---|
| 作　　　者 | 主编　黄亚斌　　副主编　李签　乔晓盼 |
| 出 版 发 行 | 中国水利水电出版社<br>（北京市海淀区玉渊潭南路 1 号 D 座　100038）<br>网址：www. waterpub. com. cn<br>E - mail：sales@waterpub. com. cn<br>电话：(010) 68367658（营销中心） |
| 经　　　售 | 北京科水图书销售中心（零售）<br>电话：(010) 88383994、63202643、68545874<br>全国各地新华书店和相关出版物销售网点 |
| 排　　　版 | 中国水利水电出版社微机排版中心 |
| 印　　　刷 | 天津嘉恒印务有限公司 |
| 规　　　格 | 184mm×260mm　16 开本　25 印张（总）　594 千字（总） |
| 版　　　次 | 2015 年 7 月第 1 版　2018 年 6 月第 2 次印刷 |
| 印　　　数 | 4001—7000 册 |
| 总 定 价 | **300.00 元（1—5 分册）** |

凡购买我社图书，如有缺页、倒页、脱页的，本社营销中心负责调换

# 前　言

　　北京柏慕进业工程咨询有限公司创立于 2008 年，曾先后为国内外千余家地产商、设计院、施工单位、机电安装公司、工程总包、工程咨询、工程管理公司、物业管理公司等各类建筑及相关企业提供 BIM 项目咨询及培训服务，完成各类 BIM 咨询项目百余个，具备丰富的 BIM 项目应用经验。

　　北京柏慕进业工程咨询有限公司致力于以 BIM 技术应用为核心的建筑设计及工程咨询服务，主要业务有 BIM 咨询、BIM 培训、柏慕产品研发、BIM 人才培养。

　　柏慕 1.0——BIM 标准化应用系统产品经过一年的研发和数十个项目的测试研究，基本实现了 BIM 材质库、族库、出图规则、建模命名标准、国际清单项目编码及施工、运维信息管理的统一，初步形成了 BIM 标准化应用体系。柏慕 1.0 具有 6 大功能特点：①全专业施工图的出图；②国际清单工程量；③建筑节能计算；④设备冷热负荷计算；⑤标准化族库、材质库；⑥施工、运维信息管理。

　　本书主要以实际案例作为教程，结合柏慕 1.0 标准化应用体系，从项目前期准备开始，到专业模型建设、施工图出图、国际工程量清单及施工运维信息等都进行了讲解。对于建模过程有详细叙述，适合刚接触 Revit 的初学者、柏慕 1.0 产品的用户以及广大 Revit 爱好者。

　　由于时间紧迫，加之作者水平有限，书中难免有疏漏之处，敬请广大读者谅解并指正。凡是购买柏慕 1.0 产品的用户均可登陆柏慕进业官网（www.51bim.com）免费下载柏慕族库及本书相关文件。

　　欢迎广大读者朋友来访交流，柏慕进业公司北京总部电话：010－84852873；地址：北京市朝阳区农展馆南路 13 号瑞辰国际中心 1805 室。

编者

2015 年 8 月

# 目　　录

# 设　备　篇

# 装　修　篇

# 景　观　篇

# 结　构　篇

〰〰〰〰〰〰〰〰〰〰〰〰〰〰〰〰〰〰〰〰〰〰〰〰〰〰〰〰〰〰〰〰〰〰

　　结构篇基于柏慕 1.0——BIM 标准化应用体系。通过简单的实际项目案例，使得读者能够在短时间内掌握 Revit 中结构方面的知识与技巧。针对结构专业，可操作性强，并且能够从基础部分入手适应 BIM 的标准化，BIM 材质库、族库、出图规则、建模命名标准，国标清单项目编码及施工、运维信息管理的统一等，使得初学者能够顺利、快速掌握 Revit 软件，并为衔接 BIM 流程的其他环节打下基础。

# 第 3 章
## 结 构 模 型 的 创 建

本章主要通过实际的案例操作，讲解使用 Revit 软件创建结构模型的方法和步骤，案例为【地下车库-结构模型】，要求掌握创建结构模型的方法。

## 3.1 标高与轴网的创建

创建结构模型之前，需要确定模型主体之间的定位关系。其定位关系主要借助于标高和轴网。本节主要讲解如何绘制项目案例需要的标高和轴网。

### 3.1.1 新建项目

启动 Revit 软件，单击软件界面左上角的【应用程序菜单】按钮，在弹出的下拉菜单中依次单击【新建】→【项目】，在弹出的【新建项目】对话框中单击【浏览】，选择【BIM 基础教程样板文件】，单击【确定】，如图 3.1-1 所示。

图 3.1-1

打开文件后单击界面左上角的【应用程序菜单】按钮，在弹出的下拉菜单中依次单击【另存为】→【项目】，如图3.1-2所示，项目文件命名为【地下车库-结构模型】。

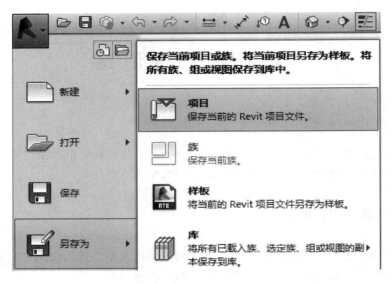

图 3.1-2

### 3.1.2 标高的创建

1. 建筑标高与结构标高

在绘制 Revit 模型时，建筑标高与结构标高是分开的。为方便后期应用，一般来说会创建两套标高，如图3.1-3所示。

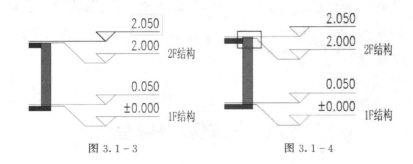

图 3.1-3                    图 3.1-4

绘制模型时，结构构件（如结构柱）是从结构标高到结构标高，而建筑构件（建筑柱）则是从建筑标高到建筑标高，否则会出现结构与建筑混乱的情况，如图3.1-4所示。

在此项目中，仅搭建结构模型，因此只绘制结构标高，不单独表示建筑标高。

2. 进入立面图

在项目浏览器中展开【立面（建筑立面）】项，双击视图名称【东】（或右键单击打开），进入东立面视图，系统默认设置了两个标高——标高 1 和标高 2，作为结构标高，如图 3.1-5 所示。

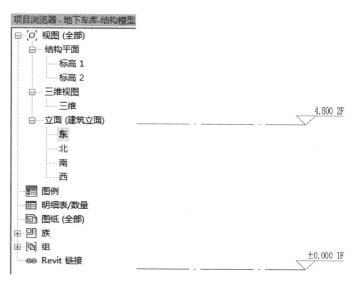

图 3.1-5

3. 创建标高

根据需要修改标高高度：选择需要改高度的标高符号，单击标高符号下方表示高度的数字，如【2F】高度数值【4000】，将项目浏览器下平面视图的名称分别改为【1F】【2F】，如图 3.1-6 所示。

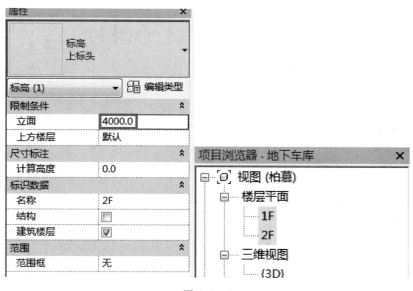

图 3.1-6

4. 标高的锁定

选择所绘制的标高，单击【修改标高】上下文选项卡，【修改】面板中的【锁定】工具（或使用快捷键 PN），锁定绘制完成的标高，如图 3.1-7 所示。

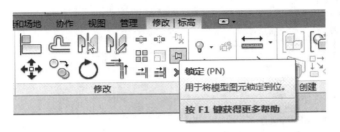

图 3.1-7

### 3.1.3　轴网的创建

1. 导入 CAD 底图

轴网是通过导入相关的 CAD 图，并以 CAD 图原有轴网为依据来创建的。在软件界面的项目浏览器中，双击结构平面下的视图 1F，进入 1F 的平面视图。单击【插入】选项卡下【导入】面板中的【导入 CAD】，单击打开【导入 CAD 格式】对话框，在本课件附带的相关资料中选择【地下车库平面图_基础】DWG 文件。

具体设置如下：勾选【仅当前视图】，【图层】选择【可见】；【导入单位】选择【毫米】；【定位】选择【自动-原点到原点】，放置于选择【1F】，其他选项选择默认设置，单击【打开】，如图 3.1-8 所示。

图 3.1-8

导入 CAD 图后，Revit 会自动锁定导入的 CAD 图。

2. 创建轴网

单击【建筑】选项卡下【基准】面板中的【轴网】工具（或使用快捷键 GR），选择
【拾取线】命令，依次单击 CAD 图中各轴线，创建轴网（如图 3.1-9 所示）。

图 3.1-9

轴网创建完成之后，单击【视图】→【可见性/图形】，弹出可见性图形设置对话框。
单击【导入的类别】选项，取消勾选【地下车库结构-基础】，如图 3.1-10 所示。

图 3.1-10

完成轴网如图 3.1－11 所示。

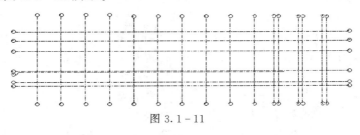

图 3.1－11

3. 轴网的锁定

选择所绘制的轴网，单击【修改轴网】上下文选项卡【修改】面板中【锁定】工具（或使用快捷键 PN），锁定绘制的轴网，单击保存。

## 3.2 柱的创建

### 3.2.1 打开文件

接上节练习，打开文件【地下车库-结构模型】单击【应用程序菜单】依次单击【打开】→【项目】在弹出的对话框中，选择【地下车库-结构模型】文件，单击【打开】。

### 3.2.2 导入底图

在软件界面的项目浏览器中，双击结构平面下的视图 1F，进入 1F 的平面视图。单击【插入】选项卡下【导入】面板中的【导入 CAD】，单击打开【导入 CAD 格式】对话框，在本书配套的相关电子资料中选择【地下车库平面图 _ 墙柱】DWG 文件。

具体设置如下：勾选【仅当前视图】，【图层】选择【可见】，【导入单位】选择【毫米】，【定位】选择【自动-原点到原点】，放置于选择【1F】，其他选项选择默认设置，单击【打开】，如图 3.2－1 所示。

图 3.2－1

导入 CAD 之后，需要将 CAD 与项目轴网对齐。选择刚刚导入的【地下车库-墙柱】，单击修改面板下的解锁，如图 3.2－2 所示。解锁之后选择修改面板下的对齐命令，将 CAD 底图与项目轴网对齐并锁定，完成结果如图 3.2－3 所示。

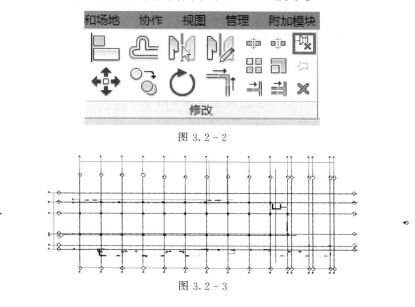

图 3.2－2

图 3.2－3

### 3.2.3　新建结构柱

1. 新建结构柱类型

单击【结构】选项卡下【结构】面板中的【柱】命令，在类型选择器下拉列表中找到【BM＿现浇混凝土结构柱－C30】，单击实例属性对话框中的【编辑类型】，进入【类型属性】对话框，单击【复制】按钮，在弹出的对话框中输入新建结构柱名称【600×600】，单击【确定】。

在类型属性中的【尺寸标注】栏中将 h、b 值均改为【600.0】，单击【确定】，完成结构柱类型【600×600】的创建，如图 3.2－4 所示。

图 3.2－4

**2. 绘制结构柱**

在类型选择器中选择合适的结构柱类型，按图 3.2 - 5 所示对结构柱进行设置之后，把鼠标移动到绘图区域，在 CAD 图中标记柱子的位置单击放置柱子。

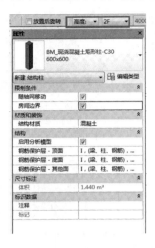

图 3.2 - 5

使用相同的操作方法，完成所有结构柱的绘制，结果如图 3.2 - 6 所示。

图 3.2 - 6

## 3.3 墙的创建

**1. 选择墙体类型**

在本例中有宽度为 200、250 和 300 三种宽度的墙体，对应项目中剪力墙类型为【基墙 _ 钢筋砼 C30 - 200 厚】【基墙 _ 钢筋砼 C30 - 250 厚】和【基墙 _ 钢筋砼 C30 - 300 厚】。单击【结构】选项卡【构建】面板下的【墙】按钮，在弹出的【放置墙】选项卡中【图元】面板上的类型选择器中选择相应的墙体类型。

2. 设置墙体属性

选好墙体类型后，在【修改 | 放置结构墙】设置中选择【高度】；【2F】，定位线选择【核心面：外部】，如图 3.3－1 所示。

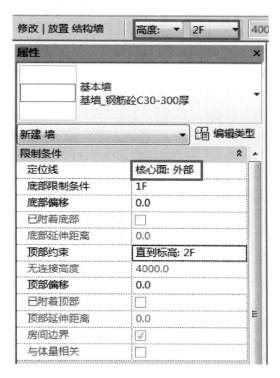

图 3.3－1

3. 绘制墙体

在弹出的【放置墙】选项卡中的【绘制】面板中选择【直线】命令，鼠标左键单击确定墙体的起点再一次单击确定墙体的终点，按顺时针方向沿 CAD 墙体外边缘绘制墙体。也可用【绘制】面板中的【拾取线】命令，拾取 CAD 图中的墙体边线，创建墙体，如图 3.3－2 所示，完成之后保存。

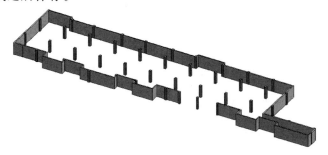

图 3.3－2

## 3.4  梁的创建

本例中梁主要有基础地梁和顶板框架梁，其中基础地梁有 $700×700$、$600×900$ 和 $700×900$ 三种尺寸类型，顶板框架梁有 $500×950$、$600×950$、$600×750$、$300×600$、$200×600$、$250×500$ 六种尺寸类型。需要新建这九种尺寸的梁来完成本节梁的绘制。

在 CAD 图中已对各种梁进行了标注，在绘制梁时要严格按照 CAD 图中标注的梁尺寸进行绘制。

### 3.4.1  绘制基础梁

1. 打开文件

接上节练习，单击【应用程序菜单】，依次单击【打开】→【项目】，在弹出的对话框中，选择【地下车库-结构模型】文件，单击【打开】。

2. 平面视图的可见性设置

在项目浏览器中，双击【结构平面】下的视图【1F】，进入【1F】的平面视图。单击【视图】→【可见性/图形】（快捷键 vv），弹出可见性图形设置对话框。单击【导入的类别】选项，取消勾选【地下车库结构-墙柱】，勾选【地下车库结构-基础】，如图 3.4－1 所示。

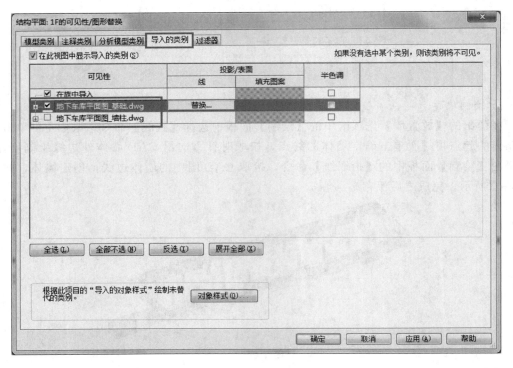

图 3.4－1

单击【模型类别】选项，取消勾选【墙】，单击【确定】，如图 3.4-2 所示。

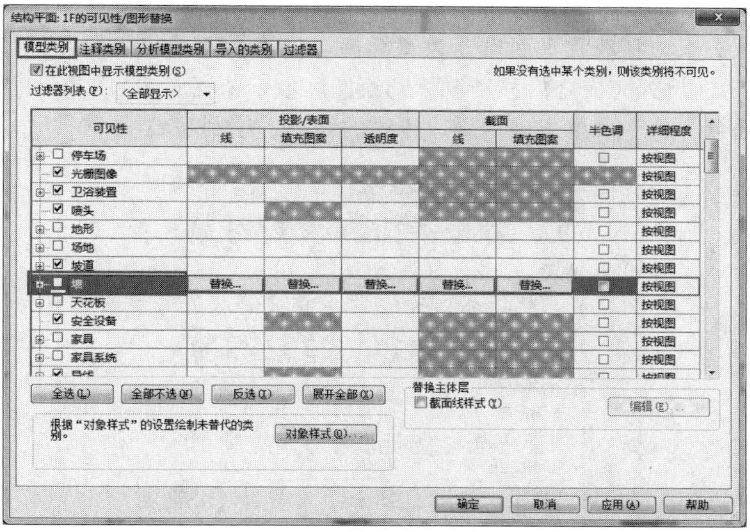

图 3.4-2

3. 新建梁类型

在【结构】选项卡下，单击【结构】面板中的【梁】工具，在类型选择器下拉列表中选择【BM_现浇混凝土矩形梁-C30】的【图元属性】，在弹出的实例属性对话框中单击【编辑类型】，进入类型属性，单击【复制】按钮，在弹出的对话框中输入新建结构梁类型名称【700×700】单击【确定】。在类型属性中的【尺寸标注】栏中将 h、b 值均改为【700】，单击【确定】，完成梁类型的创建，如图 3.4-3 所示。

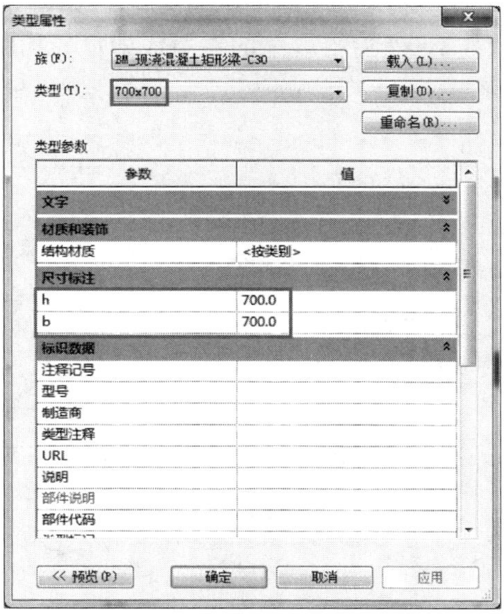

图 3.4-3

同样方法新建梁类型【600×900】【700×700】。

4. 绘制梁

在梁绘制状态下，将放置平面设置为【标高：1F】；【Y 轴对正】的值设置为【左】；如图 3.4-4 所示。设置完成之后移动鼠标到绘图区域，依据 CAD 图中梁的位置，单击确定梁的边界线起点，再一次单击确定梁边界线的终点，绘制基础梁。

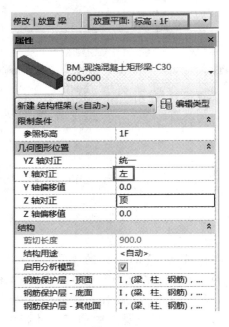

图 3.4-4

也可以通过拾取线命令直接拾取 CAD 中的线来进行梁的绘制。在梁的属性面板中，调整【Y 轴对正】的值为【左】，然后拾取梁的左边线即可，如图 3.4-5 所示。完成基础梁的模型如图 3.4-6 所示。

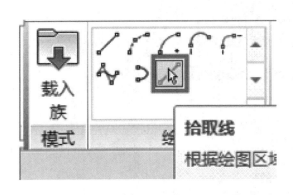

图 3.4-5

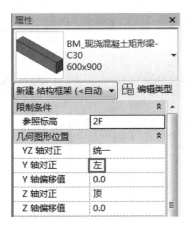

图 3.4-6

**注意：** 在实例属性中设置的参照标高是以梁的顶部高度为标准的。

绘制完成之后，可以采用对齐命令调整位置偏离的梁，如图 3.4－7 所示。

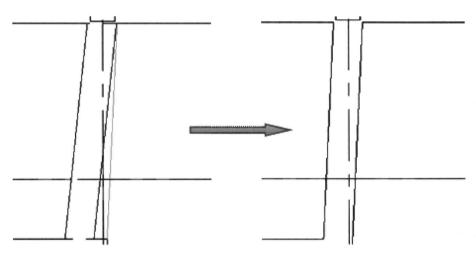

图 3.4－7

完成基础梁模型如图 3.4－8 所示。

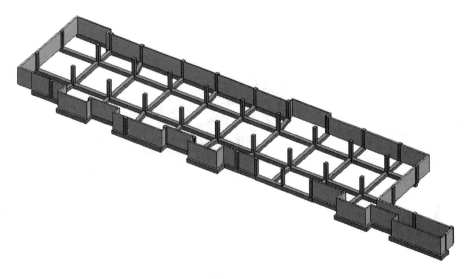

图 3.4－8

### 3.4.2　绘制顶板梁

1. 导入 CAD 底图

在项目浏览器中，双击【结构平面】下的视图【2F】，进入【2F】的平面视图。单击【插入】选项卡下的【导入 CAD】命令，在打开的【导入 CAD 格式】对话框中，选择

DWG 文件【地下车库平面图 _ 顶板】。

具体设置如下：勾选【仅当前视图】；【图层】选择【可见】；【导入单位】选择【毫米】；【定位】选择【自动-原点到原点】；【放置于】选择【2F】，其他选项选择默认设置，单击【打开】。

2. 新建梁类型

在【结构】选项卡下，单击【结构】面板中的【梁】工具，在打开的【放置梁】选项卡中选择【BM _ 现浇混凝土矩形梁-C30】，单击【类型属性】，新建梁类型 500×950、600×950、600×750、300×600、200×600、250×500，创建方法与基础梁相同。

3. 绘制梁

在梁绘制状态下，将放置平面设置为【标高：2F】；【Y 轴对正】的值设置为【左】，如图 3.4 - 9 所示。设置完成之后移动鼠标到绘图区域，依据 CAD 图中梁的位置进行顶板梁的绘制，绘制方法同基础梁。

完成顶板梁模型如图 3.4 - 10 所示。

图 3.4 - 9

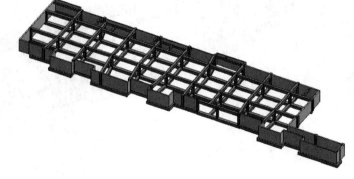

图 3.4 - 10

## 3.5 楼板的创建

### 3.5.1 楼层底板的创建

1. 绘制楼板轮廓

在项目浏览器中，双击【结构平面】下的视图【1F】，进入【1F】的平面视图。单击

【视图】→【可见性/图形】（快捷键 vv），弹出可见性图形设置对话框。单击【模型类别】
选项，勾选【墙】，单击【确定】，如图 3.5－1 所示。

图 3.5－1

在【结构】选项卡下，单击【结构】面板中的【楼板】工具。在【创建楼板】选项卡
下的【绘制】面板中，单击【拾取线】工具，拾取 CAD 图纸上的墙体边线作为楼板的边
界，单击【编辑】面板中的【修剪】工具，使楼板边界闭合，如图 3.5－2 所示。

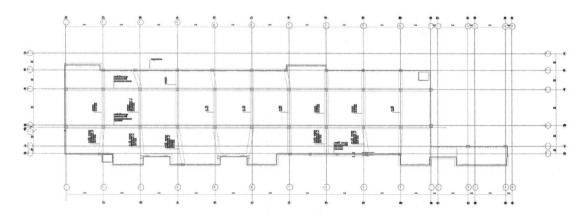

图 3.5－2

**2. 选择编辑楼板属性**

单击【图元】面板中的【楼板属性】工具，在实例属性中选择类型【基础筏板-现浇钢筋混凝土 C45-600 厚】，单击【确定】，如图 3.5-3 所示。

图 3.5-3

在【类型属性】对话框中单击结构栏中的【编辑】按钮，在弹出的对话框中，将结构层的厚度设为【600】，单击【确定】，如图 3.5-4 所示。

图 3.5-4

在【实例属性】对话框中设置底板标高为【1F】相对标高为【0】，单击【确定】。回到视图中，单击【楼板】面板中的【完成楼板】工具，完成楼层底板的创建，如图 3.5-5 所示。

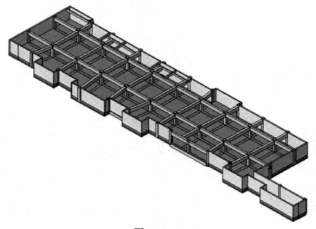

图 3.5-5

### 3.5.2 为模型添加两个通风竖井

单击【建筑】选项卡下的【墙】，在下拉选项卡中选择【基墙_普通砖-150 厚】，进入【实例属性】，高度限制设置为【无】，无连接高度设置为【8000】，竖井长度为【2300】，宽度为【1800】，如图 3.5-6 所示。

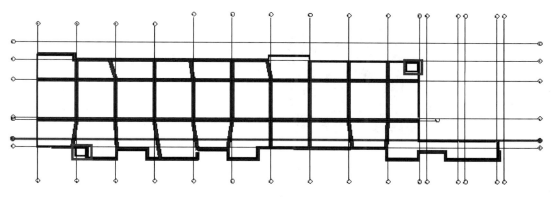

图 3.5-6

完成通风竖井模型如图 3.5-7 所示。

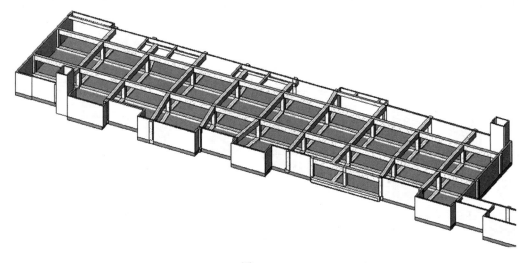

图 3.5-7

### 3.5.3 添加百叶窗

为两个竖井的墙壁添加百叶窗。在【系统】选项卡下，单击【HVAC】面板中的【风道末端】工具，在类型选择器下拉列表中找到【BM_百叶窗_矩形_自垂】，选择类型【1500×2000】，然后拾取通风井的墙面，如图 3.5-8 所示，单击放置。完成之后选择刚刚放置的百叶窗，在属性栏中调整标高为【6700】，如图 3.5-9 所示。

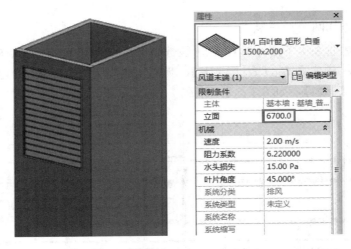

图 3.5 - 8                                    图 3.5 - 9

### 3.5.4 楼层顶板的创建

选择绘制的楼层底板，在系统自动弹出的【修改楼板】选项卡下，单击【剪贴板】面板中的【复制到剪贴板】工具，复制该楼板，然后再单击【粘贴】工具的下拉按钮，单击【与选定的标高对齐】，在弹出的选择标高对话框中，选择【2F】，单击【确定】，如图 3.5 - 10 所示。

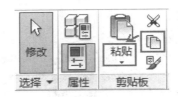

图 3.5 - 10

选择复制到【2F】的楼板，编辑楼板边界，在右上角竖井处为竖井开一个竖井洞口，楼板属性中选择其类型为【有梁板-现浇钢筋混凝土 C30 – 300 厚】，在实例属性中设置其标高为【2F】，相对标高为【0】，单击【确定】，如图 3.5 – 11 所示。

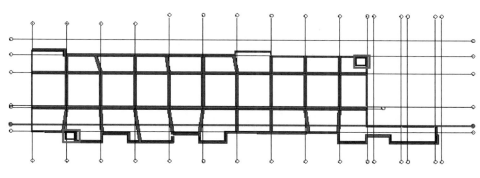

图 3.5 – 11

### 3.5.5　竖井顶板的绘制

在【1F】绘制洞口形状楼板，楼板边界为洞口尺寸，楼板类型选择【其他板-素混凝土 C15 – 300 厚】，绘制完成后将其顶部偏移设置为竖井高度即 8000mm，如图 3.5 – 12 所示。

至此整个结构模型已经完成，如图 3.5 – 13 所示，保存文件。

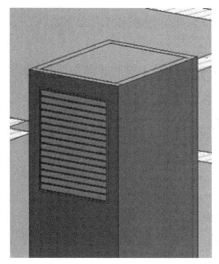

图 3.5 – 12

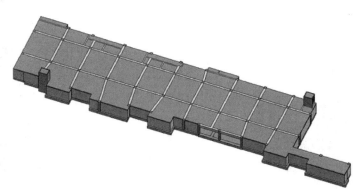

图 3.5 – 13

## 3.6　结构模板图

结构模板图需要标注轴网尺寸，柱截面尺寸及定位，梁截面尺寸及定位，以及楼板洞口尺寸及定位。

在项目浏览器中选择【楼层平面】项目下的【1F】，单击鼠标右键弹出如图所示的对话框，单击【复制视图】→【带细节复制】，并重命名视图名称为【出图 _ 1 -结构模板图】，如图 3.6 - 1 所示。

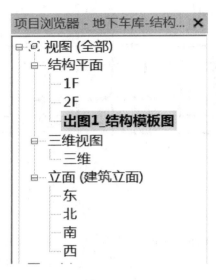

图 3.6 - 1

选择出图平面，单击右键打开【类型属性栏标识数据】选项下的【视图样板】，如图 3.6 - 2 所示。在【应用视图样板】对话框中选择【BM _ 结-模板图】，如图 3.6 - 3所示。

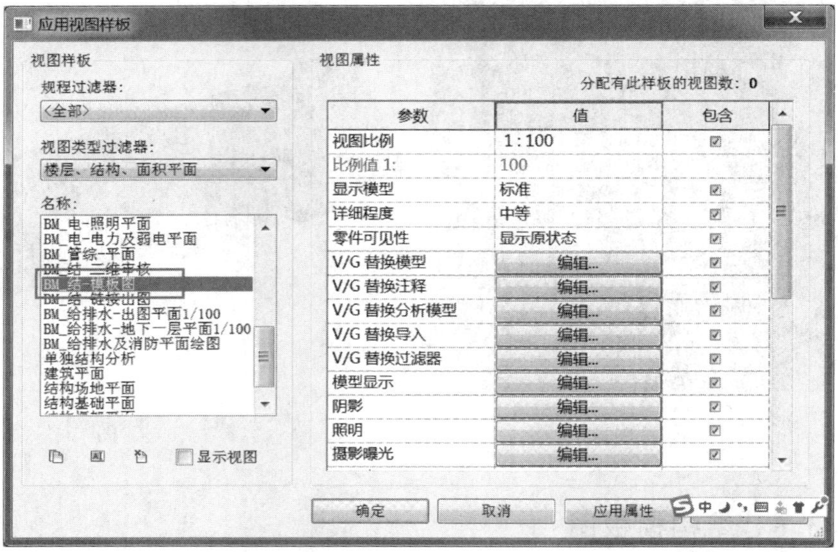

图 3.6 - 2

图 3.6 - 3

单击【注释】→【对齐】，在属性栏选择【3.5-长仿宋-0.8（上右）】，依次选择Ⓢ～Ⓧ轴标准轴网尺寸，如图 3.6-4 所示，用同样的方法标注①～⑯轴网。

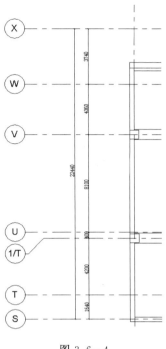

图 3.6-4

接下来对模板图结构框架梁进行标记。单击【注释】→【全部标记】，选择【当前视图中的所有对象】，选择【BM_结构框架标记】【勾选引线】，引线长度为 5mm，如图 3.6-5 所示。标注完的结果如图 3.6-6 所示。

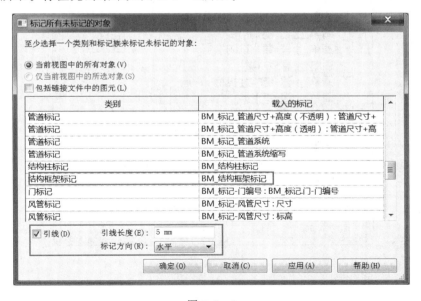

图 3.6-5

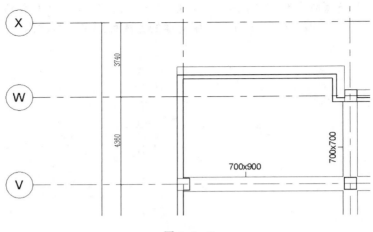

图 3.6-6

## 3.7 结构工程量清单

结构工程量清单的统计方法与建筑工程量清单的统计方法基本相同，可参考建筑部分清单明细表的使用。使用柏慕 1.0 插件中的导入明细表命令，弹出如图 3.7-1 所示的对话框，选择需要的明细表清单，如图 3.7-2 和图 3.7-3 所示。

图 3.7-1

| <清单_土建-矩形梁> | | | | |
|---|---|---|---|---|
| A | B | C | D | E |
| 项目编码 | 项目名称 | 族与类型（项目特征） | 计量单位 | 工程量 |
| | | | | |
| 010503002 | BM_现浇混凝土矩形梁-C30 | BM_现浇混凝土矩形梁-C30: 200x600 | m³ | 0.33 |
| 010503002 | BM_现浇混凝土矩形梁-C30 | BM_现浇混凝土矩形梁-C30: 250x500 | m³ | 2.31 |
| 010503002 | BM_现浇混凝土矩形梁-C30 | BM_现浇混凝土矩形梁-C30: 300x600 | m³ | 5.83 |
| 010503002 | BM_现浇混凝土矩形梁-C30 | BM_现浇混凝土矩形梁-C30: 500x950 | m³ | 75.22 |
| 010503002 | BM_现浇混凝土矩形梁-C30 | BM_现浇混凝土矩形梁-C30: 600x750 | m³ | 57.27 |
| 010503002 | BM_现浇混凝土矩形梁-C30 | BM_现浇混凝土矩形梁-C30: 600x900 | m³ | 81.31 |
| 010503002 | BM_现浇混凝土矩形梁-C30 | BM_现浇混凝土矩形梁-C30: 600x950 | m³ | 15.65 |
| 010503002 | BM_现浇混凝土矩形梁-C30 | BM_现浇混凝土矩形梁-C30: 700x700 | m³ | 52.16 |
| 010503002 | BM_现浇混凝土矩形梁-C30 | BM_现浇混凝土矩形梁-C30: 700x900 | m³ | 140.53 |
| 总计: 94 | | | | 430.61 |

图 3.7 - 2

| <清单_土建-结构柱> | | | | |
|---|---|---|---|---|
| A | B | C | D | E |
| 项目编码 | 项目名称 | 族与类型（项目特征） | 计量单位 | 工程量 |
| | | | | |
| 010502001 | BM_现浇混凝土矩形柱-C30 | BM_现浇混凝土矩形柱-C30: 500x500 | m³ | 3.00 |
| 010502001 | BM_现浇混凝土矩形柱-C30 | BM_现浇混凝土矩形柱-C30: 600x600 | m³ | 55.39 |
| 总计: 43 | | | | 58.39 |

图 3.7 - 3

# 柏慕 revit 基础教程

## 设备篇

主　　编　黄亚斌

副主编　李　签　乔晓盼

本篇参编　汪萌萌

中国水利水电出版社
www.waterpub.com.cn

# 内 容 提 要

本书是基于柏慕 1.0——BIM 标准化应用体系的 Revit 基础教程，通过简单的实际项目案例，使读者们能够在短时间内掌握 Revit 相关的知识与技巧。本书针对各个专业，实践性极强，并且能够从基础部分入手，适应 BIM 标准化，BIM 材质库、族库、出图规则、建模命名标准，国标清单项目编码及施工、运维信息管理的统一等，使得 Revit 初学者能够顺利、快速地掌握该软件，并为该软件与其他 BIM 流程的衔接打下基础。

本书适合 Revit 初学者、建筑相关专业的学生以及相关从业人员阅读参考。

## 图书在版编目（ＣＩＰ）数据

柏慕revit基础教程 / 黄亚斌主编. -- 北京 : 中国水利水电出版社，2015.7（2018.6重印）
ISBN 978-7-5170-3415-5

Ⅰ．①柏… Ⅱ．①黄… Ⅲ．①建筑设计－计算机辅助设计－应用软件－教材 Ⅳ．①TU201.4

中国版本图书馆CIP数据核字(2015)第229482号

| 书　　　名 | **柏慕 revit 基础教程　（设备篇）** |
|---|---|
| 作　　　者 | 主编　黄亚斌　　副主编 李签　乔晓盼 |
| 出 版 发 行 | 中国水利水电出版社 |
| | （北京市海淀区玉渊潭南路 1 号 D 座　100038） |
| | 网址：www.waterpub.com.cn |
| | E - mail：sales@waterpub.com.cn |
| | 电话：（010）68367658（营销中心） |
| 经　　　售 | 北京科水图书销售中心（零售） |
| | 电话：（010）88383994、63202643、68545874 |
| | 全国各地新华书店和相关出版物销售网点 |
| 排　　　版 | 中国水利水电出版社微机排版中心 |
| 印　　　刷 | 天津嘉恒印务有限公司 |
| 规　　　格 | 184mm×260mm　16 开本　25 印张（总）　594 千字（总） |
| 版　　　次 | 2015 年 7 月第 1 版　2018 年 6 月第 2 次印刷 |
| 印　　　数 | 4001—7000 册 |
| 总 定 价 | **300.00 元（1—5 分册）** |

# 前　　言

　　北京柏慕进业工程咨询有限公司创立于 2008 年，曾先后为国内外千余家地产商、设计院、施工单位、机电安装公司、工程总包、工程咨询、工程管理公司、物业管理公司等各类建筑及相关企业提供 BIM 项目咨询及培训服务，完成各类 BIM 咨询项目百余个，具备丰富的 BIM 项目应用经验。

　　北京柏慕进业工程咨询有限公司致力于以 BIM 技术应用为核心的建筑设计及工程咨询服务，主要业务有 BIM 咨询、BIM 培训、柏慕产品研发、BIM 人才培养。

　　柏慕 1.0——BIM 标准化应用系统产品经过一年的研发和数十个项目的测试研究，基本实现了 BIM 材质库、族库、出图规则、建模命名标准、国际清单项目编码及施工、运维信息管理的统一，初步形成了 BIM 标准化应用体系。柏慕 1.0 具有 6 大功能特点：①全专业施工图的出图；②国际清单工程量；③建筑节能计算；④设备冷热负荷计算；⑤标准化族库、材质库；⑥施工、运维信息管理。

　　本书主要以实际案例作为教程，结合柏慕 1.0 标准化应用体系，从项目前期准备开始，到专业模型建设、施工图出图、国际工程量清单及施工运维信息等都进行了讲解。对于建模过程有详细叙述，适合刚接触 Revit 的初学者、柏慕 1.0 产品的用户以及广大 Revit 爱好者。

　　由于时间紧迫，加之作者水平有限，书中难免有疏漏之处，敬请广大读者谅解并指正。凡是购买柏慕 1.0 产品的用户均可登陆柏慕进业官网（www.51bim.com）免费下载柏慕族库及本书相关文件。

　　欢迎广大读者朋友来访交流，柏慕进业公司北京总部电话：010－84852873；地址：北京市朝阳区农展馆南路 13 号瑞辰国际中心 1805 室。

编者

2015 年 8 月

# 目　录

# 设　备　篇

〜〜〜〜〜〜〜〜〜〜〜〜〜〜〜〜〜〜〜〜〜〜〜〜〜〜〜

　　设备篇基于柏慕 1.0——BIM 标准化应用体系。通过简单的实际项目案例，使得读者能够在短时间内掌握 Revit 中设备方面的知识与技巧。针对设备专业，可操作性强，并且能够从基础部分入手适应 BIM 的标准化，BIM 材质库、族库、出图规则、建模命名标准，国标清单项目编码及施工、运维信息管理的统一等，使得初学者能够顺利、快速掌握 Revit 软件，并为衔接 BIM 流程的其他环节打下基础。

# 第4章

# 设 备 模 型 案 例

Revit 软件可以借助真实管线进行准确建模，可以实现智能、直观的设计流程。Revit 采用整体设计理念，从整座建筑物的角度来处理信息，将排水、暖通和电气系统与建筑模型关联起来，为工程师提供更佳的决策参考和建筑性能分析。借助它，工程师可以优化建筑设备及管道系统的设计，更好地进行建筑性能分析，充分发挥 BIM 的竞争优势。同时，利用 Revit 与建筑师和其他工程师协同，还可即时获得来自建筑信息模型的设计反馈，实现数据驱动设计所带来的巨大优势，轻松跟踪项目的范围、进度和工程量统计、造价分析。

本章以上一章的地下车库为基础，绘制该车库中其余的设备专业相关内容。通过该案例，了解给排水、消防、暖通及电气专业常用内容的绘制方法，同时进行简单的碰撞检查，了解协同的基本方法。

## 4.1 标高和轴网的创建

本地下车库案例模型按专业分别绘制，分为地下车库—暖通模型、地下车库—给排水模型、地下车库—喷淋模型和地下车库—电气模型四个模型。模型搭建完成之后采用链接的工作模式进行整体的查看和审阅。为方便后期各模型的链接，本地下车库案例采用同一套标高轴网进行绘制。

### 4.1.1 新建项目

打开 Revit 软件，单击【应用程序菜单】下拉按钮，选择【新建-项目】，在弹出的【新建项目】对话框浏览选择【BIM 基础教程样板文件】单击【确定】，如图 4.1-1 所示。

图 4.1-1

### 4.1.2 绘制标高

在项目浏览器中展开【立面（建筑立面）】项，双击视图名称【东】（或单击右键，选择【打开】），进入东立面视图，将【2F】数值设置为【4000】，如图 4.1-2 所示。将相应的平面视图名称进行修改。

图 4.1-2

### 4.1.3 绘制轴网

在项目浏览器中单击进入楼层平面【1F】，单击【插入】选项卡中的【链接 Revit】命令，在对话框中选择【地下车库-结构模型】文件，定位选择【自动-原点到原点】，如图 4.1-3 所示。

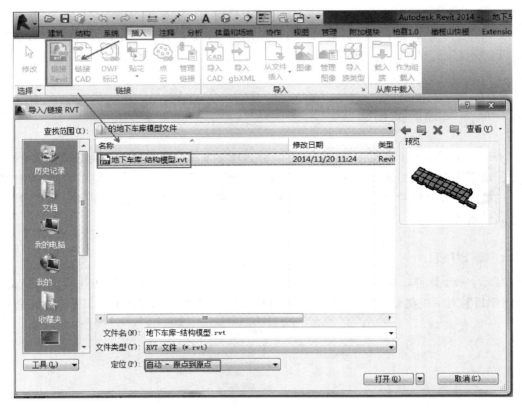

图 4.1-3

单击【建筑】选项卡下【基准】面板中的【轴网】工具（或使用快捷键 GR），选择【拾取线】命令，依次单击链接模型中各轴网线，创建轴网，如图 4.1-4 所示，完成之后锁定轴网。

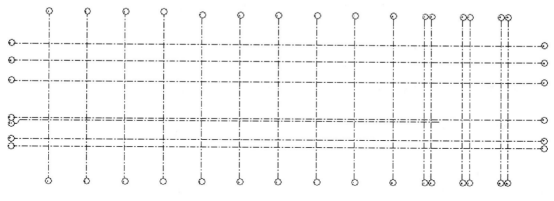

图 4.1-4

轴网绘制完成后，单击【管理】→【管理链接】，选择刚刚插入的链接文件【地下车库-结构模型】，单击【删除】，然后【确定】，如图 4.1-5 所示。

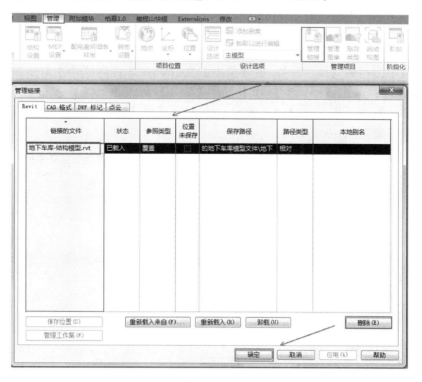

图 4.1-5

### 4.1.4 保存文件

单击应用程序下拉按钮，选择【另存为–项目】，将名称改为【地下车库–暖通模型】。
单击应用程序下拉按钮，选择【另存为–项目】，将名称改为【地下车库–给排水模型】。
单击应用程序下拉按钮，选择【另存为–项目】，将名称改为【地下车库–消防模型】。
单击应用程序下拉按钮，选择【另存为–项目】，将名称改为【地下车库–电气模型】。
此步骤的目的在于重复利用刚才所绘制的标高和轴网，而无需重复绘制。

## 4.2 暖通模型的绘制

中央空调系统是现代建筑设计中必不可少的一部分，尤其是一些面积较大、人流较多的公共场所，更是需要高效、节能的中央空调来实现对空气环境的调节。

本章节将通过案例【某地下车库暖通空调设计】来介绍暖通专业识图和在 Revit 中建模的方法，并讲解设置风系统各种属性的方法，使读者了解暖通系统的概念和基础知识，掌握一定的暖通专业知识，并学会在 Revit 中建模的方法。本地下车库的暖通模型仅包含风系统，该风系统又主要分为送风系统和回风系统。本节将讲解风管的绘制方法。

### 4.2.1 导入 CAD 图纸

打开上节中保存的【地下车库–暖通模型】文件，在项目浏览器中双击进入【楼层平面 1F】平面视图，单击【插入】选项卡下，【导入】面板中的【导入 CAD】，单击打开【导入 CAD 格式】对话框，从【地下车库 CAD】中选择【地下车库通风平面图】的 DWG文件，具体设置如图 4.2 – 1 所示。

图 4.2 – 1

导入之后将 CAD 与项目轴网对齐锁定。之后在属性面板中选择【可见性/图形替换】，在【可见性/图形替换】对话框中的【注释类别】选项卡下，取消勾选【轴网】，如图 4.2 - 2 所示，然后单击两次确定。隐藏轴网的目的在于使绘图区域更加清晰，便于绘图。

图 4.2 - 2

### 4.2.2　绘制风管及设置

1. 风管属性的认识

单击【系统】选项卡下，【HVAC】面板中的【风管】工具，或使用快捷键"DT"，如图 4.2 - 3 所示。打开【绘制风管】选项卡，如图 4.2 - 4 所示。

图 4.2 - 3

图 4.2 - 4

单击【图元属性】工具，打开【图元属性】对话框，如图 4.2-5 所示。

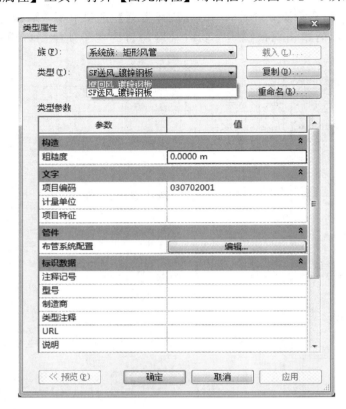

图 4.2-5

2. 绘制风管

在项目浏览器中单击进入楼层平面【1F】，首先绘制如图 4.2-6 所示的一段风管，图中 500×400 为风管的尺寸，500 表示风管的宽度，400 表示风管的高度，单位为毫米（mm）。

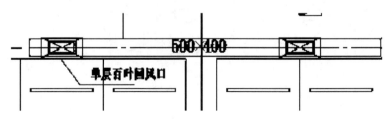

图 4.2-6

单击【系统】选项卡下【HVAC】面板中的【风管】命令，风管类型选择【矩形风管 HF 回风-镀锌钢板】，在选项栏中设置风管的尺寸和高度，如图 4.2-7 所示，宽度设为【500】，高度设为【400】，偏移量设为【2800】，系统类型选择【HF 回风】。其中偏移量表示风管中心线距离相对标高的高度偏移量。

图 4.2 - 7

　　风管的绘制需要两次单击，第一次单击确认风管的起点，第二次单击确认风管的终点。绘制完毕后选择【修改】选项卡下【编辑】面板上的【对齐】命令，将绘制的风管与底图中心位置对齐并锁定，如图 4.2 - 8 所示。

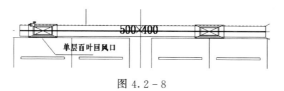

图 4.2 - 8

　　选择该风管，在右侧小方块上单击鼠标右键，选择【绘制风管】，如图 4.2 - 9 所示，修改风管尺寸，将宽度设置为【1000】，然后绘制下一段风管，如图 4.2 - 10 所示。对于不同尺寸风管的连接，系统会自动生成相应的管件，不需要单独进行绘制，如图 4.2 - 11 所示。

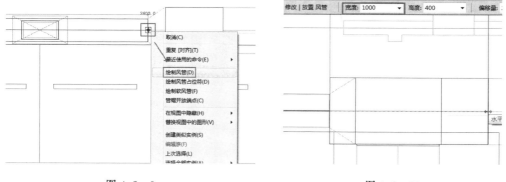

图 4.2 - 9　　　　　　　　　　　　　　　　图 4.2 - 10

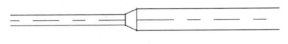

图 4.2-11

同样的方法绘制完成 CAD 中最上方的一段回风管，结果如图 4.2-12 所示。

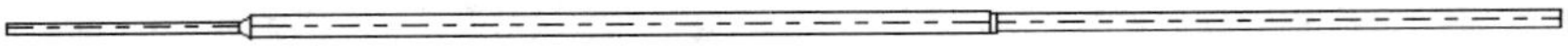

图 4.2-12

**注意**：风管默认的变径管是【30 度】，可以更改变径管的类型选择不同角度的变径管。本项目中，选中刚刚所绘制风管中的变径管，类型选择【60 度】，如图 4.2-13 所示。更改前后变化如图 4.2-14 所示，更改完成后模型与 CAD 底图更加贴近。

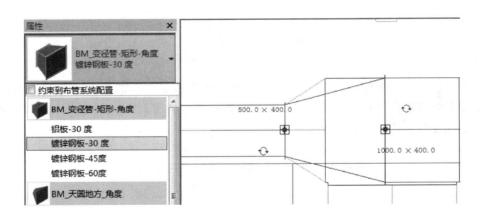

图 4.2-13

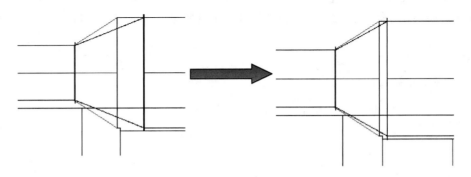

图 4.2-14

接下来绘制如图 4.2 - 15 所示的另一根回风管。

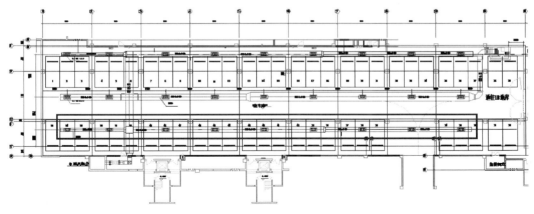

图 4.2 - 15

通过观察可以发现，第二道回风管与刚刚所绘的回风管基本一致，因此可以采用复制命令，将刚刚所绘回风管复制到第二道回风管的位置。如图 4.2 - 16 所示。

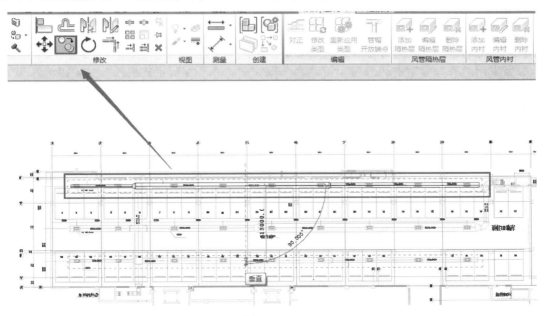

图 4.2 - 16

两道横向回风管通过一根纵向的回风管（主管）连接为一个系统，现在绘制这根纵向的回风管。在风管系统中，三通、四通弯头一样，都是风管配件，会根据风管尺寸、标高的变化自动生成，无需单独绘制。

单击【系统】选项卡下【HVAC】面板中的【风管】命令，风管类型选择【矩形风管 HF 回风-镀锌钢板】，在选项栏中设置风管的尺寸和高度，如图 4.2 - 17 所示，宽度设为【1200】，高度设为【400】，偏移量设为【2800】，系统类型选择【HF 回风】。如图 4.2 - 18 所示，风管与风管会自动进行连接生成三通或者四通。绘制风管时，可以先不跟

CAD图纸中对齐，绘制完成后再用对齐命令调整风管位置。

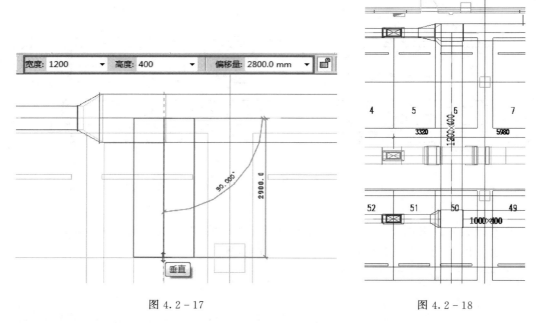

图 4.2 - 17                                    图 4.2 - 18

当采用对齐命令对齐风管时，可能会出现如图 4.2 - 19 所示的提示，这是因为在风管此处没有足够的空间放置变径管与三通，变径管与三通位置发生冲突，此时可以将变径管稍微向左端移动一定的距离，如图 4.2 - 20 所示。

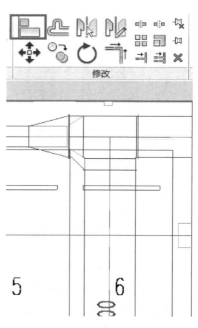

图 4.2 - 19                                    图 4.2 - 20

接下来绘制主管末端部分。选择刚刚绘制风管末端，单击右键选择【绘制风管】，设置风管【宽度】为 600，【高度】为 600，单击 CAD 图纸中圆形中心完成此段风管绘制，如图 4.2-21 所示。然后直接更改风管【偏移量】为 500，绘制如图 4.2-22 所示风管。

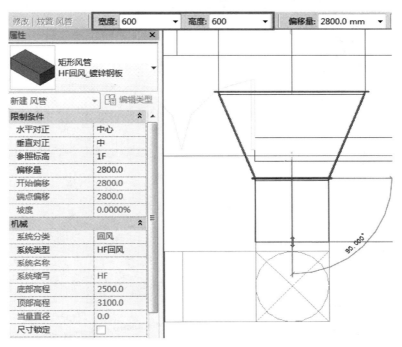

图 4.2-21

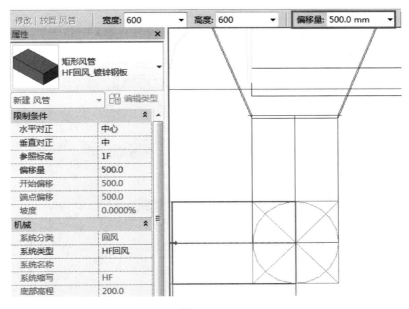

图 4.2-22

最后需要绘制一段圆形风管，风管类型选择【圆形风管 HF 回风-镀锌钢板】【直径】
选择 600，【偏移量】选择 500，绘制如图 4.2-23 所示的圆形风管。

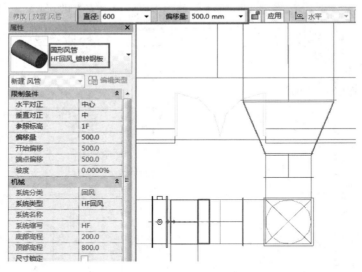

图 4.2-23

至此，整个暖通模型的回风管绘制完毕，如图 4.2-24 所示。

图 4.2-24

接下来绘制送风管。送风管的绘制方法与回风管一致，风管尺寸根据 CAD 所标注尺寸设
定，偏移量仍然设置为 2800，只是风管的【系统类型】要设置为 SF 送风，如图 4.2-25 所示。

图 4.2-25

　　这里有一点需要特别说明，由于送风管与回风管的整体标高一致，因此在送风管与回风管主管交汇处系统会自动生成四通，从而将两个系统连接，显然这种情况是错误的。所以此处，需要将送风管局部抬高，绕过回风管，从 CAD 图中也可以看到此处有特殊处理。当送风管绘制到回风主管附件时，更改送风管的【偏移量】为 3300，如图 4.2－26 所示。横跨过回风主管后，将回风管【偏移量】重新设置为 2800，如图 4.2－27 所示。绘制完成后的平面如图 4.2－28 所示，转到三维视图，可以看到送风管部分抬高绕过了回风管，避免了碰撞如图 4.2－29 所示。

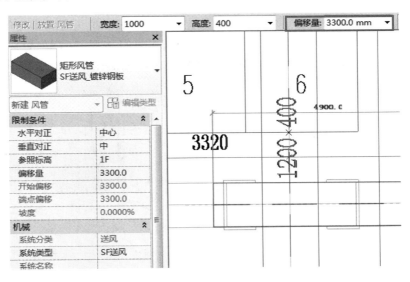

图 4.2－26

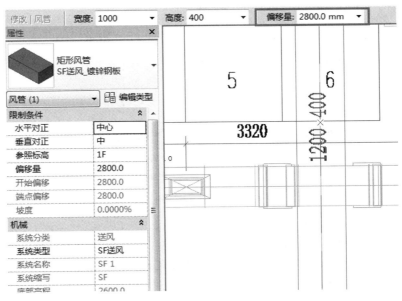

图 4.2－27

175

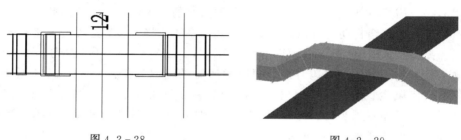

图 4.2 - 28                    图 4.2 - 29

　　绘制送风管末端时，如图 4.2 - 30 所示部位。交叉线表示这里有风管的升降，即风管有高程变化。此处风管各构件之间的位置比较紧凑，直接按照 CAD 位置放置时比较困难，甚至会报错，因此在绘制时可先拉长各构件之间的相对位置，绘制完毕之后再进行调整。

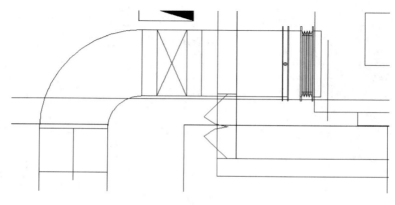

图 4.2 - 30

**提示：** 对于构件位置的调整，可以使用电脑上的上下左右键。

所有风管绘制完成之后如图 4.2 - 31 所示。

图 4.2 - 31

　　在软件中可以看到，画出来的 SF 送风管为青色，HF 回风管为粉色。风管颜色是通过系统来区分的，一般来说不同的系统有不同的颜色，而系统的颜色是添加在材质中的，如图 4.2 - 32 所示。在项目浏览器中族的下拉列表中找到风管系统，单击右键【HF 回风】选择【类型属性】，如图 4.2 - 33 所示，打开回风系统的类型属性对话框。

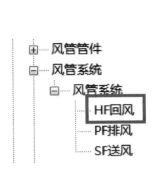 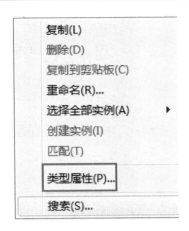

图 4.2 - 32　　　　　　　　　　图 4.2 - 33

在类型属性对话框中单击【图形属性】的【编辑】，如图 4.2 - 34 所示，弹出【线图形】对话框，在这里可以设置系统的线颜色、线宽和填充图案。

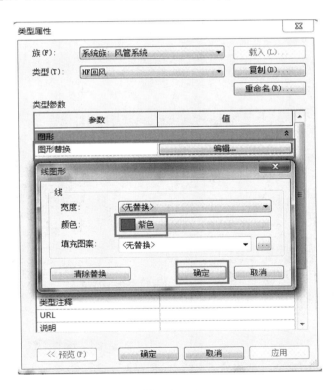

图 4.2 - 34

在【图形】选项下方是【材质和装饰】选项，这里可以编辑系统的材质，如图 4.2 - 35 所示。在弹出的材质浏览器中可以为系统添加相应的材质，并将颜色设置在材质中，如图 4.2 - 36 所示。

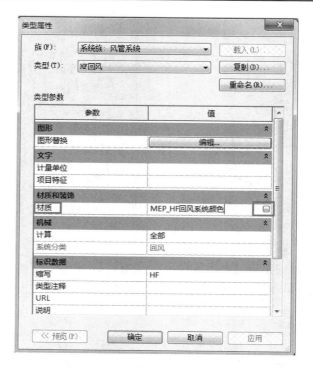

图 4.2 - 35

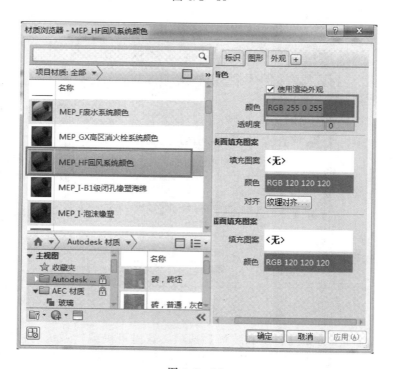

图 4.2 - 36

### 4.2.3　添加风口

不同的风系统使用不同的风口类型。例如在本案例中，SF 送风系统使用的风口为双层百叶送风口，如图 4.2-37 所示；HF 回风口为单层百叶回风口，如图 4.2-38 所示。新风口和室外排风口等与室外空气相接触的风口需要在竖井洞口上添加百叶窗，所以风管末端无需添加百叶风口。

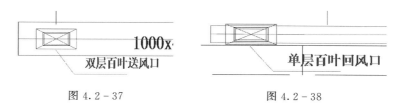

图 4.2-37
图 4.2-38

在项目浏览器中单击进入楼层平面【1F】，单击【系统】选项卡下【HVAC】面板中的【风道末端】命令，自动弹出【放置风道末端装置】上下文选项卡。在类型选择器中选择所需的【BM_单层百叶回风口-铝合金】，将【标高】设置为 1F，【偏移量】设置为 2200，如图 4.2-39 所示。将鼠标放置在单层百叶回风口的中心位置，单击鼠标左键放置，风口会自动与风管连接。

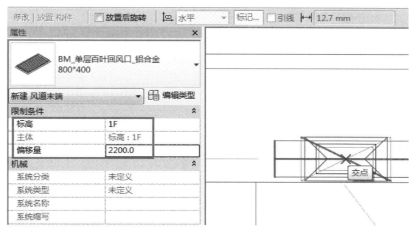

图 4.2-39

**提示：** 如果放置时风口方向不对，可以通过空格键进行切换。

绘制完成之后如图 4.2-40 所示。

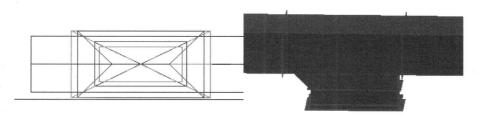

图 4.2-40

用同样的方法将其余回风管道上的单层百叶回风口添加完毕。

添加双层百叶送风口。单击【系统】选项卡下【HVAC】面板中的【风道末端】命令，自动弹出【放置风道末端装置】上下文选项卡。在类型选择器中选择所需的【BM_双层百叶送风口】，将【标高】设置为1F，【偏移量】设置为2200，如图4.2-41所示。将鼠标放置在双层百叶送风口的中心位置，单击左键放置，风口会自动与风管连接。

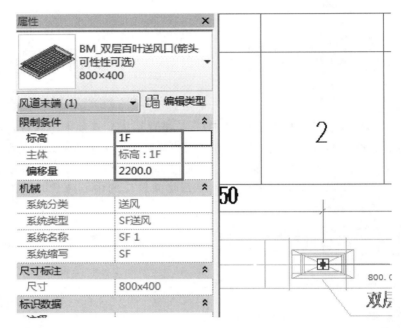

图 4.2-41

风口添加完成之后三维模型如图4.2-42所示。

图 4.2-42

## 4.2.4  添加并连接空调机组

机组是完整的暖通空调系统不可或缺的机械设备，有了机组的连接，送风系统、回风系统和新风系统才能形成完整的中央空调系统，了解机组有助于读者了解【系统】的含义。

单击【系统】选项卡下【机械】面板中的【机械设备】，在类型选择器中选择【BM
_空调机组】，将【偏移量】设置为 500，然后在绘图区域内将机组放置在 CAD 底图机组
所在的位置单击鼠标左键，即将机组添加到项目中。按空格键，可以改变机组的方向。放
置完成后用对齐命令将机组与 CAD 底图对齐，如图 4.2 - 43 所示。

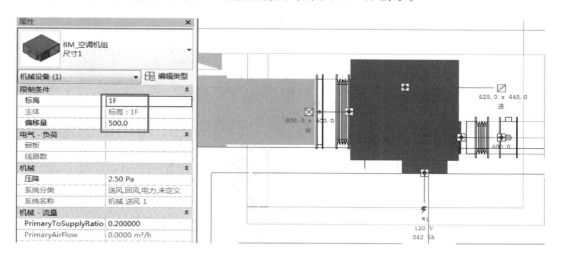

图 4.2 - 43

机组放置完成后，拖动左侧通风管道使其与机组相连。捕捉机组连接点时可使用
【Tab】键进行切换捕捉，如图 4.2 - 44 所示。

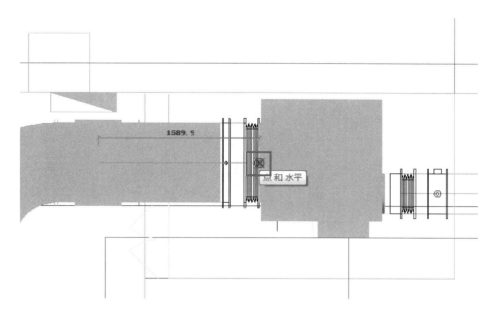

图 4.2 - 44

单击选择空调机组，用鼠标右键单击右侧风管连接件，如图 4.2-45 所示，选择【绘制风管】。从风管类型选择器中选择【矩形风管 SF 送风-镀锌钢板】，如图 4.2-46 所示，绘制与空调机组连接的另一条风管。三维视图如图 4.2-47 所示。

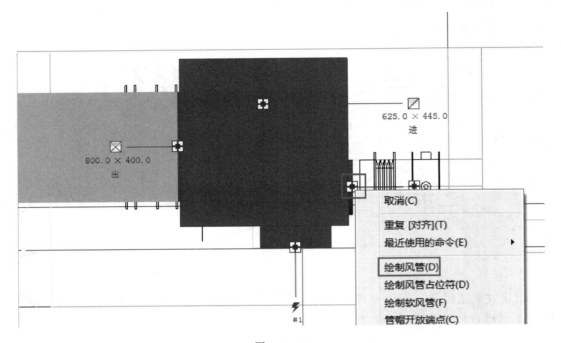

图 4.2-45

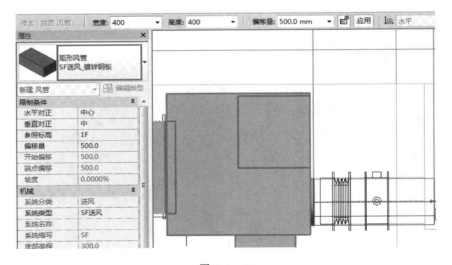

图 4.2-46

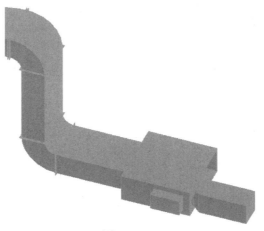

图 4.2 - 47

### 4.2.5 添加风管附件

风管附件包括风阀、防火阀、软连接等，如图 4.2 - 48 所示。

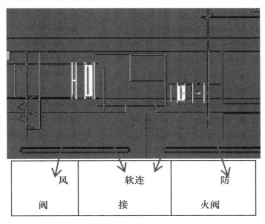

| 风阀 | 软连接 | 防火阀 |
| --- | --- | --- |

图 4.2 - 48

单击【常用】选项卡下【HVAC】面板中的【风管附件】命令，自动弹出【放置风管附件】上下文选项卡。在类型选择器中选择【BM _ 风阀】，即可在绘图区域中需要添加风阀的风管合适位置的中心线上单击鼠标左键，将风阀添加到风管上，如图 4.2 - 49 所示。

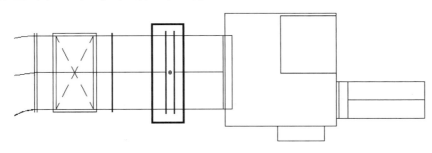

图 4.2 - 49

提示：风管附件的添加一般不需要设置标高及尺寸，风管附件会自动识别风管的标高及尺寸，放置时只需确定位置即可。

与上述步骤相似，在类型选择器中选择【防火阀】和【风管软接】，添加到合适位置，如图 4.2 - 50 所示。

图 4.2 - 50

### 4.2.6 添加排风机

单击【系统】选项卡下【机械】面板中的【机械设备】，在类型选择器中选择【BM_轴流排风机-自带软接】。与放置机组不同，排风机的放置方法是直接添加到绘制好的风管上。选择排风机之后单击风管中心线上的某一点即可放置风机，如图 4.2 - 51 所示。

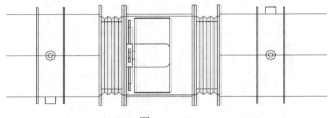

图 4.2 - 51

排风机放置完成后再添加相应的风管附件，此处的防火阀要使用【BM_防火阀-圆形-碳钢】，添加完成之后如图 4.2 - 52 所示。

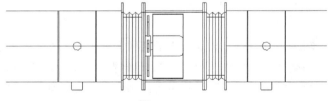

图 4.2 - 52

至此，整个暖通模型搭建完成，如图 4.2 - 53 所示。

图 4.2 - 53

## 4.3　给排水模型的绘制

水管系统包括空调水系统、生活给排水系统及雨水系统等。空调水系统分为冷冻水、冷却水、冷凝水等系统。生活给排水分为冷水系统、热水系统、排水系统等。本章主要讲解水管系统在 Revit 中的绘制方法。

在案例"地下车库给排水模型"中，需要绘制的有热给水、热回水、普通给水、雨水管，添加各种阀门管件，并与机组相连，形成生活用水系统。需要说明的是本案例中的空调水部分（热供水和热回水）不属于给排水范畴，但由于都属于管道绘制范畴，所以统一在这里绘制。

在地下车库水管平面布置图中，各种管线的意义如图 4.3-1 所示。绘制水管时，需要注意图例中各种符号的意义，使用正确的管道类型和正确的阀门管件，保证建模的准确性。

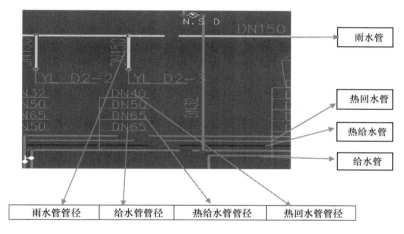

图 4.3-1

绘制水管系统的常用工具在【系统】面板下的【卫浴和管道】中，如图 4.3-2 所示，熟练掌握这些工具及快捷键，可以提高绘图效率。

图 4.3-2

### 4.3.1　导入 CAD 底图

打开之前保存的【地下车库-给排水模型】文件，在项目浏览器中双击进入【楼层平面 1F】平面视图，单击【插入】选项卡下【导入】面板中的【导入 CAD】，单击打开

【导入 CAD 格式】对话框,从【地下车库 CAD】中选择【地下车库水施图】DWG 文件,
具体设置如图 4.3 - 3 所示。

图 4.3 - 3

导入之后将 CAD 与项目轴网对齐锁定。之后在属性面板选择【可见性/图形替换】,
在【可见性/图形替换】对话框中的【注释类别】选项卡下,取消勾选【轴网】,如图
4.3 - 4 所示,然后单击两次【确定】。隐藏轴网的目的在于使绘图区域更加清晰,便于
绘图。

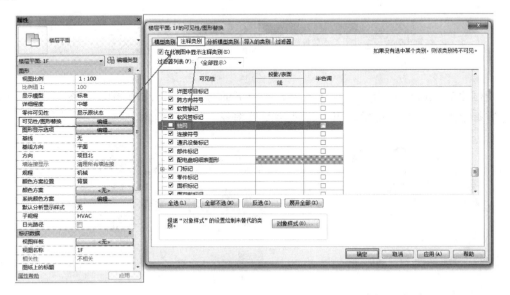

图 4.3 - 4

### 4.3.2   绘制水管

水管的绘制方法和风管大致一样，本项目从给水管开始画。

在【系统】选项卡下，单击【卫浴和管道】面板中的【管道】工具，或输入快捷键 PI，在弹出的【放置管道】上下文选项卡中的选项栏里选择【直径】为【40】，修改【偏移量】为【2500】，【管道类型】选择【J 给水-铸铁管】；【系统类型】选择【J 给水系统】，如图 4.3-5 所示，设置完成之后在绘图区域绘制水管。首先在起始位置单击鼠标左键，拖拽光标到需要转折的位置单击鼠标左键，再继续沿着底图线条拖拽光标，直到该管道结束的位置，单击鼠标左键，然后按【ESC】键退出绘制。绘制完成时用对齐命令将管道与 CAD 底图对齐（选择对齐对象时要选择管道，管件不能对齐）。

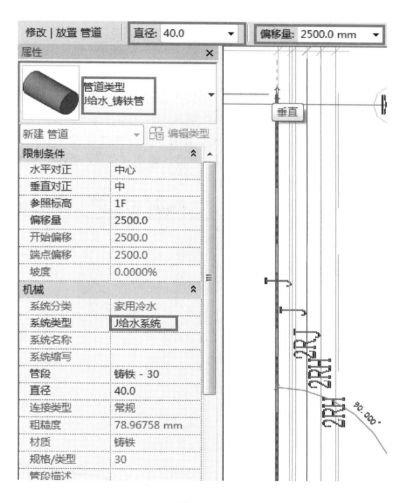

图 4.3-5

注意：管道在精细模式下为双线显示，中等和粗略模式下为单线显示。

在管道的变径处，直接在【放置管道】上下文选项卡中的选项栏里将【直径】修改为20，然后接着绘制管道，如图 4.3-6 所示。

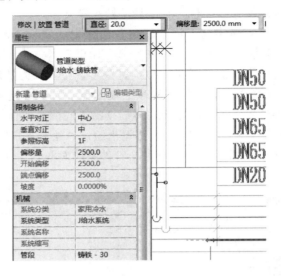

图 4.3-6

在该管道末端是一个向下的立管，绘制立管时，直接在【放置管道】上下文选项卡中的选项栏里修改【偏移量】，此处设置为【1000】，如图 4.3-7 所示，然后单击【应用】即可自动生成相应的立管，结果如图 4.3-8 所示。

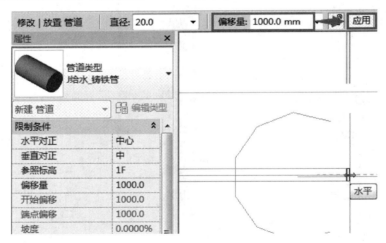

图 4.3-7

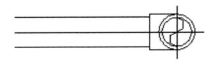

图 4.3-8

在管道系统中，弯头、三通和四通之间可以互相变换。图中所示拐角位置需要连接三根管道，单击选中弯头，可以看到在弯头另外两个方向会出现两个╋，单击图中所示位置的╋，可以看到弯头变成了三通，如图 4.3－9 所示。同样，单击选中三通，会出现━，单击━三通可以变为弯头，如图 4.3－10 所示。

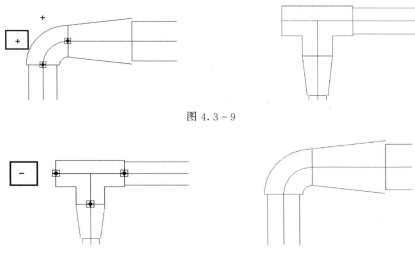

图 4.3－9

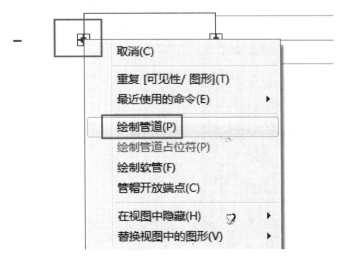

图 4.3－10

接着三通绘制另一根管道。单击选择三通，用鼠标右键单击三通左端的拖拽按钮，如图 4.3－11 所示，选择绘制管道。在此交叉口管道有变径，因此绘制管道时直径要选择【20】。沿 CAD 中的管道路径进行绘制，此段支路末端同样是一根底标高为 1000 的立管，画法同前。

图 4.3－11

图 4.3－12（a）中所示位置的圆形符号表示一根向上的立管。单击【管道】命令，按图 4.3－12（b）所示进行设置，单击管道的中心位置，然后再对管道标高进行修改，

如图 4.3-12（c）所示，偏移量设置为【4500】，单击【应用】，系统自动生成相应立管。

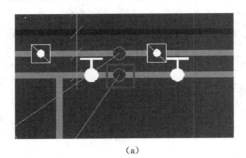

（a）

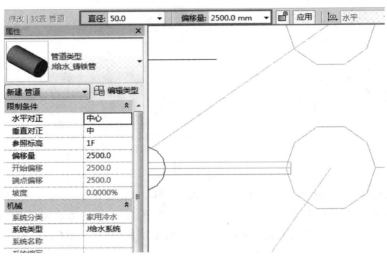

（b）

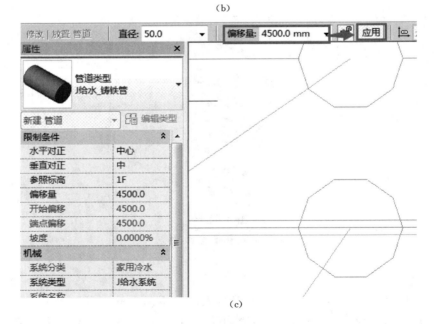

（c）

图 4.3-12

由 CAD 图纸标注可以看出，立管分支处管道直径有变化，由之前的【40】变为【25】。选中需要变径的管道及三通，如图 4.3-13 所示，调整直径，设置为【25】。修改完毕之后就完成了第一道给水管的绘制，结果如图 4.3-14 所示。

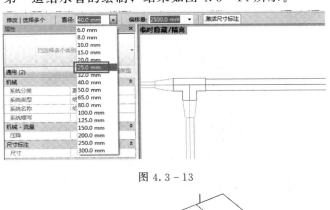

图 4.3-13

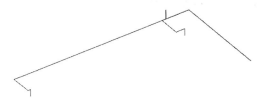

图 4.3-14

接着绘制另一根给水管。仍然从末端开始画，绘制方法与之前相同，按如图 4.3-15 所示对管道进行设置，然后沿管道路径绘制管道。

在分叉处，设置完尺寸和标高之后绘制管道，起始位置要选择已绘制管道的中心，如图 4.3-16 所示，这样管道才能自动连接。

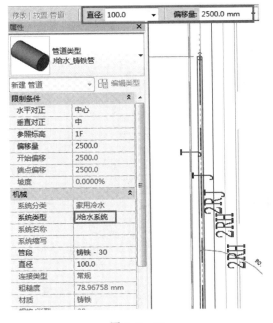

图 4.3-15

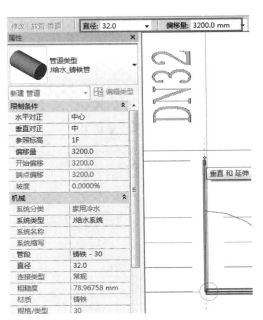

图 4.3-16

如图 4.3-17 所示位置为水表井。此处管道要下降到一个适合人观察的高度，以便观察仪表的读数。如图 4.3-18 所示，下降管道偏移量设置为【1000】。下降之后管道还要回升到最开始的高度，如图 4.3-19 所示，管道偏移量重新设置为【3200】。此段给水管绘制完成之后如图 4.3-20 所示。

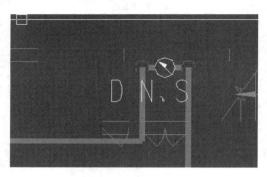

图 4.3-17

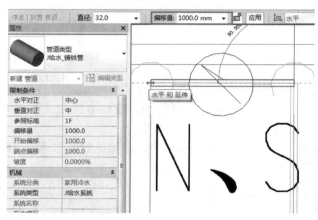

图 4.3-18

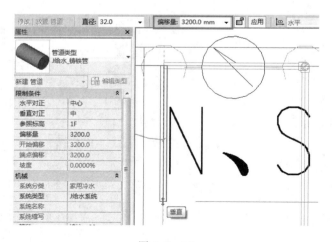

图 4.3-19

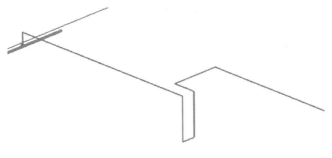

图 4.3 - 20

下一个分支处的管道绘制方法与上一个相同，具体管道标高按图 4.3 - 21 所示进行设定。

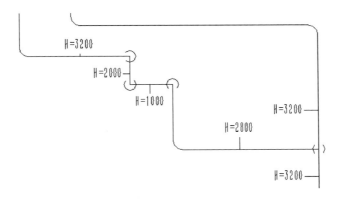

图 4.3 - 21

其余给水管道可参照之前的绘制方法进行绘制，最后所有给水管道绘制完成之后如图 4.3 - 22 所示。

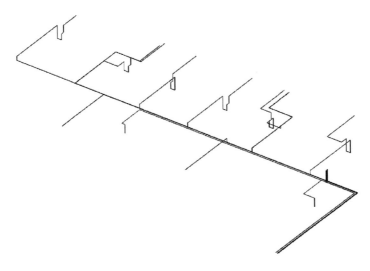

图 4.3 - 22

　　给水管道绘制完成之后，依顺序绘制热给水管道（CAD 中深蓝色管道）。绘制热给水管道时【系统类型】要选择热给水系统，如图 4.3 - 23 所示。热给水管道绘制完毕后的模型如图 4.3 - 24 所示。

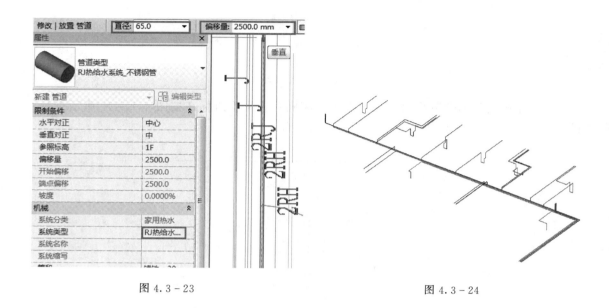

图 4.3 - 23　　　　　　　　　　　　　　　　　图 4.3 - 24

　　绘制热回水管道时，同样的，【系统类型】要选择相应的热回水系统，如图 4.3 - 25 所示。

　　热回水管道绘制完成之后的模型如图 4.3 - 26 所示。

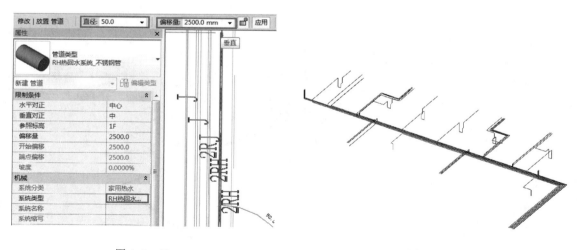

图 4.3 - 25　　　　　　　　　　　　　　　　　图 4.3 - 26

最后绘制雨水管。雨水管是重力流管道（管道内部无压力，依靠重力由高处向低处流），绘制时需要带坡度。如图 4.3 - 27 所示，直径设置为【200】，偏移量设置为【2500】，在【修改｜放置管道】选项卡中选择【向上坡度】，坡度值选择【1.000％】，从末端开始绘制。

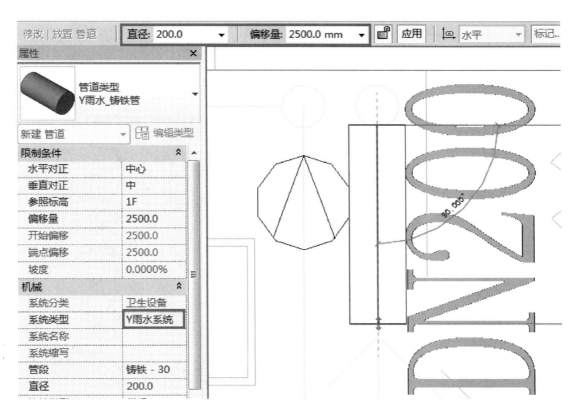

图 4.3 - 27

绘制到四通处按【ESC】键退出绘制。单击【系统】→【管件】，选择【45°斜四通-承插】，偏移量设置为【2500】，然后在空白处单击放置。可以注意到，这个四通的方向不对，因此需要通过空格键将其旋转至如图 4.3 - 28 所示的方向。

设备篇

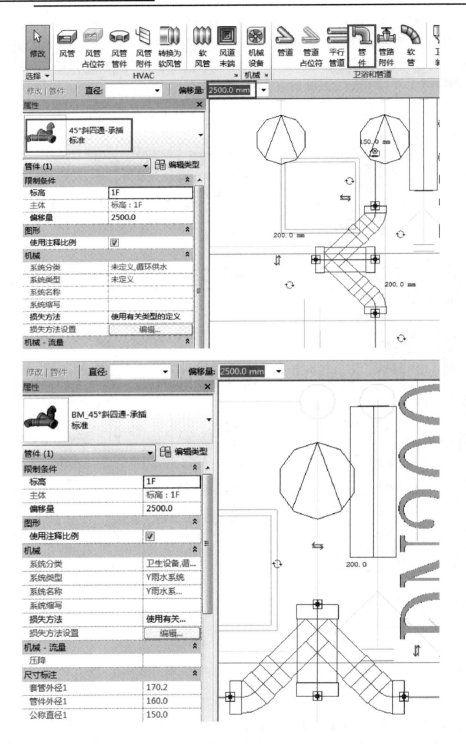

图 4.3 - 28

196

旋转之后，将四通移动到雨水管下方，通过捕捉虚线使四通与管道对齐。单击雨水管，拖动雨水管下方的拖拽点，使其与四通进行连接，如图 4.3 - 29 所示。四通连接好之后以四通为起始端绘制与其连接的两根雨水管，选择四通，在四通右侧的拖拽点上单击右键，选择绘制管道，如图 4.3 - 30 所示。同样，设置【向上坡度】【1.000％】，沿 CAD 图纸所示的管道方向绘制管道，如图 4.3 - 31 所示。

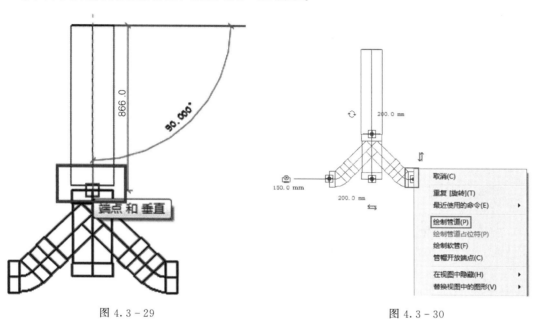

图 4.3 - 29　　　　　　　　　　　　　　　　　　图 4.3 - 30

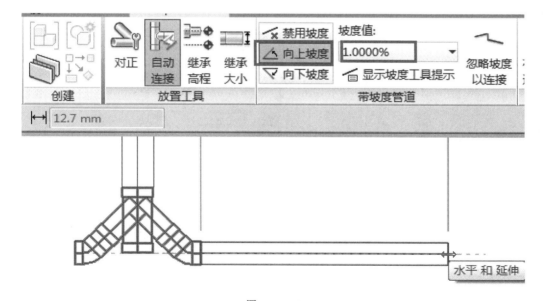

图 4.3 - 31

对于连接在雨水管中间的有不同标高的雨水管，绘制时直接设置相应的标高，然后按图纸绘制即可，如图 4.3 - 32 所示。

图 4.3 - 32

绘制管道末端的立管时，管道坡度需要设置为【禁用坡度】，标高设置为【-1000】，单击应用，如图 4.3 - 33 所示。

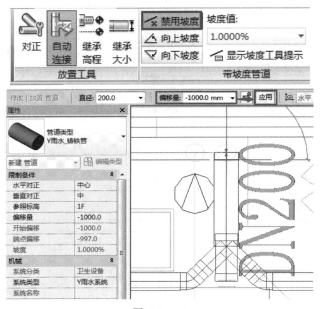

图 4.3 - 33

绘制完成的一半雨水管如图 4.3 - 34 所示。

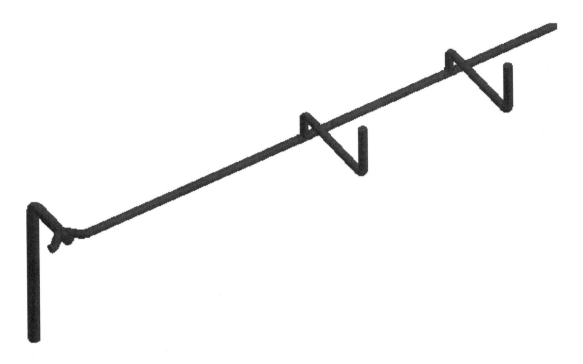

图 4.3 - 34

接下来绘制集水坑中连接水泵的管道，如图 4.3 - 35 所示，从水泵端开始绘制。选择管道命令，管道直径设置为【100】，偏移量设置为【－1000】，开始绘制。拐弯处标高设置为【1000】，接着绘制，如图 4.3 - 36 所示。

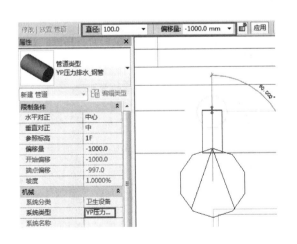

图 4.3 - 35

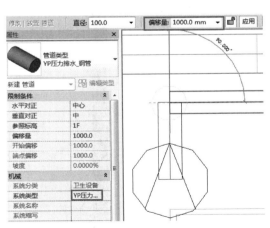

图 4.3 - 36

在下一拐角处，将标高设置为【3200】，在管道末端，同样绘制一根顶部标高为【4000】的立管，如图 4.3-37 所示。

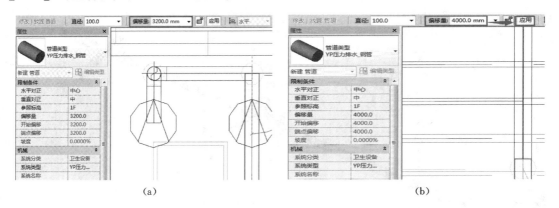

(a)                                        (b)

图 4.3-37

刚刚绘制完成了连接水泵的其中一条管道，现在用复制命令复制另一条与水泵相连接的管道。将视图调整到三维视图，选择如图 4.3-38 所示的弯头，单击➕，将弯头变为三通。选择如图 4.3-39 所示部分管道和管件，将视图转换到后视图，单击【复制】，将选中的构件复制到另一边，如图 4.3-40 所示。复制过去之后管道还没有与整个系统连接起来，需要手动连接，如图 4.3-41 所示，拖动管道拖拽点，连接管道。连接完成之后如图 4.3-42 所示。

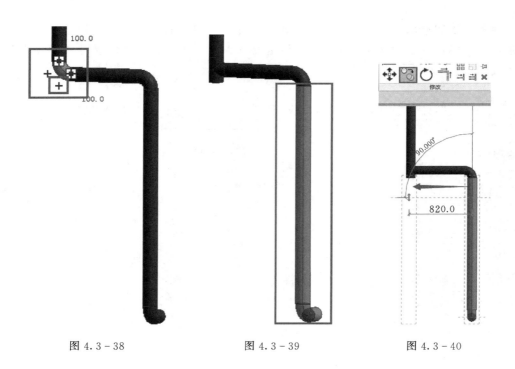

图 4.3-38                    图 4.3-39                    图 4.3-40

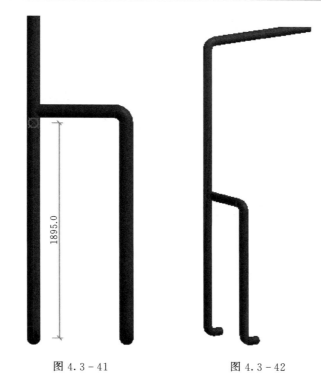

图 4.3 - 41　　　　　　　　图 4.3 - 42

至此，整个模型的管道部分绘制完成，结果如图 4.3 - 43 所示。

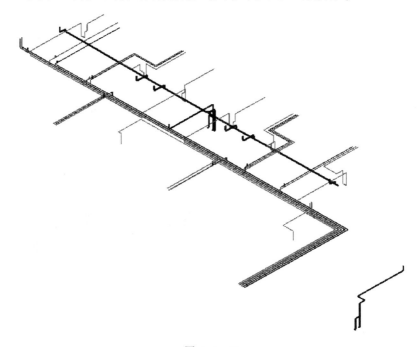

图 4.3 - 43

管道的颜色也是依系统而定，具体添加方法与风管相同，这里不再说明。

### 4.3.3　添加管路附件

1. 添加管道上的阀门

在【系统】选项卡下，【卫浴和管道】面板中，单击【管路附件】工具，软件自动弹出【放置管路附件】上下文选项卡。单击【修改图元类型】的下拉按钮，选择【BM＿截止阀-J41 型-法兰式】，类型选择【J41H－16－50mm】，如图 4.3－44 所示，把鼠标移动到管道中心线处，捕捉到中心线时（中心线高亮显示），单击完成阀门的添加。

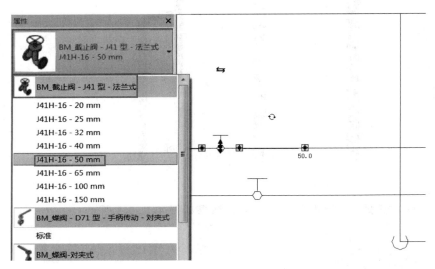

图 4.3－44

将平面的视觉样式设置为中等模式时，阀门会显示其二维表达，如图 4.3－45 所示。添加完的阀门三维效果如图 4.3－46 所示。添加完一个之后将项目中所有的截止阀添加完毕。

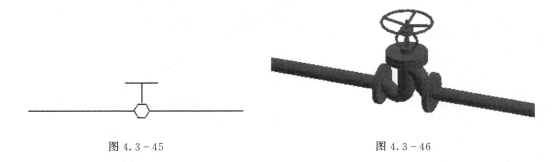

图 4.3－45　　　　　　　　　　图 4.3－46

截止阀添加完成之后添加蝶阀，添加方法同上，如图 4.3－47 所示。

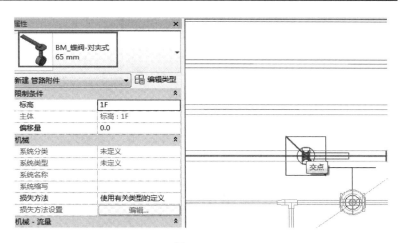

图 4.3 - 47

2. 添加管道上的水表

在【系统】选项卡下，【卫浴和管道】面板中，单击【管路附件】工具，软件自动弹出【放置管路附件】上下文选项卡。单击【修改图元类型】的下拉按钮，选择【BM_水表-旋翼式-15-40mm-螺纹】，类型选择【32mm】，如图 4.3 - 48 所示，把鼠标移动到管道中心线处，捕捉到中心线时（中心线高亮显示），单击完成水表的添加。

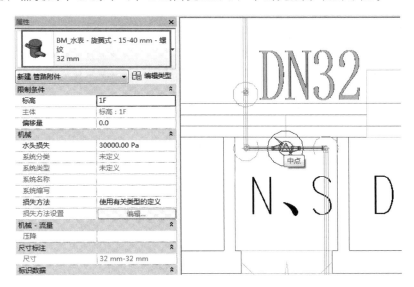

图 4.3 - 48

将项目中所有的水表添加完毕。

### 4.3.4　添加水泵

在【系统】选项卡下，【卫浴和管道】面板中，单击【机械设备】工具，单击【修改图元类型】的下拉按钮，选择【潜水泵】，单击项目中空白处放置水泵，如图 4.3 - 49 所示。

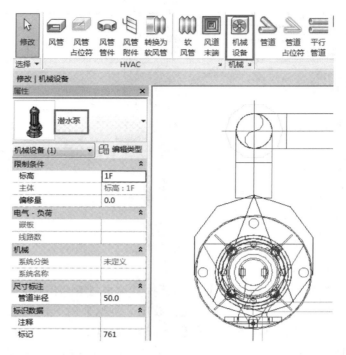

图 4.3 - 49

单击选择潜水泵，通过空格键调整潜水泵的方向，使其管道连接口向上。单击右键潜水泵拖拽点，在弹出的菜单中选择绘制管道，如图 4.3 - 50 所示。沿着潜水泵绘制一段管道，并将该管道标高调整为 - 1000，如图 4.3 - 51 所示。

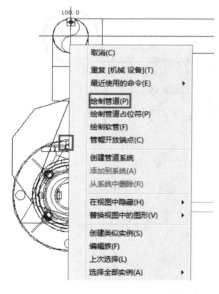

图 4.3 - 50

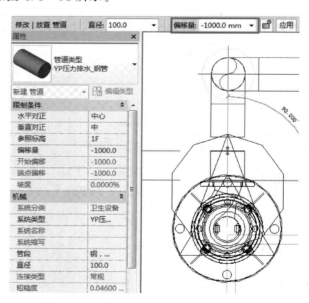

图 4.3 - 51

将与潜水泵连接的管道与上方管道对齐，拖动其中一根管道的拖拽点，让两根管道连接，如图 4.3 - 52 所示。最后移动潜水泵的位置，与 CAD 中潜水泵的位置一致。

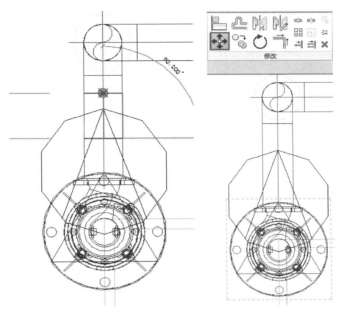

图 4.3 - 52

将视图转到三维，连接好的一台潜水泵如图 4.3 - 53 所示。用同样的方法添加另一台潜水泵，最后模型如图 4.3 - 54 所示。

图 4.3 - 53　　　　　　　　图 4.3 - 54

整个给排水模型绘制完成之后如图 4.3 - 55 所示。

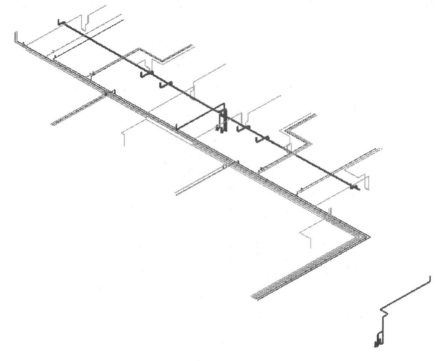

图 4.3 - 55

## 4.4 消防模型的绘制

消防系统是现代建筑设计中必不可少的一部分，由于现代化的建筑物中电气设备的种类与用量大大增加，而且内部陈设与装修材料大多是易燃的，这无疑是火灾发生频发的一个因素。其次，现代化的高层建筑物一旦起火，火势猛，蔓延快，建筑物内部的管道竖井，楼梯和电梯等如同一座座烟筒，拔火力很强，易使火势迅速扩散，这样，处于高处的人员及物资在火灾时疏散也就较为困难。除此之外，高层建筑物发生火灾时，其内部通道往往被人为切断，外部扑救也不如低层建筑物那么有效，扑救工作主要靠建筑物内部的消防设施。由此可见在现代高层建筑的消防系统是何等的重要。

本章将通过案例来介绍消防专业识图和在 Revit 中建模的方法，并讲解设置管道系统的各种属性的方法，使读者了解消防系统的概念和基础知识，掌握一定的消防专业知识，并学会在 Revit 中建模的方法。

### 4.4.1 案例介绍

本案例消防模型包含喷淋系统和消火栓系统。如图 4.4 - 1 所示，屏幕上的粉色管道部分为喷淋系统，红色管道部分为消火栓系统。图中标注了各管道的尺寸和标高，根据这些信息绘制消防模型。观察消防系统 CAD 图纸可以发现，喷淋管道的排布非常有规律，块与块之间相似度很大，因此绘制喷淋管道时要反复使用复制命令以减少工作量。

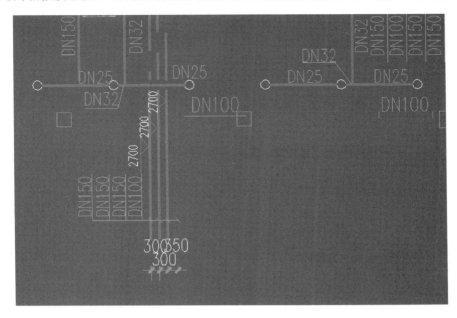

图 4.4 - 1

### 4.4.2　导入 CAD 底图

打开【地下车库-消防模型 .rvt】文件，导入【地下车库消防系统 .dwg】，并将其位置与轴网位置对齐、锁定，如图 4.4 - 2 所示。

图 4.4 - 2

与之前相同，CAD 锁定之后，将项目本身的轴网隐藏，如图 4.4 - 3 所示。

图 4.4 - 3

### 4.4.3　绘制消防管道

在【系统】选项卡下，单击【卫浴和管道】面板中的【管道】工具，或键入快捷键
PI，在自动弹出的【放置管道】上下文选项卡中的选项栏里选择【直径】为【25】，修改
【偏移量】为【2400】，【管道类型】选择【标准】，【系统类型】选择【喷淋系统】，如图
4.4 - 4 所示，设置完成之后在绘图区域绘制水管，整体绘图方向为从左向右。

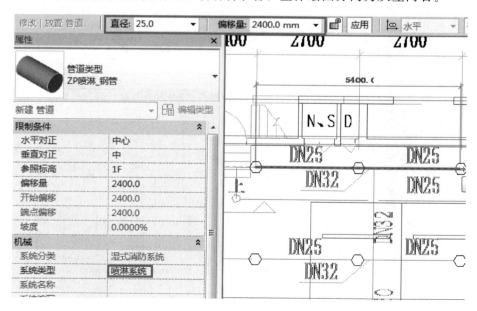

图 4.4 - 4

单击【卫浴和管道】面板中的【喷头】工具，选择【BM ＿ 喷头-ELO 型-闭式-直立型】，【偏移量】设置为【3600】，如图 4.4－5 所示，将喷头放置在管道的中心线上。喷头需要手动与管道连接：单击选择喷头，在激活的【修改｜喷头】面板下选择【连接到】，如图 4.4－6 所示，然后选择需要与喷头连接的管道，喷头就会连接到相应的管道，连接完成之后如图 4.4－7 所示。

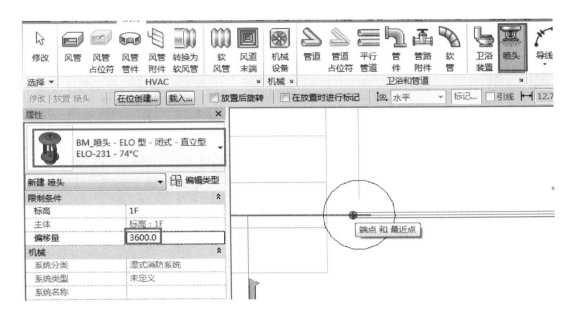

图 4.4－5

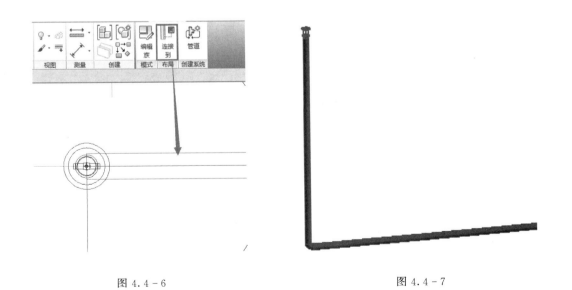

图 4.4－6                          图 4.4－7

同样的方法将这根横支管上的三个喷头全部连接到管道上。完成之后要将该支管连同相应的喷头整体往下复制。如图4.4-8所示，选中相应的构件，单击【复制】命令，勾选【约束】【多个】，将选中的构件依次复制到下方相应位置，复制完成，如图4.4-9所示。

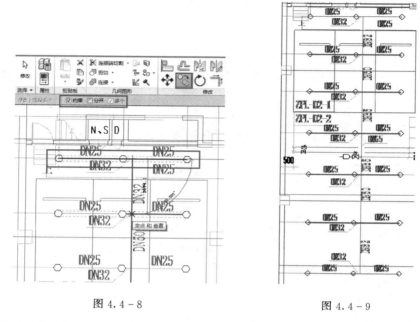

图4.4-8                          图4.4-9

横支管通过复制已经快速的绘制完成，现在绘制贯穿所有支管的主管，如图4.4-10

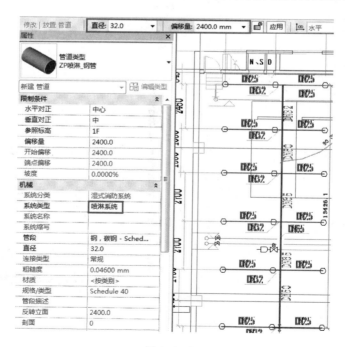

图4.4-10

所示，管径暂时统一设为【32】，绘制完成之后再调整其他管径管道的尺寸。之所以最后绘制主管，是为了让主管自动生成四通，避免了手动连接的麻烦。

选中需要更改尺寸的构件，如图 4.4-11 所示，直接将直径修改为【32】即可。

提示：管件也有自己的尺寸，与管道连接的管件的尺寸不会随着管道尺寸的改变而自动改变，因此已经生成的管件也需要手动更改尺寸。

修改完成之后模型如图 4.4-12 所示。

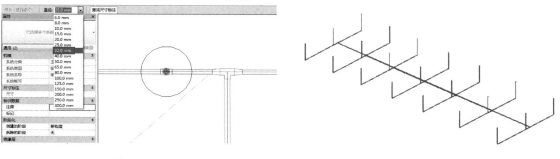

图 4.4-11　　　　　　　　　　　　　　　　　图 4.4-12

将刚刚绘制的一整块模型作为一个整体，整体的往右复制，如图 4.4-13 所示。

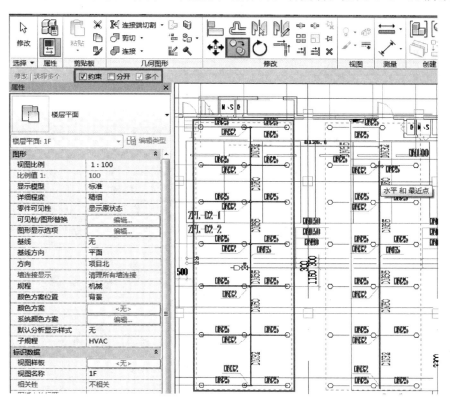

图 4.4-13

211

复制过来之后只需要将不相同的部分进行修改即可，如图 4.4-14 所示。

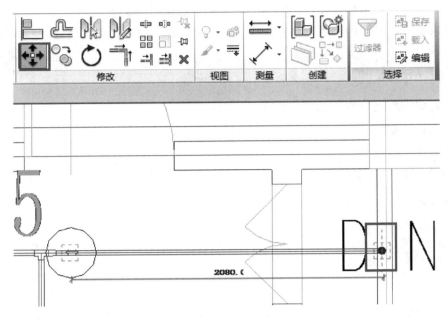

图 4.4-14

再往后绘制模型时，可选择与其相邻的左侧两排管道，如图 4.4-15 所示，整体复制到右侧。

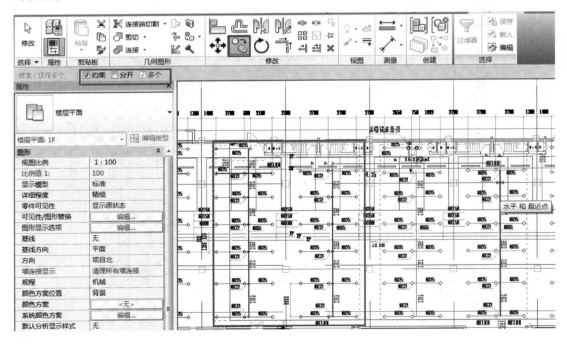

图 4.4-15

所有支管绘制完成之后最后绘制贯穿整个系统的主管道，如图 4.4 - 16 所示，直径暂定为【150】，如之前所述，管道连接处会自动生成四通。当然，与之前绘制管道时相同，最后还是要对个别管道进行尺寸的调整。

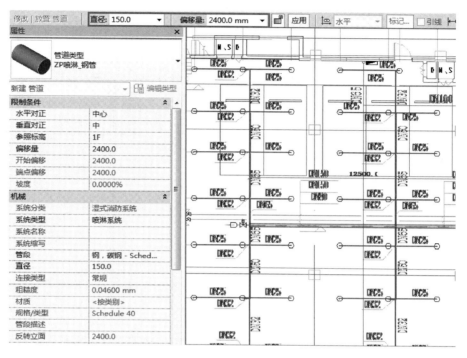

图 4.4 - 16

将其余喷淋管道补充完毕，最后模型如图 4.4 - 17 所示。

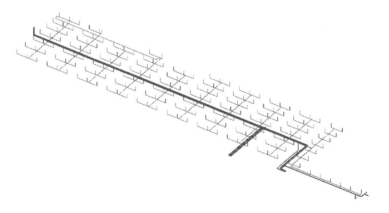

图 4.4 - 17

消火栓管道绘制方法与给排水管道相似，从 CAD 图纸中可以看出，消火栓管道环绕整个地下车库一圈。绘制时先画主管道，如图 4.4 - 18 所示，系统类型要选择【消火栓系统】。

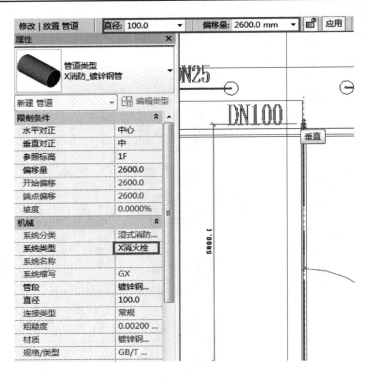

图 4.4 - 18

在绘制与消火栓连接的支管时，无需绘制与消火栓连接的立管，水平管绘制到消火栓处即可，如图 4.4 - 19 所示，稍后连接消火栓时会自动生成立管。所有消火栓管道绘制完成后如图 4.4 - 20 所示。

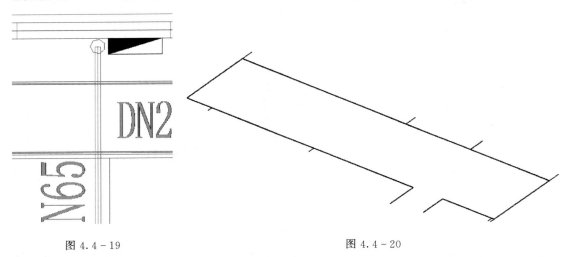

图 4.4 - 19                          图 4.4 - 20

### 4.4.4 绘制管路附件

在【系统】选项卡下的【卫浴和管道】面板中，单击【管路附件】工具，软件自动弹

出【放置管路附件】上下文选项卡。选择【BM＿末端试水装置】，偏移量设置为
【1000】，如图 4.4－21 所示，在绘图区域单击放置。单击选择此末端试水装置，在【修改
｜管路附件】面板下选择【连接到】命令，然后单击选择要与此末端试水装置连接的管
道，完成连接，如图 4.4－22 所示。

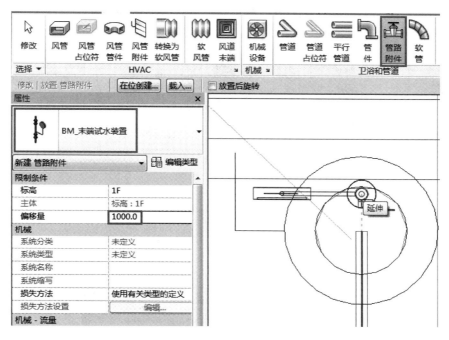

图 4.4－21

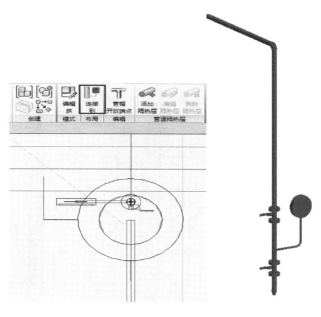

图 4.4－22

### 4.4.5 绘制消火栓

在【系统】选项卡下,【卫浴和管道】面板中,单击【机械设备】工具,软件自动弹出【放置机械设备】上下文选项卡。选择【BM_单栓消火栓-左接】,【偏移量】设置为【1100】,如图 4.4-23 所示,在绘图区域单击放置。方向不对时可通过空格键切换构件方向。

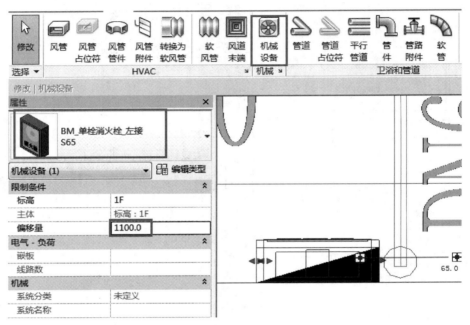

图 4.4-23

将消火栓连接到相应的管道上。连接消火栓的方法与连接末端试水装置相同,即单击消火栓,选择【连接到】命令将消火栓与管道连接。连接完之后如图 4.4-24 所示。

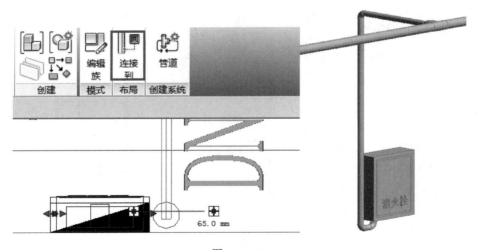

图 4.4-24

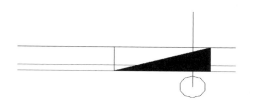

图 4.4－25

使用连接到命令连接消火栓时，系统会默认最短路径连接。对于需要沿其他路径连接的消火栓，需要手动连接如图 4.4－25 所示。

单击选择消火栓，在管道连接点上单击鼠标右键，选择绘制管道。将【管道偏移量】设置为【1000】，如图 4.4－26 所示。绘制完成之后将上下两根管道连接，最后效果如图 4.4－27所示。

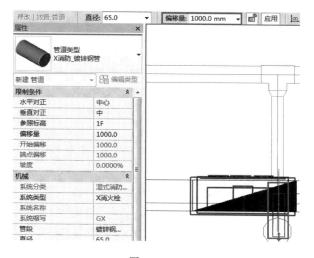

图 4.4－26

图 4.4－27

在此项目中有三种消火栓：单栓消火栓（左接）、单栓消火栓（右接）和双栓消火栓。两种单栓绘制方法相同，双栓区别于单栓的是有两根管道与消火栓连接，如图 4.4－28 所示。项目中此消火栓连接路径非最短路径，因此绘制时需手动绘制管道连接。连接完成之后如图 4.4－29 所示。

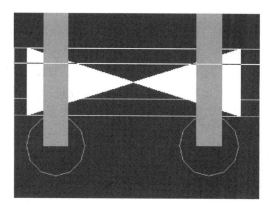

图 4.4－28

图 4.4－29

将其余消火栓统一与管道进行连接，结果如图 4.4 - 30 所示。

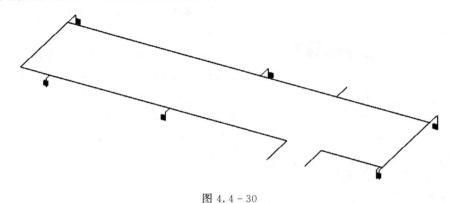

图 4.4 - 30

最后，整个消防模型如图 4.4 - 31 所示。

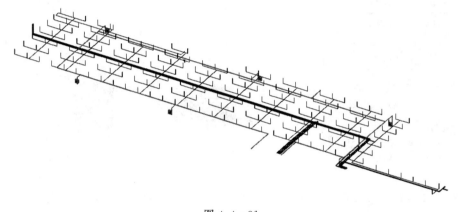

图 4.4 - 31

## 4.5 电气模型的绘制

电气系统是现代建筑设计中很重要的一部分，电气系统是以电能、电气设备和电气技术为手段来创造、维持与改善限定空间和环境的一门科学，它是介于土建和电气两大类学科之间的一门综合学科。经过多年的发展，它已经建立了自己完整的理论和技术体系，发展成为一门独立的学科。主要包括：建筑供配电技术，建筑设备电气控制技术，电气照明技术，防雷、接地与电气安全技术，现代建筑电气自动化技术，现代建筑信息及传输技术等。本章将通过案例介绍电气专业识图和在 Revit 中建模的方法，使读者了解电气系统的概念和基础知识，并掌握一定的电气专业知识。

案例介绍

本章选用电气系统中的三张 CAD 图纸，包括【地下车库强电干线平面图】【地下车库弱电干线平面图】和【地下车库照明平面图】，涵盖了电气系统中的强电系统、弱电系统和照明系统三大部分，如图 4.5 - 1 所示。

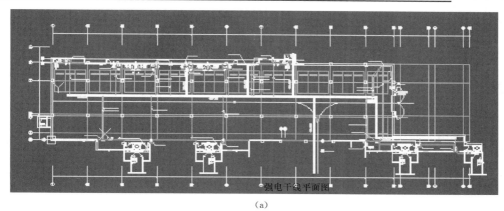

强电干线平面图

（a）

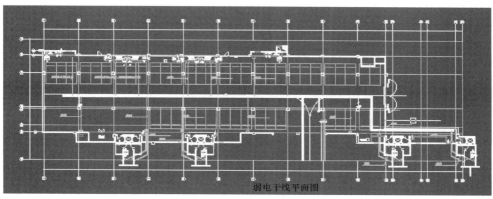

弱电干线平面图

（b）

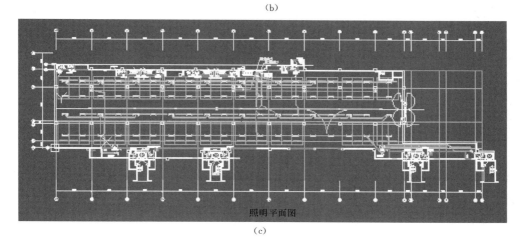

照明平面图

（c）

图 4.5-1

## 4.5.1 强电系统的绘制

### 4.5.1.1 导入 CAD 底图

打开之前保存的【地下车库-电气模型】文件，在项目浏览器中双击进入【楼层平面
1F】平面视图，单击【插入】选项卡下【导入】面板中的【导入 CAD】，单击打开【导入

CAD 格式】对话框，从【地下车库 CAD】中选择【地下车库强电干线平面图】DWG 文件，具体设置如图 4.5 - 2 所示。

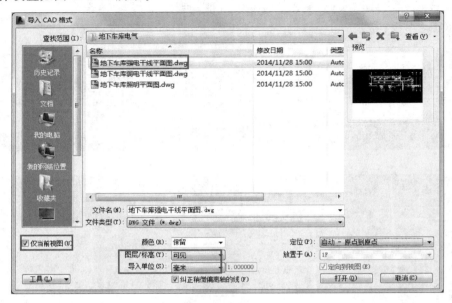

图 4.5 - 2

导入之后将 CAD 与项目轴网对齐锁定。与绘制给排水模型相同，在属性面板中选择【可见性/图形替换】，在【可见性/图形替换】对话框中的【注释类别】选项卡下，取消勾选【轴网】，然后单击两次确定。隐藏轴网的目的在于使绘图区域更加清晰，便于绘图，如图 4.5 - 3 所示。

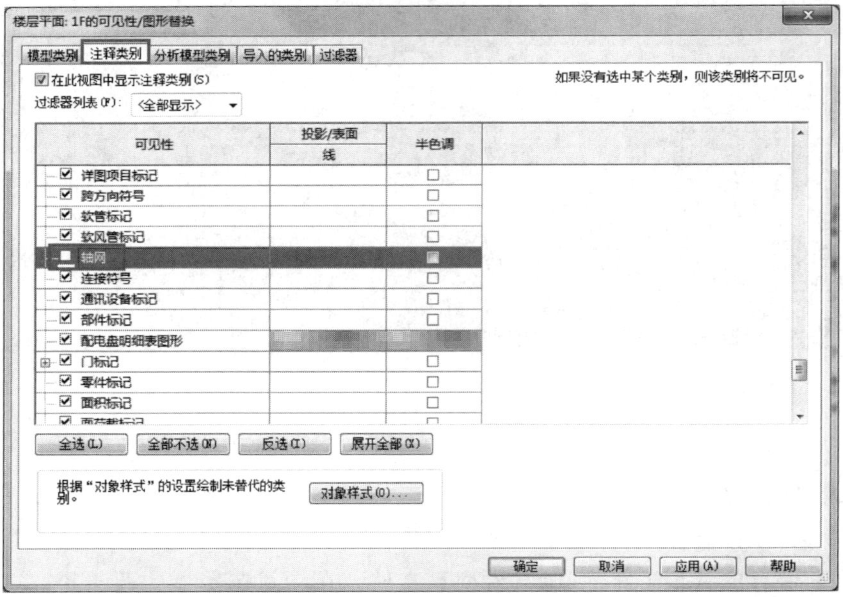

图 4.5 - 3

#### 4.5.1.2　绘制强电桥架

单击【系统】选项卡下【电气】面板上的【强电桥架】命令，从【带配件的电缆桥架】中选择类型【强电桥架】，在选项栏中设置桥架的尺寸和高度，【宽度】设为【500】，【高度】设为【200】，【偏移量】设为【2700】。其中偏移量表示桥架底部距离相对标高的高度偏移量。桥架的绘制与风管的绘制一样，需要两次单击，第一次单击确认桥架的起点，第二次单击确认桥架的终点。绘制完毕后选择【修改】选项卡下【编辑】面板中的【对齐】命令，将绘制的桥架与底图的中心位置对齐并锁定，如图 4.5-4 所示。

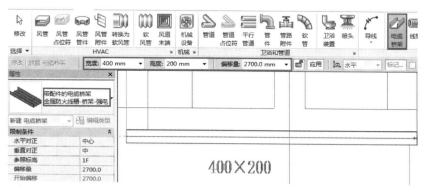

图 4.5-4

绘制桥架支管时，方法与风管相同，设置好桥架支管尺寸后直接绘制即可，系统会自动生成相应的配件，如图 4.5-5 所示。

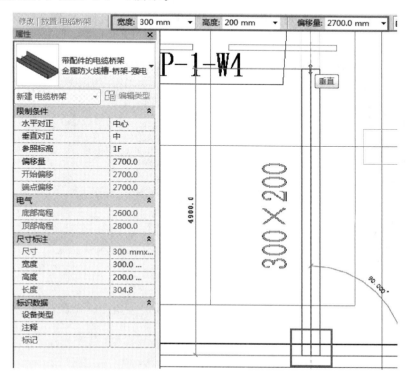

图 4.5-5

强电桥架绘制完成之后如图 4.5－6 所示。

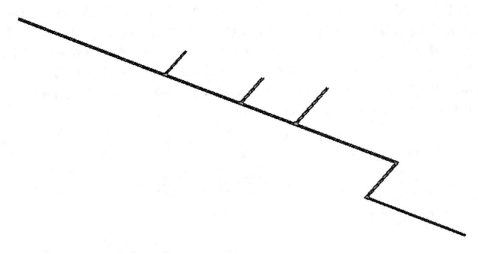

图 4.5－6

### 4.5.1.3 添加过滤器

电气中桥架的绘制方法虽然与风管、水管类似，但是桥架没有系统，也就是说不能像风管一样通过系统中的材质添加颜色。但是桥架的颜色可以通过过滤器来添加。

在项目浏览器中单击进入楼层平面【1F】，在属性面板中选择【可见性/图形替换】，单击【可见性/图形替换】对话框中的【过滤器】选项卡，单击【添加】为视图添加过滤器。在弹出的【添加过滤器】对话框中单击【编辑/新建】命令，如图 4.5－7 所示。

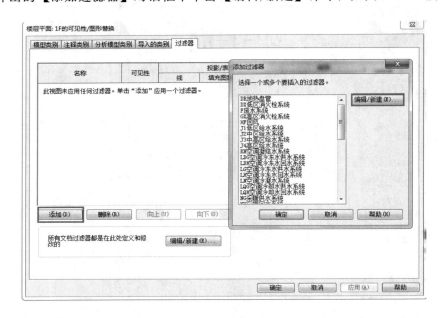

图 4.5－7

在弹出的【过滤器】对话框中，单击如图 4.5-8 所示图标新建过滤器。然后在弹出的【过滤器名称】对话框中输入新建的过滤器名称【强电桥架】。

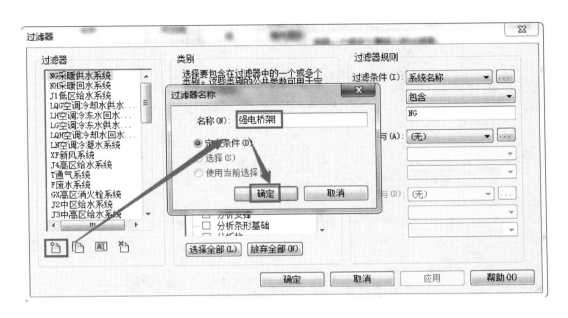

图 4.5-8

接下来为过滤器【强电桥架】设置相应的过滤条件，具体设置如图 4.5-9 所示。

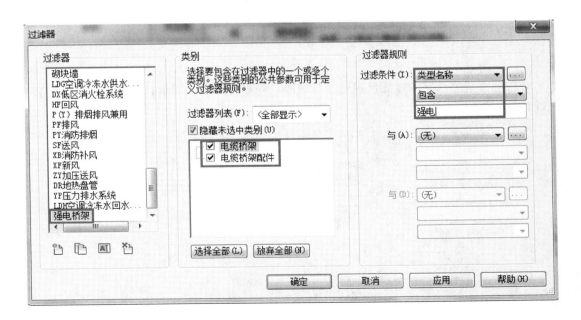

图 4.5-9

设置完成强电桥架过滤器之后，我们需要在其基础上创建一个弱电桥架过滤器。选择刚刚创建的强电桥架过滤器，选择复制命令，如图 4.5 - 10 所示。将刚刚复制的过滤器重命名为弱电桥架，如图 4.5 - 11 所示。

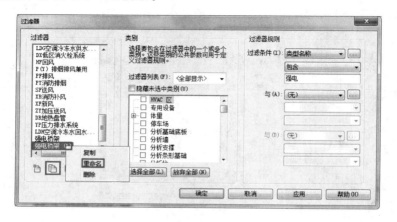

图 4.5 - 10

图 4.5 - 11

对弱电桥架过滤器的过滤器规则进行修改，如图 4.5 - 12 所示，然后单击【确定】完成过滤器的创建。

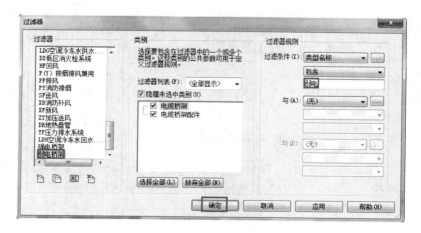

图 4.5 - 12

　　页面自动跳转到【添加过滤器】对话框，选择刚刚创建的强电桥架和弱电桥架，如图4.5-13 所示。

图 4.5-13

　　页面跳转到可见性设置对话框。选择刚刚添加的强电桥架，单击【投影/表面】中【填充图案】下的【替换】，在弹出的【填充样式图形】对话框中将颜色设置为红色，填充图案设置为实体填充，如图 4.5-14 所示。

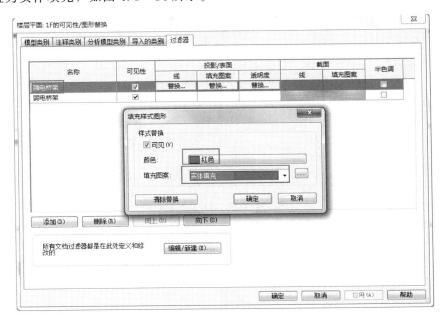

图 4.5-14

单击确定，完成过滤器的添加及设置，可以发现，刚刚绘制的强电桥架已经变成了新设置的红色，如图 4.5-15 所示。

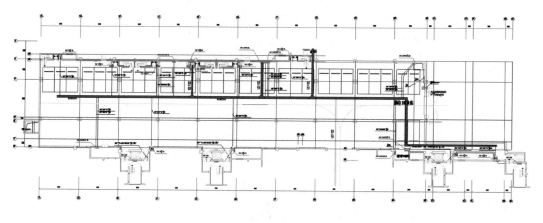

图 4.5-15

打开三维视图，可以发现此视图中刚刚绘制的强电桥架颜色却并没有发生变化，这是因为过滤器的影响范围仅仅是当前视图。因此如果想要三维视图中桥架也发生相应的颜色变化，需要在此视图的可见性设置中添加相应的过滤器，如图 4.5-16 所示。

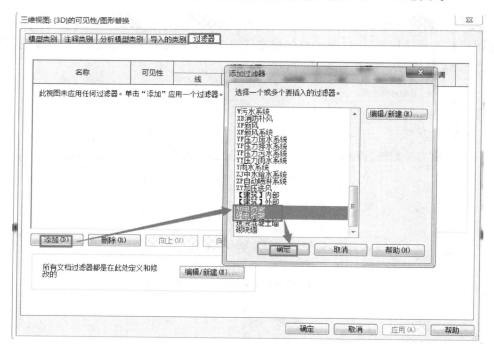

图 4.5-16

一个项目中的过滤器是通用的，前面设置的过滤器在另一个视图中也是可以使用的。使用时直接选择即可。但是具体的颜色及填充图案需要重新设置，如图 4.5 - 17 所示。完成后单击确定可以看到三维视图中的桥架颜色也变成了红色，如图 4.5 - 18 所示。

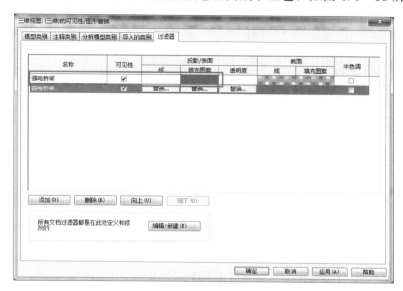

图 4.5 - 17

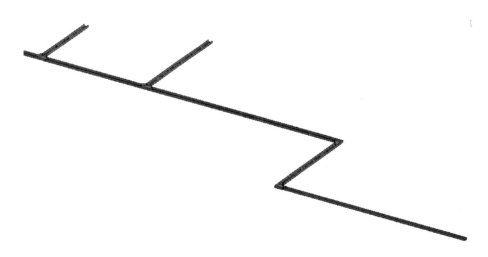

图 4.5 - 18

#### 4.5.1.4　添加配电箱

配电箱的添加比较简单，如图 4.5 - 19 所示，单击【系统】选项卡下【电气】面板中的【电气设备】命令，选择【BM＿照明配电箱】，选择相应的类型，设置相应的标高后单击放置即可。图中，【A2 - AW - 1】【A2 - AW - 2】和【A2 - AW - 3】配电箱类型选择【400×700×200】，【偏移量】设置为【1000】。

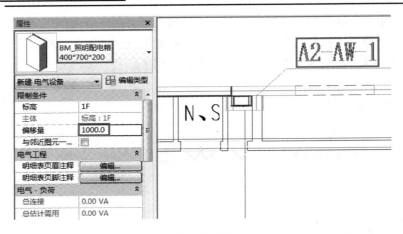

图 4.5 - 19

其余配电箱类型均选择【700×1500×300】，【偏移量】设置为【0】，如图 4.5 - 20 所示。

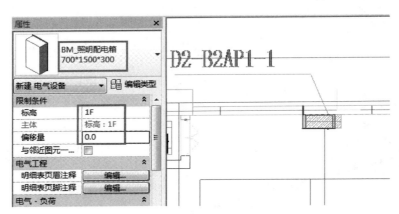

图 4.5 - 20

配电箱全部放置完成之后如图 4.5 - 21 所示。

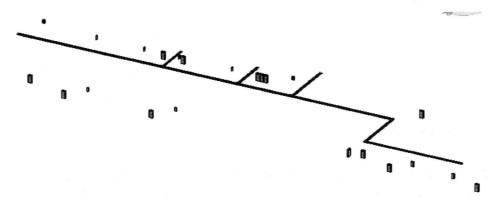

图 4.5 - 21

### 4.5.2　弱电系统的绘制

#### 4.5.2.1　导入 CAD 底图

在项目浏览器中双击进入【楼层平面 1F】平面视图，单击【插入】选项卡下【导入】面板中的【导入 CAD】，单击打开【导入 CAD 格式】对话框，从【地下车库 CAD】中选择【地下车库弱电干线平面图】DWG 文件，具体设置如图 4.5 - 22 所示。导入之后将【地下车库弱电干线平面图】与【地下车库强电干线平面图】对齐。

图 4.5 - 22

#### 4.5.2.2　绘制弱电桥架

打开视图 1F 的可见性设置对话框，在【导入的类别】面板下取消勾选【地下车库强电干线平面图】，如图 4.5 - 23 所示。在【过滤器】面板下取消勾选过滤器【强电桥架】，如图 4.5 - 24 所示，单击【确定】完成设置。

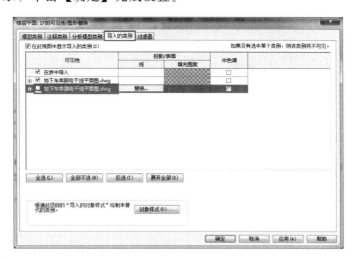

图 4.5 - 23

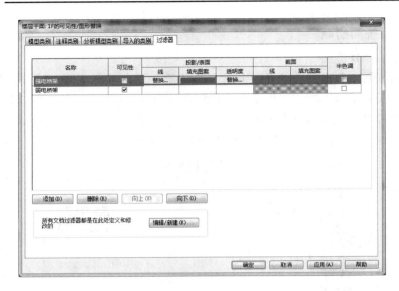

图 4.5 - 24

　　此地下车库弱电系统中，主要有两部分内容：弱电桥架和摄像机，首先绘制弱电桥架。弱电桥架的绘制方法与强电桥架相同，按如图 4.5 - 25 所示进行设置，然后在绘图区域按照 CAD 图纸要求完成弱电桥架的绘制。

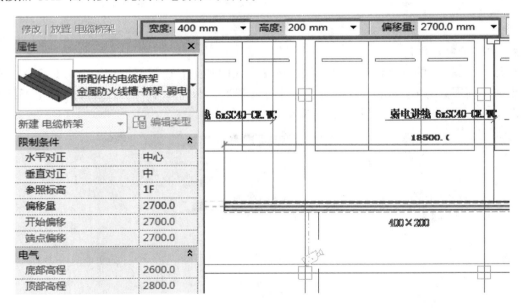

图 4.5 - 25

### 4.5.2.3　添加摄像机

　　接下来添加摄像机。单击【系统】选项卡下【电气】面板上的【设备】下拉菜单，选择【安全】，如图 4.5 - 26 所示。选择【BM_墙上摄像机】，【标高】设置为【2F】，【偏移量】设置为【－300】，如图 4.5 - 27 所示，单击绘图区域中的摄像机完成摄像机的添加。

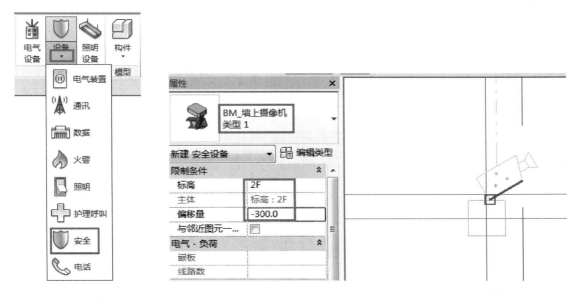

图 4.5 - 26　　　　　　　　　　　　　　　　图 4.5 - 27

　　将视图切换到三维视图，可以看到刚刚绘制的弱电桥架仍然是系统默认的颜色。与强电桥架相同，通过过滤器给弱电桥架添加颜色，如图 4.5 - 28 所示，将弱电桥架设置为青色。设置完成之后单击确定，结果如图 4.5 - 29 所示。

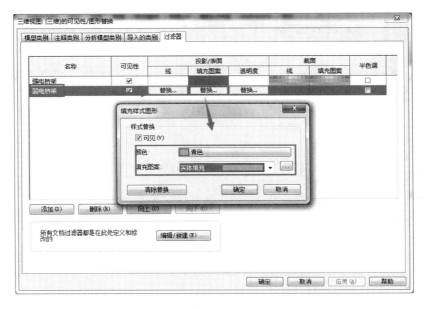

图 4.5 - 28

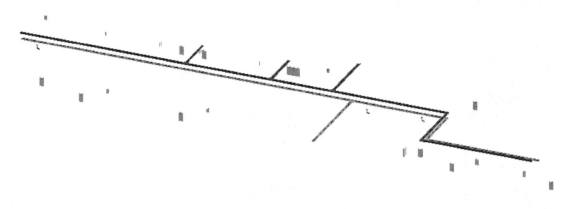

图 4.5 - 29

### 4.5.3 照明系统的绘制

#### 4.5.3.1 导入 CAD 底图

在项目浏览器中双击进入【楼层平面 1F】平面视图，单击【插入】选项卡下【导入】面板中的【导入 CAD】，单击打开【导入 CAD 格式】对话框，从【地下车库 CAD】中选择【地下车库照明平面图】DWG 文件，具体设置如图 4.5 - 30 所示。导入之后将【地下车库照明平面图】与【地下车库弱电干线平面图】对齐。

图 4.5 - 30

打开视图 1F 的可见性设置对话框，在【导入的类别】面板下取消勾选【地下车库弱电干线平面图】，如图 4.5 – 31 所示。在【过滤器】面板下取消勾选过滤器【弱电桥架】，如图 4.5 – 32 所示，单击确定完成设置。

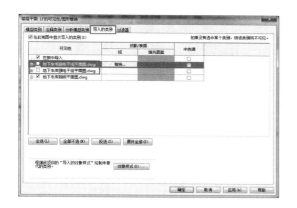

图 4.5 – 31　　　　　　　　　　　　　　图 4.5 – 32

单击【系统】选项卡下【电气】面板中的【照明设备】命令，选择【BM _ 双管荧光灯–带蓄电池】，【偏移量】设置为【2200】，如图 4.5 – 33 所示。在绘图区域按照 CAD 所示荧光灯位置单击放置。

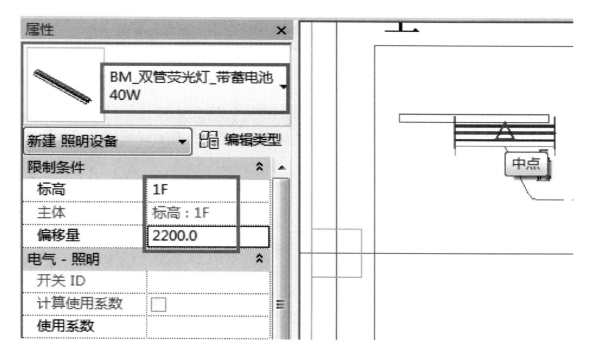

图 4.5 – 33

双管荧光灯的添加方法与上述带蓄电池的荧光灯方法相同,在照明设备中选择【BM_双管荧光灯】,【偏移量】设置为【2200】,如图 4.5-34 所示,在绘图区域单击放置。

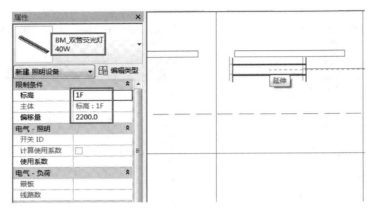

图 4.5-34

图中双管荧光灯个数比较多,但是排布很有规律,因此可以采用复制的方法,将部分双管荧光灯整体复制,这样可以节约绘图时间。

壁灯是贴着墙面放置的,因此放置壁灯时需要有主体,此时要将之前绘制的【地下车库-结构模型】链接进来,如图 4.5-35 所示,单击【插入】选项卡下【链接】面板中的【链接 Revit】命令,选择之前绘制的【地下车库-结构模型】,【定位】设置为【自动-原点到原点】。

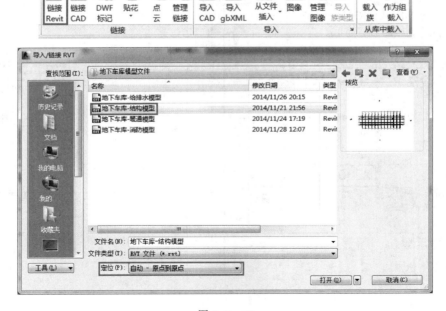

图 4.5-35

同样，单击【系统】选项卡下【电气】面板中的【照明设备】命令，选择【BM＿壁灯】，【偏移量】设置为【2500】，如图 4.5－36 所示。在绘图区域按照 CAD 所示的壁灯位置单击放置。

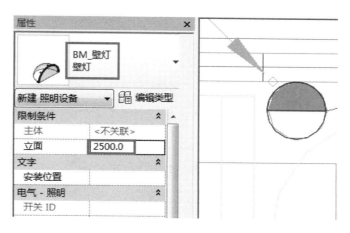

图 4.5－36

防水防尘吸顶灯和带蓄电池的防水防尘吸顶灯设置分别如图 4.5－37，图 4.5－38 所示，然后在绘图区域按照 CAD 所示位置单击放置。

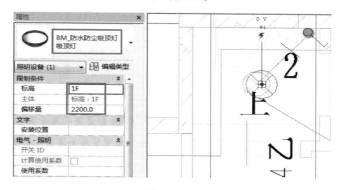

图 4.5－37

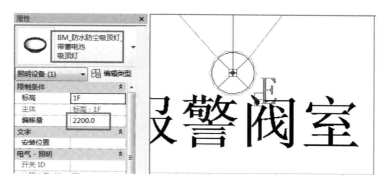

图 4.5－38

#### 4.5.3.2 放置开关插座

单击【系统】选项卡下【电气】面板中的【设备】下拉菜单，选择【电气装置】，如图 4.5 - 39 所示。选择【BM _ 五孔插座】，【标高】设置为【1F】，【偏移量】设置为【500】，如图 4.5 - 40 所示，单击绘图区域中插座的绘制完成插座的添加。

图 4.5 - 39

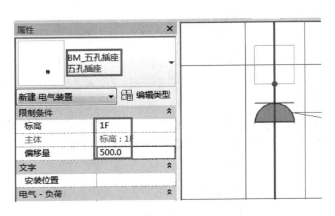

图 4.5 - 40

与壁灯相连的是双联单级开关，如图 4.5 - 41 所示。单击【系统】选项卡下【电气】面板中的【设备】下拉菜单，选择【电气设备】，然后选择【BM _ 双联单级开关】，贴墙放置。

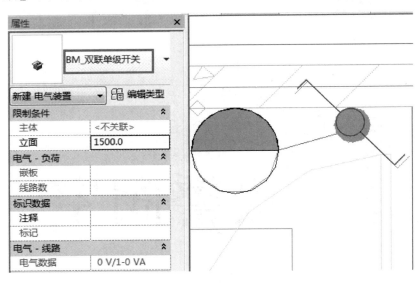

图 4.5 - 41

单级开关放置方式与双联单级开关相同，如图 4.5-42 所示。

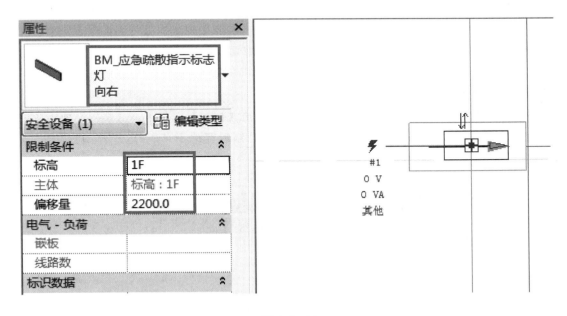

图 4.5-42

#### 4.5.3.3　放置疏散指示灯

单击【系统】选项卡下【电气】面板中的【设备】下拉菜单，选择【安全】，如图 4.5-43 所示。选择【BM_应急疏散指示标志灯向右】，【标高】设置为【1F】，【偏移量】设置为【2200】，单击绘图区域中摄像机的绘制完成疏散指示灯的添加。

图 4.5-43

电气模型完成后如图 4.5-44 所示。

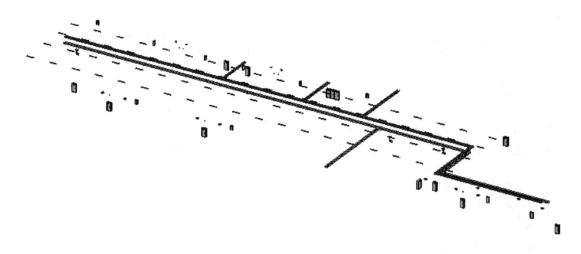

图 4.5-44

## 4.6 Revit 碰撞检查

Revit 模型可视化的特点使得各专业构建之间的碰撞检查具有可行性。本章节主要介绍如何在 Revit 中进行碰撞检查及导出相应的碰撞报告。Revit 碰撞检查的优势在于其可以对碰撞点进行实时的修改，劣势在于只能进行单一的硬碰撞，而且导出的报告没有相应的图片信息。对于小型项目来说在 Revit 中做碰撞检查还是比较方便的。

### 4.6.1 链接 Revit

打开之前绘制的【地下车库-给排水模型】，单击【插入】选项卡下【链接】面板中的【链接 Revit】命令，如图 4.6-1 所示。选择之前绘制的【地下车库-电气模型】，定位设置为【自动-原点到原点】，如图 4.6-2 所示。

图 4.6-1

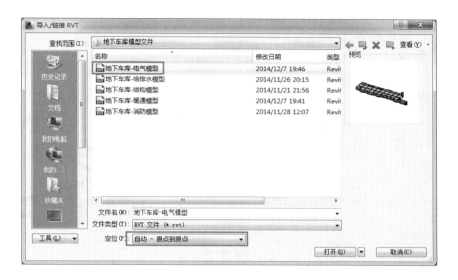

图 4.6－2

单击【打开】之后会跳出如图 4.6－3 所示对话框。这是因为之前在绘制电气模型的时候链接了【地下车库-结构模型】，且设置为默认的【覆盖】，所以在电气模型中链接到其他模型时结构模型将不再显示。这里并不影响使用，直接单击关闭即可。

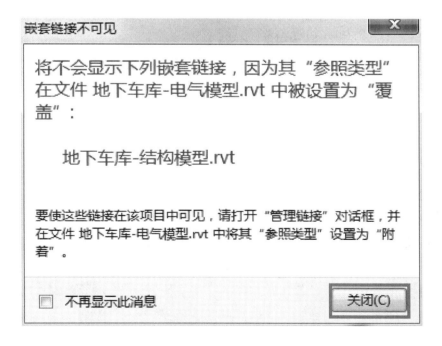

图 4.6－3

电气模型链接进来之后的三维视图如图 4.6 - 4 所示。

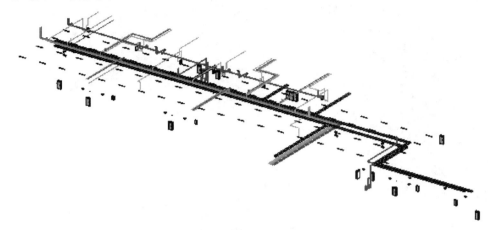

图 4.6 - 4

用同样的方法将之前绘制的【地下车库-暖通模型】【地下车库-结消防模型】和【地下车库-结构模型】链接进来，三维视图如图 4.6 - 5 所示。

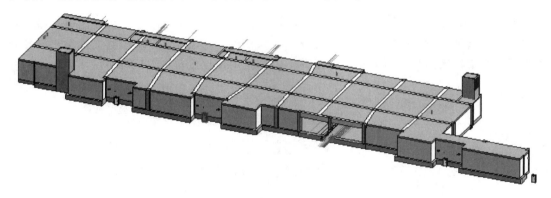

图 4.6 - 5

### 4.6.2 运行 Revit 碰撞

单击【协作】选项卡下【坐标】面板中的【碰撞检查】命令，选择运行碰撞检查，如图 4.6 - 6 所示。

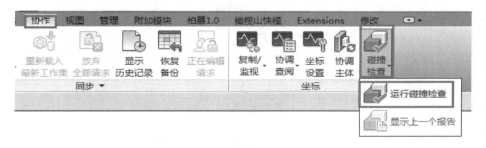

图 4.6 - 6

　　在弹出的碰撞检查对话框中有两部分内容，如图 4.6-7 所示。左右两边的【类别项目】用来选择运行碰撞检查的对象。单击下拉菜单可以看到里面有当前项目和链接的模型，运行碰撞检查只能是当前项目与当前项目或其中的链接模型，链接模型与链接模型则不能运行碰撞检查。

图 4.6-7

　　接下来以给排水模型和暖通模型的碰撞为例具体介绍 Revit 碰撞。将界面切换到三维视图，打开视图可见性设置，将链接的结构模型、电气模型和消防模型取消勾选，如图 4.6-8 所示。然后运行碰撞检查，如图 4.6-9 所示，在碰撞检查对话框中左边选择【当前项目】的【管件】【管道】和【管路附件】，右边选择【地下车库-暖通模型】中的【风管】【风管管件】和【风管附件】。单击【确定】，系统开始运行碰撞检查。

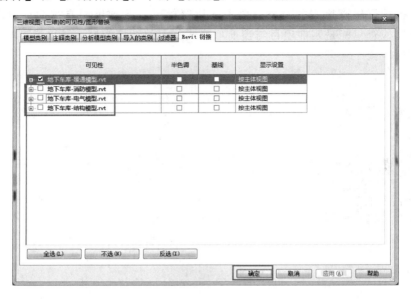

图 4.6 - 8

图 4.6 - 9

　　运行碰撞检查之后系统会自动弹出一个冲突报告的对话框，如图 4.6 - 10 所示。最上方的成组条件控制的是碰撞点的排列顺序，图中显示的是【类别 1，类别 2】，对应下方碰撞点的排列顺序就是管件在前、风管在后。

图 4.6 - 10

　　单击第一个风管前面的【＋】号，可以展开碰撞点的具体信息，如图 4.6 - 11 所示。碰撞点的信息包含构件的类别、族类型及 ID 号。

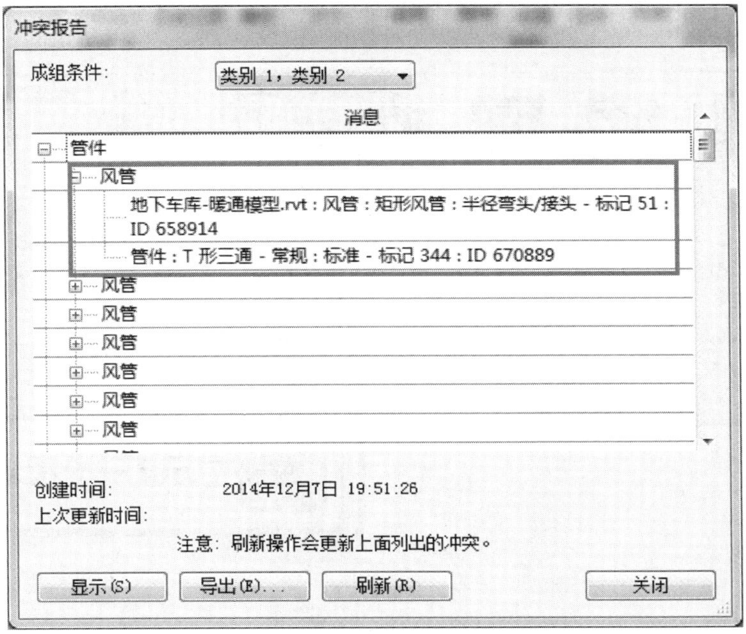

图 4.6 - 11

选择如图 4.6-12 所示的碰撞构件，单击【显示】按钮，在三维视图中可以看到此风管被高亮显示。然后单击【关闭】，查看模型，找出碰撞的原因并作相应的修改。

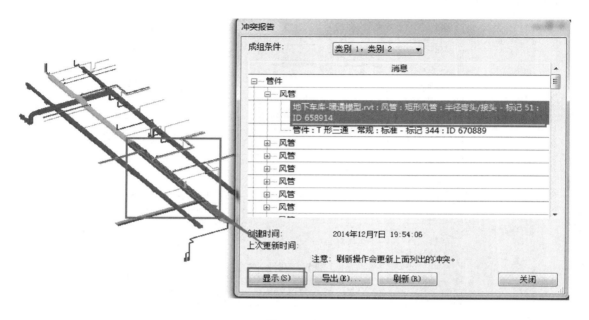

图 4.6-12

修改完一个碰撞点之后，单击【碰撞检查】下的【显示上一个报告】，如图 4.6-13 所示，可以查看上一个冲突报告。

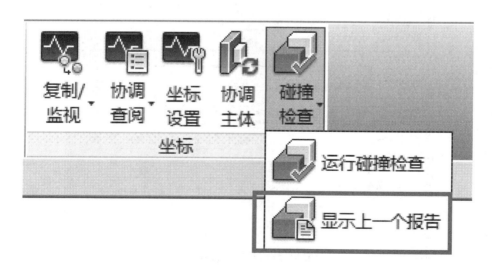

图 4.6-13

如果已经将第一个碰撞点修改完成，在冲突报告中该碰撞点就会自动消失，如果修改的碰撞点过多或由于其他原因碰撞点没有自动消失，可以通过【刷新】命令对模型的冲突报告进行更新，如图 4.6 – 14 所示。

图 4.6 – 14

除了可以通过【显示】命令显示碰撞点的构件之外，还可以通过元素 ID 号对其进行查询。如图 4.6 – 15 所示，在冲突报告中会显示构件的 ID 号。

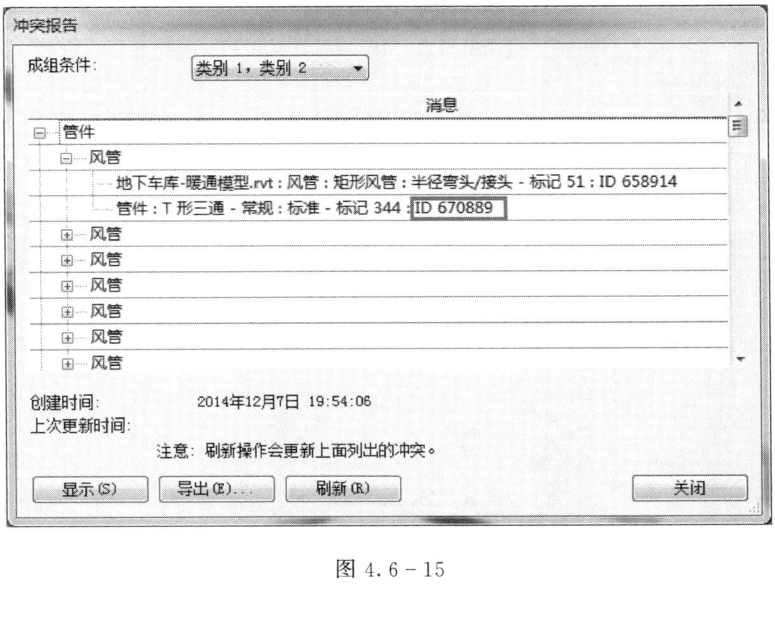

图 4.6 – 15

单击【管理】选项卡下【查询】面板中的【按 ID 查询】命令,如图 4.6 - 16 所示。在弹出的【按 ID 号选择图元】对话框中输入元素 ID 号,如图 4.6 - 17 所示,输入第一个碰撞点中管件的 ID 号,单击【显示】,三维模型中就会高亮显示该构件,如图 4.6 - 18 所示。

图 4.6 - 16

图 4.6 - 17

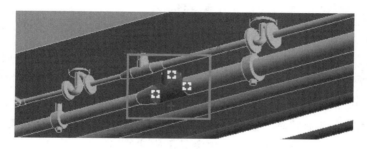

图 4.6 - 18

### 4.6.3　导出冲突报告

单击冲突报告下方的【导出】命令,保存该冲突报告为【给排水模型与暖通模型】,如图 4.6 - 19 所示,该冲突报告格式为 .html。导出报告后打开,如图 4.6 - 20 所示。该冲突报告中的内容与 Revit 界面中的冲突报告内容一致。

图 4.6 - 19

冲突报告

**冲突报告项目文件:** C:\Users\121\Desktop\地下车库课件\地下车库模型文件\地下车库-给排水模型.rvt
**创建时间:** 2014年12月7日 19:54:06
**上次更新时间:**

| | A | B |
|---|---|---|
| 1 | 管道 : 管道类型 : 标准 - 标记 203 : ID 681265 | 地下车库-暖通模型.rvt : 风管 : 矩形风管 : 半径弯头/接头 - 标记 2 : ID 648586 |
| 2 | 管道 : 管道类型 : 标准 - 标记 41 : ID 671176 | 地下车库-暖通模型.rvt : 风管 : 矩形风管 : 半径弯头/接头 - 标记 3 : ID 648700 |
| 3 | 管道 : 管道类型 : 标准 - 标记 42 : ID 671195 | 地下车库-暖通模型.rvt : 风管 : 矩形风管 : 半径弯头/接头 - 标记 3 : ID 648700 |
| 4 | 管件 : 弯头 - 常规 : 标准 - 标记 388 : ID 671207 | 地下车库-暖通模型.rvt : 风管 : 矩形风管 : 半径弯头/接头 - 标记 3 : ID 648700 |
| 5 | 管道 : 管道类型 : 标准 - 标记 44 : ID 671211 | 地下车库-暖通模型.rvt : 风管 : 矩形风管 : 半径弯头/接头 - 标记 3 : ID 648700 |
| 6 | 管件 : 弯头 - 常规 : 标准 - 标记 390 : ID 671219 | 地下车库-暖通模型.rvt : 风管 : 矩形风管 : 半径弯头/接头 - 标记 3 : ID 648700 |
| 7 | 管道 : 管道类型 : 标准 - 标记 179 : ID 680605 | 地下车库-暖通模型.rvt : 风管 : 矩形风管 : 半径弯头/接头 - 标记 3 : ID 648700 |
| 8 | 管件 : 45° 斜四通-承插 : 标准 - 标记 724 : ID 680622 | 地下车库-暖通模型.rvt : 风管 : 矩形风管 : 半径弯头/接头 - 标记 3 : ID 648700 |
| 9 | 管道 : 管道类型 : 标准 - 标记 185 : ID 680946 | 地下车库-暖通模型.rvt : 风管 : 矩形风管 : 半径弯头/接头 - 标记 3 : ID 648700 |
| 10 | 管件 : T 形三通 - 常规 : 标准 - 标记 725 : ID 680948 | 地下车库-暖通模型.rvt : 风管 : 矩形风管 : 半径弯头/接头 - 标记 3 : ID 648700 |
| 11 | 管道 : 管道类型 : 标准 - 标记 186 : ID 680949 | 地下车库-暖通模型.rvt : 风管 : 矩形风管 : 半径弯头/接头 - 标记 3 : ID 648700 |
| 12 | 管道 : 管道类型 : 标准 - 标记 190 : ID 681056 | 地下车库-暖通模型.rvt : 风管 : 矩形风管 : 半径弯头/接头 - 标记 3 : ID 648700 |
| 13 | 管件 : T 形三通 - 常规 : 标准 - 标记 745 : ID 681058 | 地下车库-暖通模型.rvt : 风管 : 矩形风管 : 半径弯头/接头 - 标记 3 : ID 648700 |
| 14 | 管道 : 管道类型 : 标准 - 标记 191 : ID 681059 | 地下车库-暖通模型.rvt : 风管 : 矩形风管 : 半径弯头/接头 - 标记 3 : ID 648700 |
| 15 | 管道 : 管道类型 : 标准 - 标记 196 : ID 681144 | 地下车库-暖通模型.rvt : 风管 : 矩形风管 : 半径弯头/接头 - 标记 3 : ID 648700 |

图 4.6 - 20

## 4.7　施工图

设备各专业施工图的绘制流程与建筑出图基本一致,包括复制视图、应用视图样板、尺寸(类型)及插入图框等。出图内容标注包括:尺寸标注、位置标注及类型标注等。管道、风管与建筑主体之间的定位标注及轴网之间的定位可以参考建筑出图的方法,如图 4.7 - 1 所示,此处不再重复。本小节主要阐述设备专业出图与其他专业出图的不同之处。

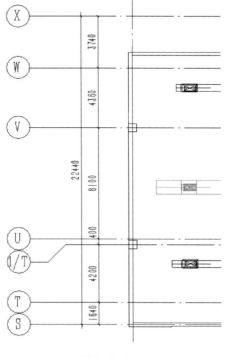

图 4.7 - 1

### 4.7.1 风管标注

风管尺寸的标注使用标记族，如图4.7-2所示，选择【注释】面板下的【按类别标记】。选择相应的风管即可自动标注风管尺寸，如图4.7-3所示。

图 4.7-2

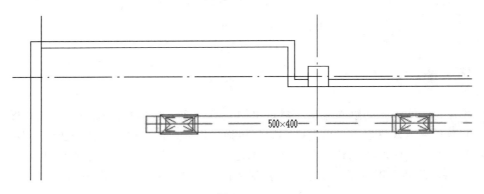

图 4.7-3

### 4.7.2 风管附件、风道末端及机械设备标注

对于风管附件、风道末端及机械设备等构件，相应的类别有相应的标记族，使用方法与风管尺寸标记族相同。如图4.7-4所示为防火阀的类型标记，图4.7-5所示为风道末端的类型标记，图4.7-6所示为管道风机的类型标记。

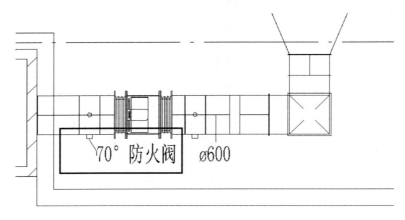

图 4.7-4

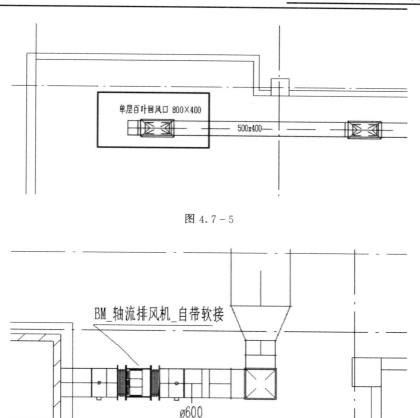

图 4.7 - 5

图 4.7 - 6

### 4.7.3　管道标注

水管尺寸的标注同风管相同，使用管道表标记族，如图 4.7 - 7 所示。Revit 标记无法做到同时多重标记，只能逐个标记。

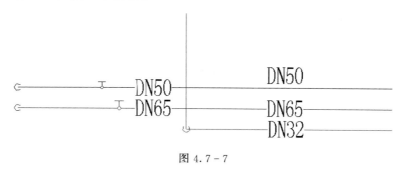

图 4.7 - 7

对于喷淋平面，管道分布比较密集且有规律，标记时可以使用【全部标记】。选中所有水平喷淋管道，单击【全部标记】，如图 4.7 - 8 所示，弹出对话框【标记所有未标记对象】。

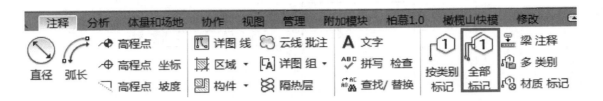

图 4.7 - 8

在对话框【标记所有未标记对象】中，按照图 4.7 - 9 中所示进行设置。

| 标记所有未标记的对象 | |
|---|---|
| 至少选择一个类别和标记族来标记未标记的对象： | |

○ 当前视图中的所有对象 (V)
◉ 仅当前视图中的所选对象 (S)
☐ 包括链接文件中的图元 (L)

| 类别 | 载入的标记 |
|---|---|
| 管道标记 | BM_标记-立管编号注释：管道立管编号 |
| 管道标记 | BM_标记_管道外径尺寸：管道尺寸+高度标记 |
| 管道标记 | BM_标记_管道外径尺寸：管道尺寸标记 |
| 管道标记 | BM_标记_管道尺寸+高度（不透明）：管道尺寸 |
| 管道标记 | BM_标记_管道尺寸+高度（不透明）：管道尺寸+ |
| 管道标记 | BM_标记_管道尺寸+高度（透明）：管道尺寸 |
| 管道标记 | BM_标记_管道尺寸+高度（透明）：管道尺寸+高 |
| 管道标记 | BM_标记_管道系统 |

☐ 引线 (D)　引线长度 (E): 12.7 mm
　　　　　　标记方向 (R): 水平

确定 (O)　取消 (C)　应用 (A)　帮助 (H)

图 4.7 - 9

标记完成之后需要手动调整一下，删除不必要的管道标注。

### 4.7.4 导线标注

常用的导线有弧形导线和倒角导线，如图 4.7-10 所示。弧形导线通常用于表示在墙、天花板或楼板内隐藏的配线，带倒角导线通常用于表示外露的配线。单击导线的起始端和终点端，完成一段导线的绘制，如图 4.7-11 所示。

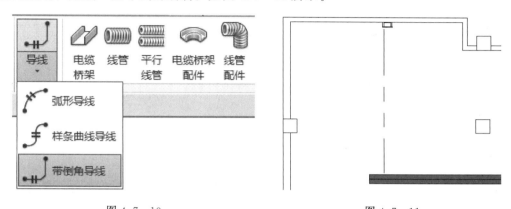

图 4.7-10                    图 4.7-11

当导线标注的不是类型标注时，可以使用导线注释标记。而标记之前需要输入导线的相应信息，如图 4.7-12 所示。添加信息之后就可以直接使用导线注释族进行标注，如图 4.7-13 所示。

图 4.7-12

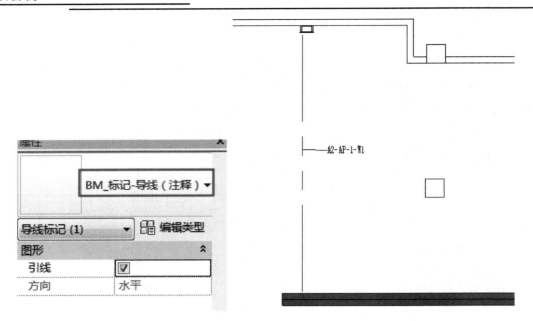

图 4.7 - 13

如若想深入学习相关内容，可参考柏慕 1.0 相关书籍。

## 4.8　机电工程量清单

机电工程量清单的统计方法与土建基本相同，可参考建筑部分清单明细表的使用。使用柏慕 1.0 插件中的导入明细表命令，弹出如图 4.8 - 1～图 4.8 - 3 所示对话框，选择需要的明细表清单。

图 4.8 - 1

图 4.8 - 2

图 4.8-3

导入明细表之后，项目中相应的工程量就会统计出来，如图 4.8-4～图 4.8-8 所示。

| 〈清单_电-电气装置〉 | | | | | | |
|---|---|---|---|---|---|---|
| A | B | C | D | E | F | G |
|  |  | 项目特征 | | | | |
| 项目编码 | 项目名称 | 类型 | 材质 | 安装方式 | 计量单位 | 工程量 |
| 030404034 | BM_五孔插座 | 五孔插座 |  |  |  | 6 |
| 030404034 | BM_单联单控开关 | 单联单控开关 | MEP_UPVC增强塑 |  |  | 7 |
| 030404034 | BM_双联单级开关 | BM_双联单级开关 |  |  |  | 4 |
| 总计：17 | | | | | | |

图 4.8-4

| 〈清单_电-电缆桥架（包括线槽）〉 | | | | | |
|---|---|---|---|---|---|
| A | B | C | D | E | F |
|  |  | 项目特征 | | | |
| 项目编码 | 项目名称 | 族与类型 | 规格 | 计量单位 | 工程量 |
| 030412002 | 金属防火线槽-桥架-弱电 | 带配件的电缆桥架：金属防火线槽-桥架-弱 | 400 mm×200 mm |  |  |
| 030412002 | 金属防火线槽-桥架-强电 | 带配件的电缆桥架：金属防火线槽-桥架-强 | 300 mm×200 mm |  |  |
| 030412002 | 金属防火线槽-桥架-强电 | 带配件的电缆桥架：金属防火线槽-桥架-强 | 400 mm×200 mm |  |  |
| 总计：16 | | | | | |

图 4.8-5

〈清单_水-管道〉

| 项目编码 | 项目名称 | 安装部位 | 系统类型（介质） | 规格 | 管道压力等级 | 管道连接方式 | 计量单位 | 工程量 |
|---|---|---|---|---|---|---|---|---|
| | | | 特征项目 | | | | | |
| 031001005 | J给水_镀锌管 | | J给水系统 | Φ20 | | | | 45.48 |
| 031001005 | J给水_镀锌管 | | J给水系统 | Φ25 | | | | 0.56 |
| 031001005 | J给水_镀锌管 | | J给水系统 | Φ32 | | | | 123.29 |
| 031001005 | J给水_镀锌管 | | J给水系统 | Φ40 | | | | 72.82 |
| 031001005 | J给水_镀锌管 | | J给水系统 | Φ50 | | | | 13.54 |
| 031001005 | J给水_镀锌管 | | J给水系统 | Φ65 | | | | 29.14 |
| 031001005 | J给水_镀锌管 | | J给水系统 | Φ100 | | | | 25.25 |
| J给水_镀锌管: 100 | | | | | | | | 310.06 |
| 031001005 | RH热回水系统_不锈钢管 | | RH热回水系统 | Φ20 | | | | 31.89 |
| 031001005 | RH热回水系统_不锈钢管 | | RH热回水系统 | Φ25 | | | | 40.12 |
| 031001005 | RH热回水系统_不锈钢管 | | RH热回水系统 | Φ32 | | | | 22.62 |
| 031001005 | RH热回水系统_不锈钢管 | | RH热回水系统 | Φ40 | | | | 21.35 |
| 031001005 | RH热回水系统_不锈钢管 | | RH热回水系统 | Φ50 | | | | 123.26 |
| RH热回水系统_不锈钢管: 32 | | | | | | | | 239.24 |
| 031001005 | RJ热给水系统_不锈钢管 | | RJ热给水系统 | Φ25 | | | | 46.52 |
| 031001005 | RJ热给水系统_不锈钢管 | | RJ热给水系统 | Φ32 | | | | 39.58 |
| 031001005 | RJ热给水系统_不锈钢管 | | RJ热给水系统 | Φ65 | | | | 79.59 |
| RJ热给水系统_不锈钢管: 32 | | | | | | | | 165.70 |
| 030901001 | YP压力排水_钢管 | | YP压力排水系统 | Φ100 | | | | 32.65 |
| YP压力排水_钢管: 18 | | | | | | | | 32.65 |
| 031001005 | Y雨水_镀锌管 | | Y雨水系统 | Φ150 | | | | 62.89 |
| 031001005 | Y雨水_镀锌管 | | Y雨水系统 | Φ200 | | | | 3.87 |
| Y雨水_镀锌管: 28 | | | | | | | | 66.76 |
| 总计: 210 | | | | | | | | 814.40 |

图 4.8 - 6

〈清单_暖-风管附件〉

| 项目编码 | 项目名称 | 系统类型 | 尺寸 | 型号 | 计量单位 | 工程量 |
|---|---|---|---|---|---|---|
| | | 项目特征 | | | | |
| 030905003 | BM_防火阀 – 矩形: 标 | SF送风 | 400x400- | | | 1 |
| 030703001 | BM_防火阀_圆形_碳钢: | HF回风 | ø600-ø600 | | | 2 |
| 030703019 | BM_风管软接: 标准 | SF送风 | 400x400-400x400 | | | 1 |
| 030703019 | BM_风管软接: 标准 | SF送风 | 800x400-800x400 | | | 1 |
| 030703001 | BM_风阀: 标准 | SF送风 | 800x400-800x400 | | | 1 |
| 总计: 6 | | | | | | 6 |

图 4.8 - 7

〈清单_暖-风管（矩形）〉

| 项目编码 | 项目名称 | 系统类型 | 族与类型 | 风管厚度 | 尺寸 | 计量单位 | 工程量 |
|---|---|---|---|---|---|---|---|
| | | | 项目特征 | | | | |
| 030702001 | HF回风_镀锌钢板 | HF回风 | 矩形风管: HF回风_镀锌钢板 | | 500x400 | | 27.73 |
| 030702001 | HF回风_镀锌钢板 | HF回风 | 矩形风管: HF回风_镀锌钢板 | | 600x600 | | 4.46 |
| 030702001 | HF回风_镀锌钢板 | HF回风 | 矩形风管: HF回风_镀锌钢板 | | 800x400 | | 108.42 |
| 030702001 | HF回风_镀锌钢板 | HF回风 | 矩形风管: HF回风_镀锌钢板 | | 1000x400 | | 150.36 |
| 030702001 | HF回风_镀锌钢板 | HF回风 | 矩形风管: HF回风_镀锌钢板 | | 1200x400 | | 47.59 |
| 030702001 | SF送风_镀锌钢板 | SF送风 | 矩形风管: SF送风_镀锌钢板 | | 400x400 | | 1.43 |
| 030702001 | SF送风_镀锌钢板 | SF送风 | 矩形风管: SF送风_镀锌钢板 | | 800x400 | | 22.71 |
| 030702001 | SF送风_镀锌钢板 | SF送风 | 矩形风管: SF送风_镀锌钢板 | | 1000x400 | | 75.17 |
| 030702001 | SF送风_镀锌钢板 | SF送风 | 矩形风管: SF送风_镀锌钢板 | | 1500x400 | | 115.49 |
| 总计: 83 | | | | | | | 553.36 |

图 4.8 - 8

# 柏慕 revit 基础教程

## 装修篇

主　　编　黄亚斌

副 主 编　李 签　乔晓盼

本篇参编　闵庆洋

中国水利水电出版社
www.waterpub.com.cn

# 内 容 提 要

  本书是基于柏慕 1.0——BIM 标准化应用体系的 Revit 基础教程，通过简单的实际项目案例，使读者们能够在短时间内掌握 Revit 相关的知识与技巧。本书针对各个专业，实践性极强，并且能够从基础部分入手，适应 BIM 标准化，BIM 材质库、族库、出图规则、建模命名标准，国标清单项目编码及施工、运维信息管理的统一等，使得 Revit 初学者能够顺利、快速地掌握该软件，并为该软件与其他 BIM 流程的衔接打下基础。

  本书适合 Revit 初学者、建筑相关专业的学生以及相关从业人员阅读参考。

## 图书在版编目（ＣＩＰ）数据

  柏慕revit基础教程 / 黄亚斌主编. -- 北京 ： 中国水利水电出版社，2015.7（2018.6重印）
  ISBN 978-7-5170-3415-5

  Ⅰ. ①柏… Ⅱ. ①黄… Ⅲ. ①建筑设计－计算机辅助设计－应用软件－教材 Ⅳ. ①TU201.4

  中国版本图书馆CIP数据核字(2015)第229482号

| 书　　　名 | **柏慕 revit 基础教程 （装修篇）** |
|---|---|
| 作　　　者 | 主编　黄亚斌　　副主编　李签　乔晓盼 |
| 出 版 发 行 | 中国水利水电出版社<br>（北京市海淀区玉渊潭南路 1 号 D 座　　100038）<br>网址：www．waterpub．com．cn<br>E－mail：sales@waterpub．com．cn<br>电话：（010）68367658（营销中心） |
| 经　　　售 | 北京科水图书销售中心（零售）<br>电话：（010）88383994、63202643、68545874<br>全国各地新华书店和相关出版物销售网点 |
| 排　　　版 | 中国水利水电出版社微机排版中心 |
| 印　　　刷 | 天津嘉恒印务有限公司 |
| 规　　　格 | 184mm×260mm　16 开本　25 印张（总）　594 千字（总） |
| 版　　　次 | 2015 年 7 月第 1 版　2018 年 6 月第 2 次印刷 |
| 印　　　数 | 4001—7000 册 |
| 总 定 价 | **300．00** 元（1—5 分册） |

# 前　　言

　　北京柏慕进业工程咨询有限公司创立于 2008 年，曾先后为国内外千余家地产商、设计院、施工单位、机电安装公司、工程总包、工程咨询、工程管理公司、物业管理公司等各类建筑及相关企业提供 BIM 项目咨询及培训服务，完成各类 BIM 咨询项目百余个，具备丰富的 BIM 项目应用经验。

　　北京柏慕进业工程咨询有限公司致力于以 BIM 技术应用为核心的建筑设计及工程咨询服务，主要业务有 BIM 咨询、BIM 培训、柏慕产品研发、BIM 人才培养。

　　柏慕 1.0——BIM 标准化应用系统产品经过一年的研发和数十个项目的测试研究，基本实现了 BIM 材质库、族库、出图规则、建模命名标准、国际清单项目编码及施工、运维信息管理的统一，初步形成了 BIM 标准化应用体系。柏慕 1.0 具有 6 大功能特点：①全专业施工图的出图；②国际清单工程量；③建筑节能计算；④设备冷热负荷计算；⑤标准化族库、材质库；⑥施工、运维信息管理。

　　本书主要以实际案例作为教程，结合柏慕 1.0 标准化应用体系，从项目前期准备开始，到专业模型建设、施工图出图、国际工程量清单及施工运维信息等都进行了讲解。对于建模过程有详细叙述，适合刚接触 Revit 的初学者、柏慕 1.0 产品的用户以及广大 Revit 爱好者。

　　由于时间紧迫，加之作者水平有限，书中难免有疏漏之处，敬请广大读者谅解并指正。凡是购买柏慕 1.0 产品的用户均可登陆柏慕进业官网（www.51bim.com）免费下载柏慕族库及本书相关文件。

　　欢迎广大读者朋友来访交流，柏慕进业公司北京总部电话：010－84852873；地址：北京市朝阳区农展馆南路 13 号瑞辰国际中心 1805 室。

编者

2015 年 8 月

# 目　　录

# 设　备　篇

# 装　修　篇

# 景　观　篇

# 装 修 篇

～～～～～～～～～～～～～～～～～～～～～～～～～～～～～

　　装修篇基于柏慕 1.0——BIM 标准化应用体系。通过简单的实际项目案例，使得读者能够在短时间内掌握 Revit 中装修方面的知识与技巧。针对装修及设计专业，实践性极强，并且能够从基础部分入手适应 BIM 的标准化，BIM 材质库、族库、出图规则、建模命名标准，国标清单项目编码及施工、运维信息管理的统一等，使得初学者能够顺利、快速掌握 Revit 软件，并为衔接 BIM 流程的其他环节打下基础。

# 第 5 章

# 室 内 精 装 修

本章主要结合实例来讲解 BIM 平台下室内相关工作的方法及流程。通过本章学习，读者可掌握精装修模型搭建原理、装修图纸出图及构件算量等技巧，同时需注意一些建模规则及方式方法，便于后期应用。

（1）三道墙的建模规则（外饰面墙＋结构墙或叫做基墙＋内饰面墙），以内饰面墙体材料建模，或内建模型完成异型墙面建模，设置族类别，并以内饰面墙为名称，方便工程量统计。

（2）三道楼板的建模规则（建筑面层＋结构楼板＋天棚涂料或吊顶做法），以建筑面层材料建模（如需统计地面面砖数量规格，则采用玻璃斜窗来做地面建模，设置玻璃嵌板名称为地砖）。

（3）为构件添加房间属性参数，方便工程量统计及施工安排。

（4）装修设计需和管线综合密切协同。

（5）家具等构件采用真实厂家信息的产品族，应用于后期维护。

## 5.1　室内模型搭建

### 5.1.1　设计准备阶段

设计准备阶段主要是接受委托任务书，签订合同，或者根据标书要求参加投标；明确设计期限并制定相应进度计划，考虑各有关工种的配合与协调。

明确设计任务和要求，如室内设计任务的使用性质、功能特点、设计规模、等级标准、总造价，根据任务的使用性质所需创造的室内环境氛围、文化内涵或艺术风格等；熟悉设计有关的规范和定额标准，收集分析必要的资料和信息，包括对现场的调查踏勘以及对同类型实例的参观等；在签订合同或制定投标文件时，还包括设计进度安排，设计费率标准，即室内设计收取业主设计费占室内装饰总投入资金的百分比。

BIM 平台下设计准备阶段的主要优势。

（1）互动交流：在专业图纸难看懂的情况下，通过 Revit 或 navisworks 的可视化功能向业主直观展示同类型实例，可提高投标过程中的互动性；同时 BIM 平台下室内工程的整体性特点，可使业主感受到全过程的可控性增强，以此提高得标竞争力。

（2）投标初案：传统投标初案一般包括大体平面布置、重要部位天花设计及局部效果图，考虑投标成本，不易进行深入的方案初设；BIM 平台下，随着常用设计元素及手法的积累，特别是标准流程的形成，基本可同步实现设计创意、互动展示、初设方案及效果图的生成和展示。

（3）预算控制：竞标时预算控制能力是业主选择设计委托方的重要依据，我们不再仅仅靠经验或咨询专业预算人员的方式，来实现预算基本控制。信息模型后续深化本身即包含工程量的统计任务，且室内施工偏向标准化，只需要将现行较成熟的定额定价模式移植到 BIM 平台下，与常用标准构件及做法相关联，即可通过"预算控制原型"来展示实时动态的预算控制力。

### 5.1.2 方案设计阶段

方案设计阶段是在设计准备阶段的基础上，进一步收集、分析、运用与设计任务有关的资料和信息，构思立意，进行初步方案设计、深入设计，进行方案的分析与比较。确定初步设计方案，提供设计文件。室内初步方案的文件通常包括：平面图、室内立面展开图、平顶图或仰视图、室内透视图、室内装饰材料实样版面、设计意图说明和造价概算等。

## 5.2 查看空间环境

若项目已搭建完建筑、结构及机电专业模型，我们就可以使用链接方式将其组合成全专业模型，然后在平立剖及三维视图中查阅室内面积、设备高度、结构布局及构件尺寸等基础数据。

### 5.2.1 链接模型

首先打开光盘中的示例文件【精装.rvt】模型。

单击【插入】选项卡【链接】面板下的【链接 Revit】命令，在【导入/链接 RVT】对话框中分别选择需要链接的【建筑.rvt】和【结构.rvt】文件，且【定位】方式选择【自动-原点到原点】，如图 5.2-1 所示。

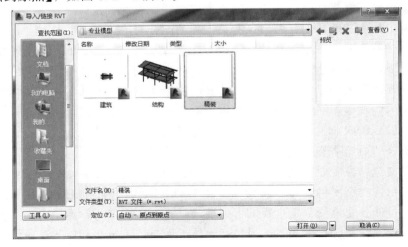

图 5.2-1

**注意**：选用【自动-原点到原点】方式链接模型的前提是保证【项目基点】与轴网的相对位置相同，即在分专业建模时使用具有相同轴网的项目文件作为其他专业建模的初始文件。链接模型完成后另存项目，设文件名为【中山门-室内精装修】。

在平面视图下，单击【视图】选项卡【创建】面板下的【剖面】命令，绘制剖切线，创建剖面视图（项目样板中已预设平面和立面视图），如图 5.2-2 所示。

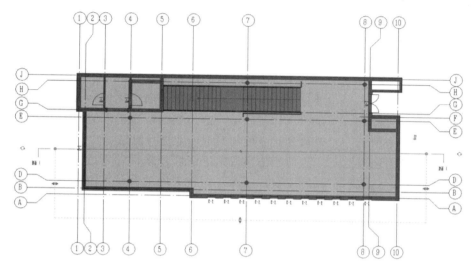

图 5.2-2

单击【视图】选项卡，【创建】面板下的【默认三维视图】命令，进入三维视图。在【三维视图】属性栏中勾选【剖面框】，使用剖面框工具能任意剖切模型观察室内外空间，如图 5.2-3 所示。

**注意**：在三维视图模式下可使用键盘方向键微调【剖面框】的位置，但单一方向上微调需要进入三维模式平视图或侧视图。

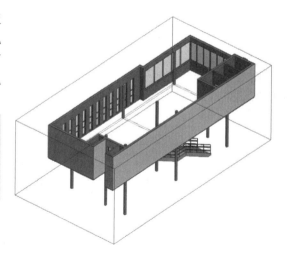

图 5.2-3

### 5.2.2　墙面

墙面装修分为外墙装修和内墙装修。外墙装修主要是保护外墙体不受风、霜、雨、雪侵袭，提高墙体的防潮、防水、保温、防热能力；内墙装修是为改善室内卫生条件，提高采光和声响效果，增加室内美观。按构造难易程度划分，Revit 中将墙体分为基本墙、复合墙、叠层墙三个等级，在实际工程中我们需要依据设计灵活运用三种创建墙体的方法。内装修信息构件：各方式之间无明确界线，可互相借用重组。

添加墙体结构构件：墙体结构构件很多，Revit 现阶段提供如构造层、墙饰条、分隔缝等设置。而复杂的墙面造型需借助【基于墙构件族】来完成。

属性为【墙体】的内建模型：使用【建筑】选项卡下【构件】→【内建模型】命令创建。基于墙构件族：创建【基于墙的】公制类构件，如公制常规模型、公制卫浴装置等。外部导入模型：用于辅助信息构件创建，且能满足更高造型及协作需求（链接 .sat 文件），如导入 Skechup、Rhino 模型。

注意：添加墙体结构构件方式具有平立剖表达与造型需求，同时具有整体性。属性为【墙体】的内建模型主要用于有特殊造型的墙面。

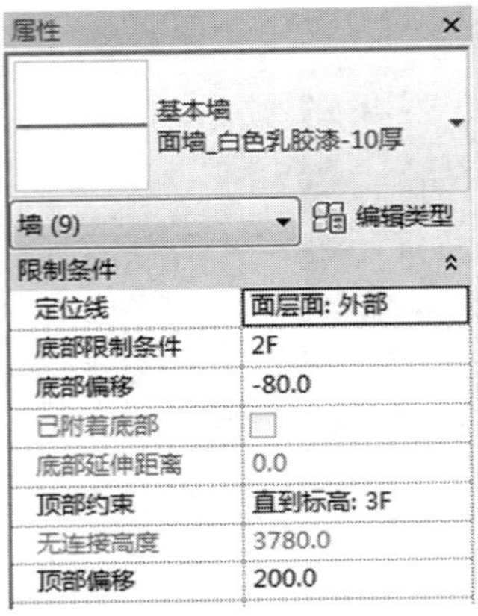

图 5.2-4

建筑墙体与室内墙面装修分开设置：当墙面装修复杂，变化大时，我们可以灵活运用上述四种方式单独创建装修层，这样装修层与建筑层的层次分明，有利于我们后期修改管理且方便与其他专业进行协作。

对于方案或施工图阶段来讲，下述墙面装修构造已接近施工模拟深度且能较准确地统计其工程量，构建者应根据专业及用途来决定模型深度。方案阶段仅需要构件整体尺寸轮廓及材质信息，到施工图阶段时在方案阶段的基础上进行二维深化。

1. 基本墙、墙饰面

基本墙和墙饰面的做法如下。

单击【建筑】选项卡下的【墙】命令，在属性栏选择【面墙_白色乳胶漆-10 厚】，设置其实例属，如图 5.2-4所示。

设置完成后，在如图 5.2-5 所示位置画出墙体，在门窗洞口位置需要编辑墙体轮廓将门窗洞口露出。

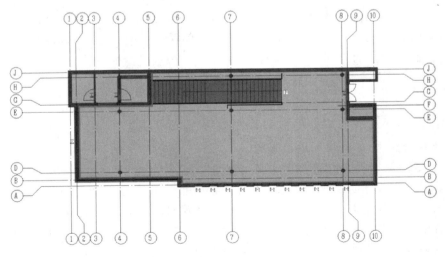

图 5.2-5

注意：精装模型的制作是链接建筑和结构模型的，不能直接编辑链接模型，若是在同一个模型中建模，即可直接连接两道墙，洞口会自动被剪切。

在属性栏选择【面墙＿石膏板-20 厚】，如图 5.2－6 所示设置其实例属性，并在图 5.2－7 所示的位置绘制一道偏移量为【80】的面墙。完成，如图 5.2－8 所示。

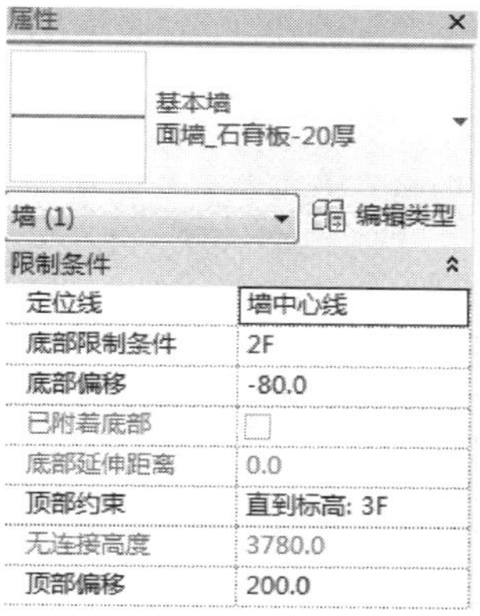

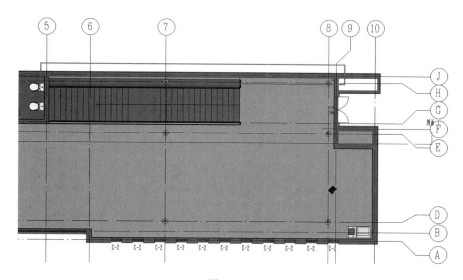

图 5.2－6

图 5.2－7

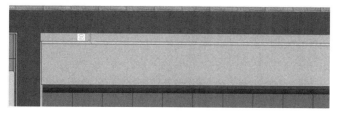

图 5.2－8

261

选择刚绘制的面墙，在【修改】选项卡中单击【编辑轮廓】命令，进入剖面视图，或者在三维视图中调整剖切框以显示出该墙体，在如图 5.2-9 所示的尺寸上编辑轮廓。

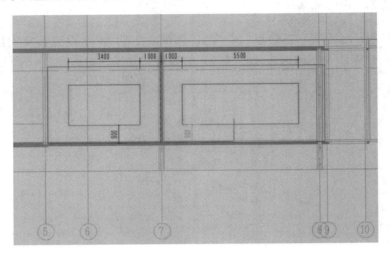

图 5.2-9

单击【建筑】选项卡中的【构件】→【内建模型】命令，在弹出的对话框中选择族类别为【墙】，单击【确定】，如图 5.2-10 所示。

图 5.2-10

在弹出的对话框中，编辑名称为【装饰墙轮廓】，如图 5.2-11 所示。

图 5.2-11

单击【创建】选项卡中的【放样】命令，在【放样】面板上单击【绘制路径】，再单击【工作平面】面板中的【设置】，在弹出的对话框中勾选【拾取一个平面】，如图 5.2 - 12 所示。然后在三维视图中设置刚刚绘制的面墙中朝向室内一侧的墙面作为工作平面，单击【拾取线】命令拾取墙面洞口的边缘绘制路径。

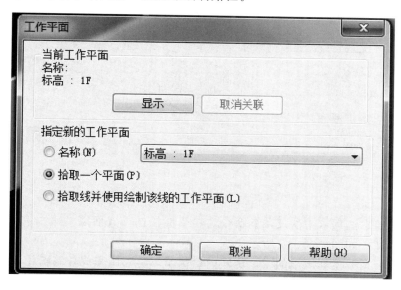

图 5.2 - 12

单击【完成】绘制路径，单击【选择轮廓】并在选项卡中选择【无灯带线脚】，如图 5.2 - 13 所示。

在三维视图中通过【翻转】或【角度】命令 角度:180　翻转　应用 调整轮廓位置使之如图 5.2 - 14 所示。

图 5.2 - 13

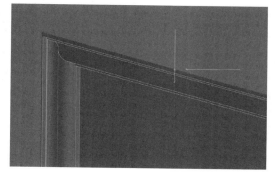

图 5.2 - 14

单击【建筑】选项卡中的【墙】命令，在属性栏选择【面墙 _ 石膏板-20 厚】，设置其实例属性，如图 5.2 - 15 所示。

壁纸位置与石膏面墙位置相同但壁纸紧贴建筑模型墙面，无偏移，绘制完成后编辑壁纸轮廓，将洞口位置空出来，全部编辑完成后，如图 5.2 - 16 所示。

图 5.2 - 15

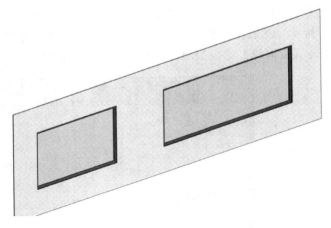

图 5.2 - 16

**2. 卫生间裙墙**

单击【建筑】选项卡中的【墙】命令，在属性栏选择【面墙 _ 大白-10 厚-有墙裙】，设置其实例属性，如图 5.2 - 17 所示。

设置完成后在卫生间区域的三个房间内绘制墙体，绘制完成并编辑轮廓，将门窗洞口编辑出来，全部编辑完成后，如图 5.2 - 18 所示。

图 5.2 - 17

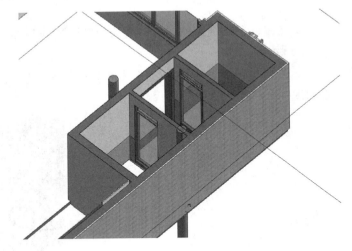

图 5.2 - 18

### 5.2.3 楼地面

楼地面是房屋建筑地面与楼面的统称。由三部分组成，即基层（结构层）、垫层（中间层）和面层（装饰层），为满足找平、结合、防水、防潮、弹性、保温隔热、管线敷设等功能上的要求，往往还要在基层与面层之间增加若干的中间层。地面按面层材料及施工方法可分为整体面层地面、块料面层地面、卷材地面、涂料地面四大类。

下面将结合案例分述几种楼地面的创建思路，主会议区、VIP 接待区采用实铺木地板（有龙骨），木地面是表面有木板铺钉或胶合面层的地面，常用于室内高级地面装修；卫浴区则使用陶瓷锦砖楼地面。

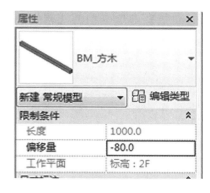

图 5.2－19

1. 实铺木地板

木地板施工通常有架铺式和实铺式两种，柏慕 1.0 装修部分将结合实际施工在地面上先做出木框架，然后在木框架上铺贴基面板，最后在基面板上铺面层木地板，下面就结合该思路具体建模。

制作龙骨。将视图调整到 2F 楼层平面或者在三维视图中调整成顶视图形式，单击【建筑】选项卡中的【构件】→【放置构件】命令，在属性栏选择【方木】并设置其实例属性，如图 5.2－19 所示。在【方木】中选择合适的类型按照如图 5.2－20 所示的规则摆放木地板龙骨，龙骨之间最大距离不超过 400mm，靠近墙体的龙骨均偏移 10mm。全部龙骨放置完成后效果，如图 5.2－21 所示。

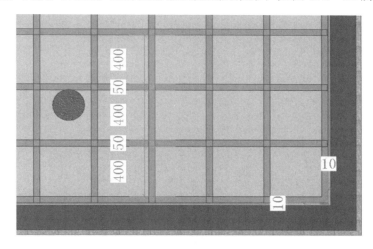

图 5.2－20

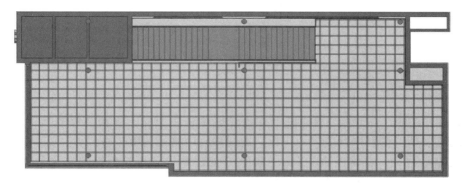

图 5.2－21

265

注意：在装修环节中，很难避免一些繁琐的重复工作，在创建龙骨时可以选用【阵列】命令，在后面章节中也有用【梁系统】大范围添加龙骨的方法。对于装修部分，应先做到对施工方面的基本了解，然后将不同命令组合使用才能更方便更快速的建模。

制作毛地板。首先将视图调整到 2F 楼层平面，单击【建筑】选项卡中的【楼板】命令，在属性栏选择【地 _ 木质-15 厚】，设置其实例属性，如图 5.2－22 所示。编辑楼板时拾取面墙内侧边缘线，并留出结构柱的洞口，如图 5.2－23 所示。单击【完成】结束毛地板的制作。

图 5.2－22

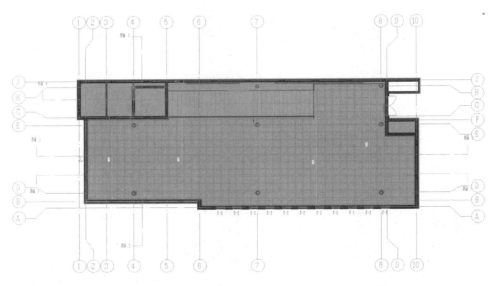

图 5.2－23

制作面层拼板。木地板在实际施工中有错缝的施工工艺，在精装修模型中用【屋顶】命令中的【玻璃斜窗】来做面层的拼板，通过修改网格线调整错缝尺寸，其中嵌板也方便后期的工程量统计。将视图调整到 2F 楼层平面，单击【建筑】选项卡中的【屋顶】→【迹线屋顶】，在属性栏选择【地 _ 胡桃木－800×120×15】，设置其实例属性，如图 5.2－

24 所示。单击【编辑类型】，将【网格 1】的布局设置为【无】，如图 5.2 - 25 所示。编辑大厅木地板边界，如图 5.2 - 26 所示。单击【完成】结束面层拼板的制作。

图 5.2 - 24　　　　　　　　　　　　　　　　　　　图 5.2 - 25

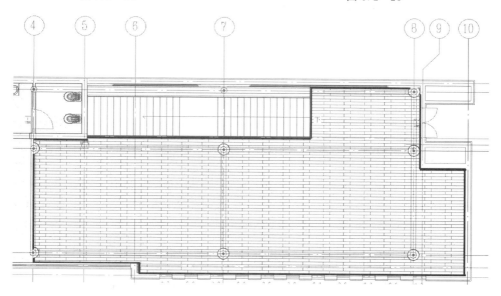

图 5.2 - 26

单击【建筑】选项卡中的【幕墙网格】，在【放置幕墙网格】选项卡中，单击【全部分段】命令，如图 5.2 - 27 所示。在距离楼梯口 550mm 画两条间距 250mm 的网格线，如图 5.2 - 28 所示。选择一条网格线，在【修改】选项卡中单击【添加/删除线段】，单击网格线上不需要错缝的位置以达到拼板效果，两条线处理完成效果，如图 5.2 - 29 所示。

图 5.2 - 27

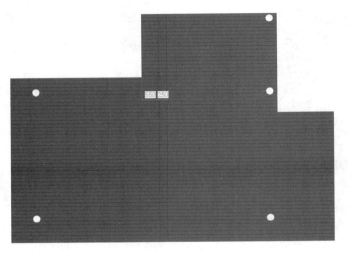

图 5.2 - 28

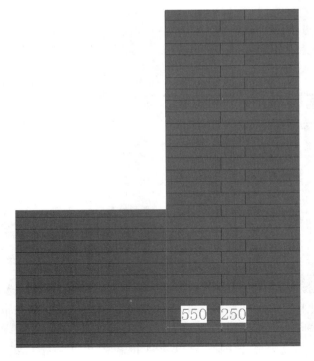

图 5.2 - 29

选择两条网格线，在【修改】选项卡中单击【阵列】命令，取消勾选【成组并关联】，向右阵列项目数为 7，间距为 800mm，再向左阵列项目数为 15，间距为 800mm，完成效果如图 5.2-30 所示。

图 5.2-30

2. VIP 区木地板

与大厅的木地板制作方式相同，单击【建筑】选项卡下【屋顶】→【迹线屋顶】，在属性栏选择【地 _ 柚木-1200×186×15】，并单击【编辑类型】，将【网格 2】布局设置为【无】，如图 5.2-31 所示。

图 5.2-31

图 5.2-32

设置其实例属性，如图 5.2－32 所示。将视图调整到 2F 楼层平面，绘制 VIP 区的木地板边界，如图 5.2－33 所示。

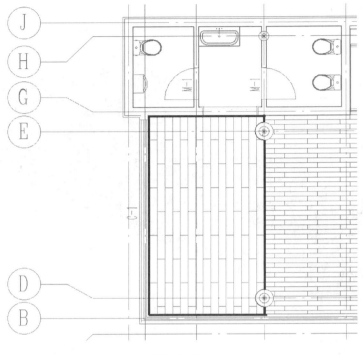

图 5.2－33

添加网格线方法与大厅木地板方式相同，放置两条间距 600mm 的网格线，并删除拼板部分网格线，如图 5.2－34 所示。选择两条网格线向下阵列，项目数为 4，完成效果，如图 5.2－35 所示。

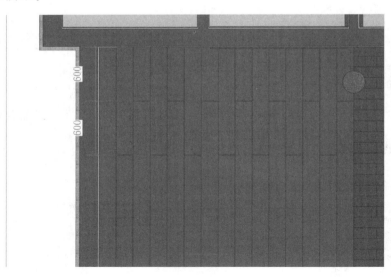

图 5.2－34

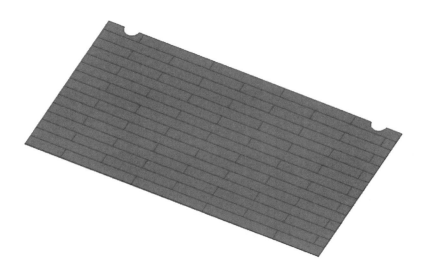

图 5.2 - 35

3. 楼梯区木地板

将视图调整到 2F 楼层平面，单击【建筑】选项卡中的【屋顶】→【迹线屋顶】，在属性栏选择【地_无错缝胡桃木-15 厚】，并单击【编辑类型】，将【网格 1】与【网格 2】布局设置为【无】，设置其实例属性，如图 5.2 - 36 所示。在如图 5.2 - 37 所示的位置绘制木地板。

图 5.2 - 36

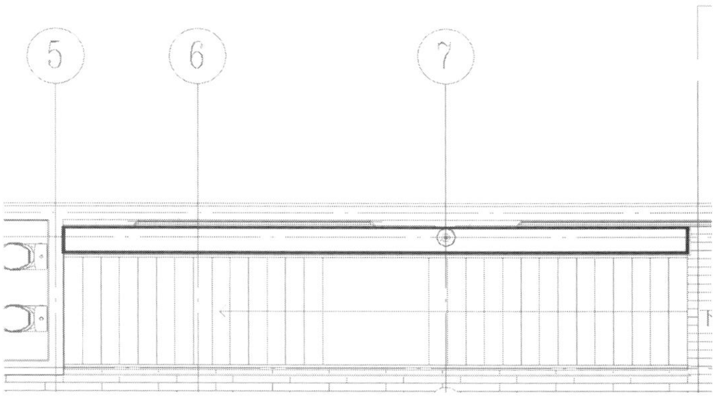

图 5.2 - 37

4. 陶瓷锦砖地面

为结合实际施工建模，需要在建筑、结构楼板上放置铺垫层构造，在铺垫层上用玻璃斜窗做陶瓷表面处理，以方便后期工程量统计。

卫生间铺垫层作法。单击【建筑】选项卡中的【楼板】命令，在【属性】栏选择【地_复合材质-70厚】楼板并设置其实例属性，如图5.2-38所示。按照面墙内边线编辑楼板边界，如图5.2-39所示。

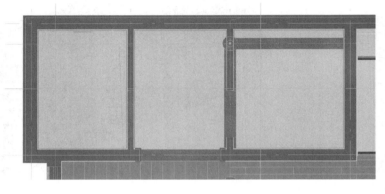

图 5.2-38                                        图 5.2-39

单击【建筑】选项卡中的【屋顶】，在【属性】栏选择【地_陶瓷棉砖-300×300】，设置其实例属性，如图5.2-40所示。与铺垫层相同，拾取面墙内边线为陶瓷锦砖地面边界，完成效果，如图5.2-41所示。

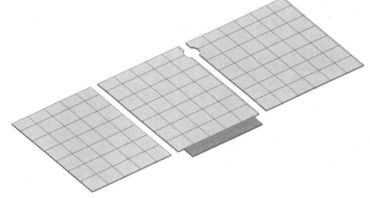

图 5.2-40                                        图 5.2-41

### 5.2.4　天花板

室内天花吊顶的组成构件主要有吊顶龙骨、天花面板、窗帘盒、通风口、灯具、喷淋、检修孔、广播等，其中大部分属于成品安装，下述案例主要讲解吊顶龙骨、面板的创建方法。案例中天花可分为VIP区、会议区和办公区域，且各区域都依附于同一天花主体，因而可以先创建天花主体"不上人吊顶-纸面石膏板"，再分别创建各区域天花，安装灯具后即可组合完成。

天花主体"不上人吊顶-纸面石膏板"包括面板、吊顶龙骨、通风口及窗帘盒。

1. 纸面石膏板

将视图调整到 3F 楼层平面，单击【属性】栏中的【视图范围】，将各参数偏移量，按图 5.2-42 所示设置。

单击【建筑】选项卡中的【天花板】命令，在【属性】栏选择【天花板-纸面石膏板】，设置其实例属性，如图 5.2-43 所示。

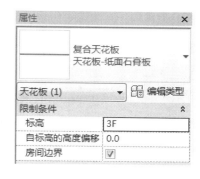

图 5.2-42

图 5.2-43

纸面石膏板的边界为拾取面墙内边线并向内偏移 200mm，VIP、大厅等区域的天花板预留洞口，尺寸如图 5.2-44 所示。

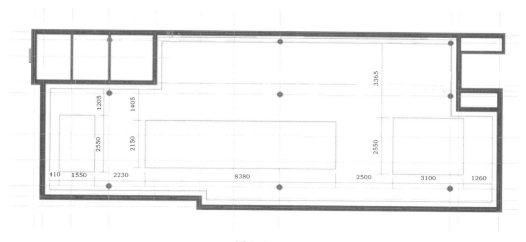

图 5.2-44

2. 吊顶龙骨

此不上人吊顶龙骨包括：【天花-主龙骨】【天花-次龙骨】及【主龙骨吊件】；这些构件都已制作成族被载入到项目中，按照施工工艺有两种绘制方法：一种是手动添加主、次龙骨及吊件，但对于面积较大的工程并不适用；另一种是用梁系统命令范围添加龙骨，方便面积较大的工程施工。下面将详细介绍使用梁系统添加龙骨的方法。

添加次龙骨。将视图调整到 3F 楼层平面，单击【结构】选项卡中的【梁系统】，在属性栏将梁类型选择为【BM_天花次龙骨】，对正选择【方向线】，间距定为600mm，立面偏移30mm，设置其实例属性，如图5.2-45所示。

图 5.2-45

绘制迹线时注意，第一条线画在如图5.2-46所示的位置，拾取纸面石膏板的轮廓线并向内偏移10mm，洞口区域向外偏移10mm。

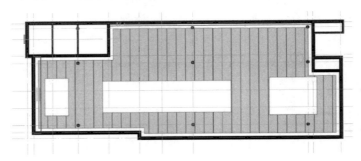

图 5.2-46

创建完成纵向次龙骨后，结合施工建模，需再次创建横向次龙骨，设置其实例属性，如图5.2-45所示。绘制迹线时需要注意，第一条线画在如图5.2-47所示的位置，轮廓线的偏移量同纵向次龙骨。

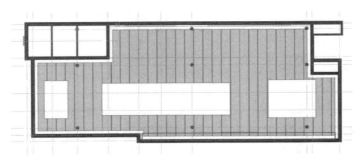

图 5.2-47

添加主龙骨。创建完成次龙骨后，开始创建主龙骨，单击【结构】选项卡中的【梁系统】，设置其实例属性，如图 5.2 - 48 所示。绘制边界主龙骨同次龙骨，可参考图 5.2 - 47。

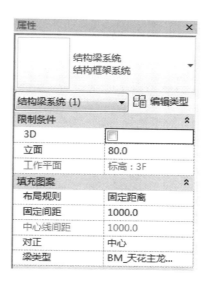

图 5.2 - 48

注意：画主龙骨的时候不需要特意界定第一条线在哪，但第一条线要与纵向次龙骨方向一致，主龙骨也同样使用次龙骨的偏移规则。

添加吊筋。吊筋需要手动放置，单击【建筑】选项卡中的【构件】→【放置构件】，在【属性】栏中选择【BM_主龙骨吊件】，如图 5.2 - 49 所示。

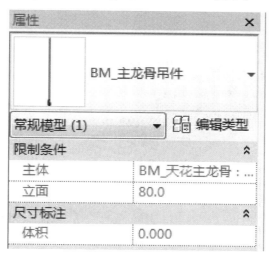

图 5.2 - 49

单击【编辑类型】，将【吊装高度】的参数调整为 772mm，如图 5.2-50 所示。

| 类型属性 | | |
|---|---|---|
| 族(F): | BM_主龙骨吊件 | 载入(L)... |
| 类型(T): | BM_主龙骨吊件 | 复制(D)... |
| | | 重命名(R)... |

类型参数

| 参数 | 值 |
|---|---|
| **限制条件** | |
| 默认高程 | 1219.2 |
| **文字** | |
| 项目编码 | |
| 计量单位 | |
| 项目特征 | |
| **材质和装饰** | |
| 吊件材质 | 不锈钢 |
| **尺寸标注** | |
| 吊装高度 | 772.0 |
| **标识数据** | |
| 注释记号 | |
| 型号 | |
| 制造商 | |
| 类型注释 | |

《 预览 (P) 　　确定　　取消　　应用

图 5.2-50

【BM_主龙骨吊件】族为【基于面的公制常规模型】，可以在三维视图模式下拾取主龙骨的上表面单击完成放置，如图 5.2-51 所示。

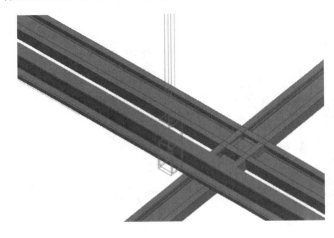

图 5.2-51

　　放置完成一根吊筋后，将视图调整 3F 楼层平面，调整吊筋距纸面石膏板最南侧边线为 600mm，沿主龙骨方向阵列，项目数依据主龙骨长度而定，间距为 1200mm，如图 5.2－52 所示。主、次龙骨及吊筋全部放置完成效果，如图 5.2－53 所示。

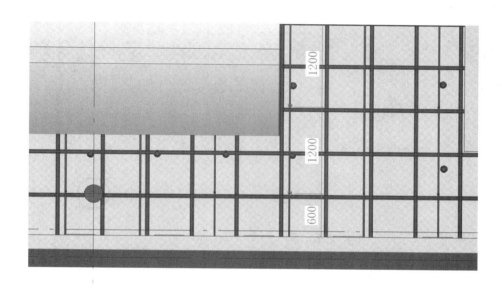

图 5.2－52

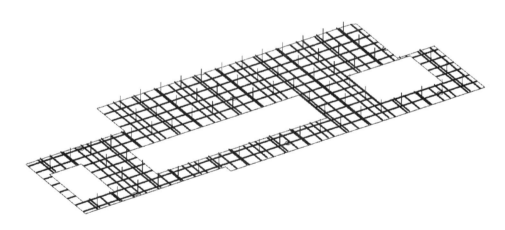

图 5.2－53

3. 窗帘盒

　　将视图调整到三维视图，单击【建筑】选项卡中的【构件】→【内建模型】命令，选择【族类别】为【天花板】，并命名为【天花板-天花边缘】，再单击【放样】命令，在三维视图下设置纸面石膏板的上表面为工作平面，拾取纸面石膏板的外边线绘制路径，单击【完成】，单击【编辑轮廓】，编辑如图 5.2－54 所示的轮廓。

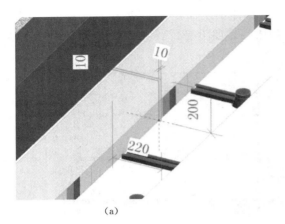

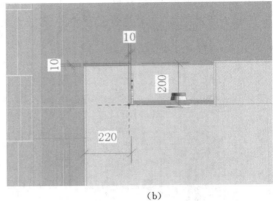

(a)                                   (b)

图 5.2－54

完成放样后编辑放样材质为【松散＿石膏板】，如图 5.2－55 所示。

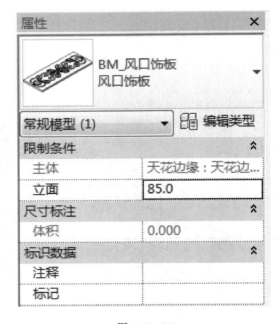

图 5.2－55                       图 5.2－56

4. 风口饰板

窗帘盒创建完成后，将视图调整到三维视图，单击【建筑】选项卡中的【构件】→【放置构件】命令，在【属性】栏选择【BM＿风口饰板】，该族为【基于面的公制常规模型】，可直接拾取窗帘盒内侧放置，设置其实例属性，如图 5.2－56 所示。

　　将【风口饰板】的位置调整到次龙骨的中间位置，放置完成后的效果如图 5.2 - 57 所示。

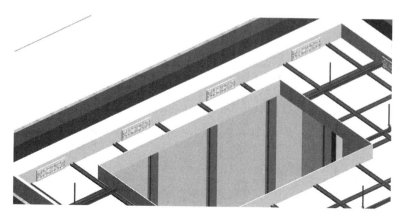

图 5.2 - 57

5. 区域天花

　　将视图调整到三维视图，单击【建筑】选项卡中的【构件】→【内建模型】命令，选择族类别为【天花板】，并命名为【天花板-区域边缘】，单击【放样】拾取如图 5.2 - 58 所示的位置边界线创建路径。放样轮廓尺寸，如图 5.2 - 59 所示。

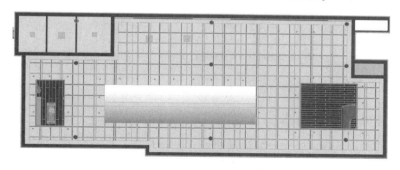

图 5.2 - 58

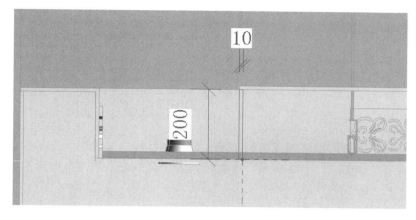

图 5.2 - 59

创建完成后设置材质为【松散 _ 石膏板】，效果如图 5.2 - 60 所示。

将视图调整到 3F 楼层平面，单击【建筑】选项卡中的【天花板】命令，在属性栏选择【天花板-纸面石膏板】类型，设置其实例属性，如图 5.2 - 61 所示。

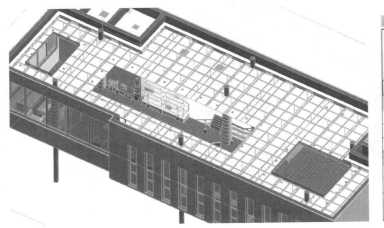

图 5.2 - 60

图 5.2 - 61

绘制轮廓位置参考图 5.2 - 62 所示。

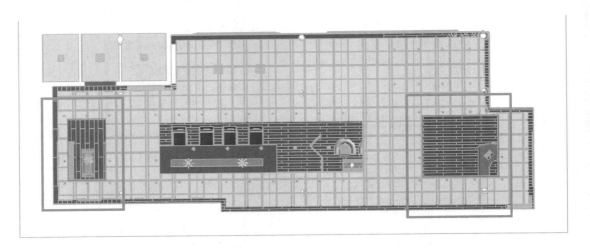

图 5.2 - 62

6. 主会议区天花

主会议区天花创建前需使用【参照平面】命令在楼层平面视图中绘制参照平面，以方便内建模型参照，如图 5.2 - 63 所示，在会议区天花洞口处绘制四条参照平面。

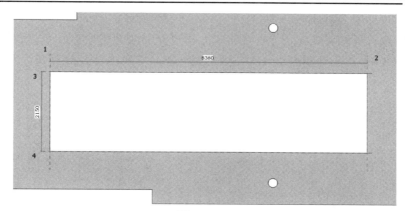

图 5.2 - 63

单击【建筑】选项卡中的【构件】→【内建模型】命令，选择族类别为【天花板】，并命名为【天花板-主会议区】，单击【创建】选项卡中的【拉伸】命令，将图 5.2 - 63 中 1 号参照平面设置为工作平面，进入相应剖面绘制如图 5.2 - 64 所示轮廓，单击【完成】命令，将拉伸终点对齐在 2 号参照平面上，将拉伸材质设为【松散 _ 石膏板】。

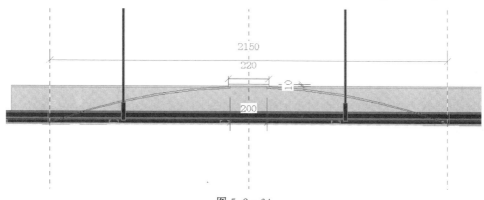

图 5.2 - 64

使用同样方法，创建主会议区天花的两侧挡板，拉伸起点与终点差值为 10mm，完成效果如图 5.2 - 65 所示。

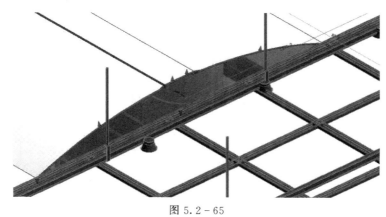

图 5.2 - 65

7. 灯具布置

样板中已载入所需灯具族，单击【建筑】选项卡中的【构件】→【放置构件】命令，在属性栏选择【BM＿天花射灯】【BM＿吊灯】【BM＿吸顶灯】放置在天花板上，如图 5.2－66 所示。

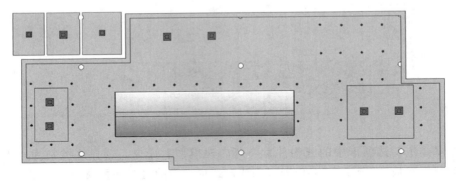

图 5.2－66

### 5.2.5 布置家具

样板中已载入所需家具族，放置的家具也可以根据需要载入，家具摆放方式也因人而异，此精装修为售楼中心，空间功能大致分为 VIP 接待区、主会议区、休息接待区以及接待前台。

1. 放置家具

首先需要在平面里确定家具的平面位置，将视图调整到 2F 楼层平面，单击【属性】栏下的【视图范围】，如图 5.2－67 所示，调整各参数偏移量。

单击【建筑】选项卡中的【构件】→【放置构件】命令，即可放置家具族，家具的尺寸可以根据所在位置进行调整，例如选择【BM＿单人沙发凳】，单击【编辑类型】可调整家具的尺寸参数及材质参数，如图 5.2－68 所示。

图 5.2－67

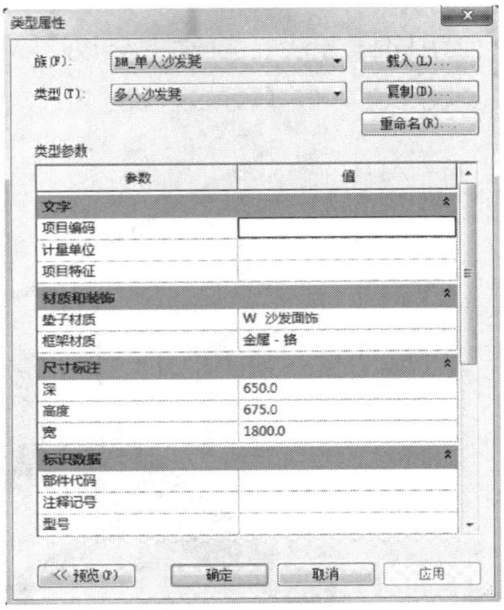

图 5.2－68

平面内放置的家具，可以配合三维视图，准确定位家具位置，在三维视图下勾选属性栏中的【剖面框】，如图 5.2-69 所示。

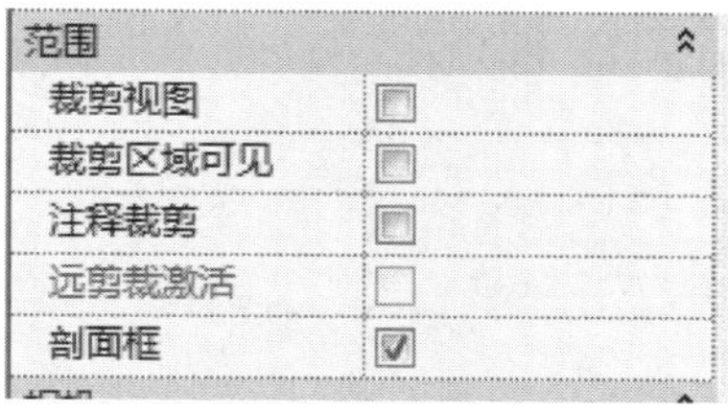

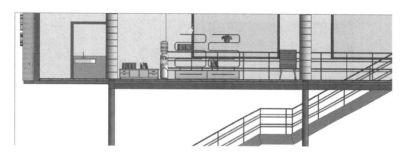

图 5.2-69

调整好剖切框即可在三维的立面里调整家具的准确标高，如图 5.2-70 所示。

图 5.2-70

根据 VIP 接待区、主会议区、休息区及前台的功能需求，家具的放置完成效果如图 5.2-71 所示，仅供参考。

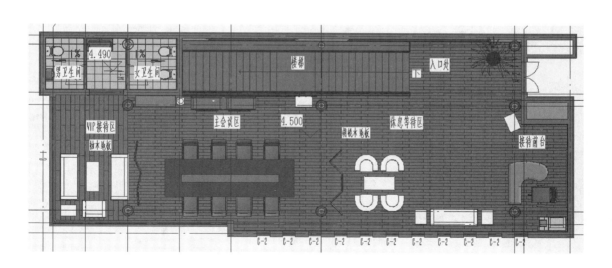

图 5.2-71

283

2. 贴花

单击【插入】选项卡中的【贴花】→【贴花类型】，在左下角单击【新建贴花】，并命名为油画1，如图5.2-72所示。

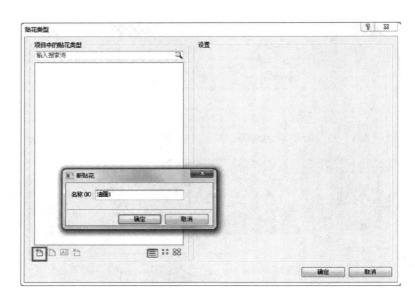

图 5.2 - 72

单击【确定】，单击右上角的【浏览】选择贴花所在文件夹，如图5.2-73所示。

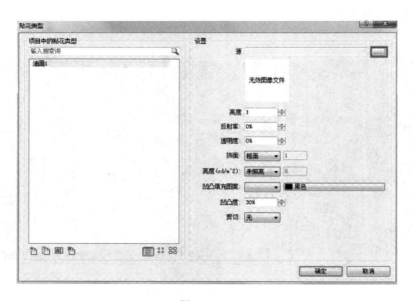

图 5.2 - 73

在【过程文件】下的【贴图库】中选择油画 1，如图 5.2 - 74 所示。

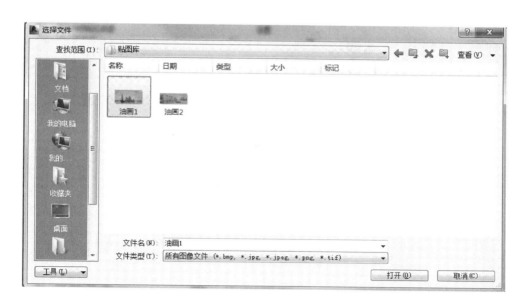

图 5.2 - 74

单击【确定】，完成贴花类型【油画 1】的创建，单击插入选项卡下的贴花，单击【插入】选项卡下【贴花】→【放置贴花】，在三维视图里选择楼梯处的壁纸，放置并调节好尺寸，效果如图 5.2 - 75 所示。

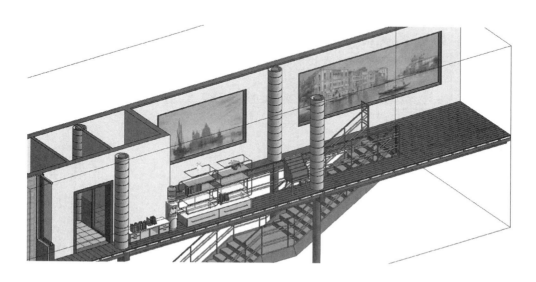

图 5.2 - 75

放置完成家具与贴花，装修的建模工作就基本完成了，全局效果如图5.2-76所示。

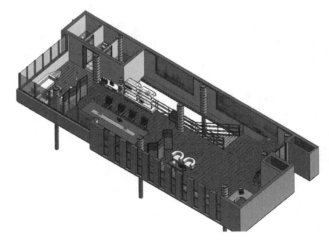

图5.2-76

## 5.3 装修图纸深化

### 5.3.1 平面布置图

在【项目浏览器】中单击选择【2F】视图，单击鼠标右键，在弹出的对话框中单击【复制-带细节复制】，将新建视图重命名为【二层平面布置图】。在项目浏览器中双击【二层平面布置图】进入视图，在【视图】选项卡上单击【可见性/图形】，在弹出的对话框中选择【Revit链接】中的【建筑模型】，单击显示设置中的【按主体视图】，如图5.3-1所示。

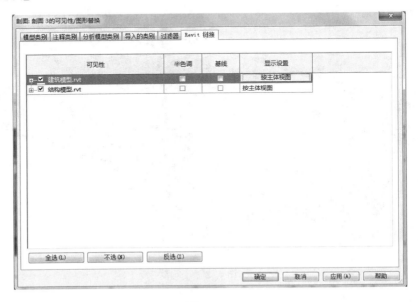

图5.3-1

弹出【Revit 链接显示设置】对话框，在【基本】选项卡里勾选【自定义】，在【注释类别】选
项卡中的【注释类别】选择【自定义】，在下面列表中取消勾选【轴网】，如图 5.3－2 所示。

图 5.3－2

单击【确定】，同样方法取消勾选【结构模型】中【轴网】的显示。在平面视图中框
选全部图元，单击【修改】选项卡中的【过滤器】命令，单击【放弃全部】，勾选【轴网】
确定，将轴网【隔离】，并进行调整以避免轴网干涉，如图 5.3－3 所示。

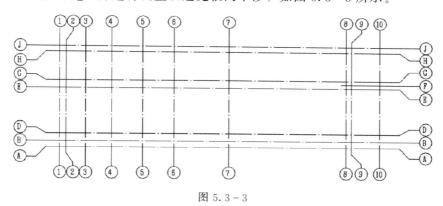

图 5.3－3

选择全部轴网，单击【修改】选项卡中的【影响范围】命令，将其他楼层标高全部勾
选后单击【确定】。

将二层平面布置图中的全部图元显示出来，单击【建筑】选项卡中的【房间分隔】命
令，绘制房间分隔线，如图 5.3－4 所示。

单击【建筑】选项卡中的【房间】命令，为各个房间放置房间标记，并修改房间名称
从左至右依次为【VIP 接待区】【主会议区】【休息等待区】【入口处】【接待前台】，如图
5.3－5 所示。

将平面视图中书籍构件以及桌子上的花盆和笔记本等构件都【隐藏图元】，对平面视
图进行尺寸标注及添加材质标注，添加高程点并为卫生间添加排水符号，完成后如图
5.3－6所示。

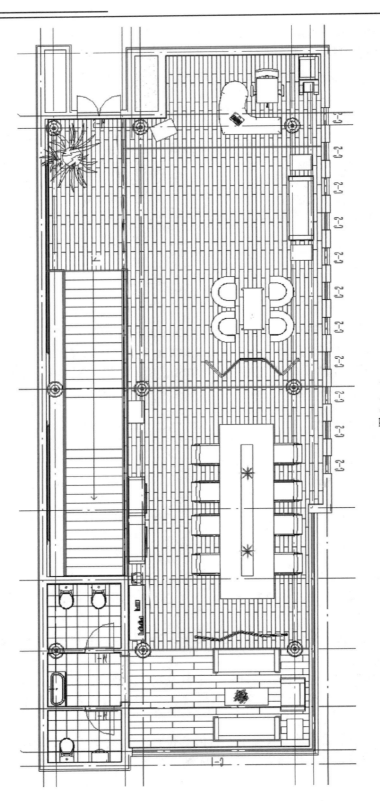

图 5.3 – 4

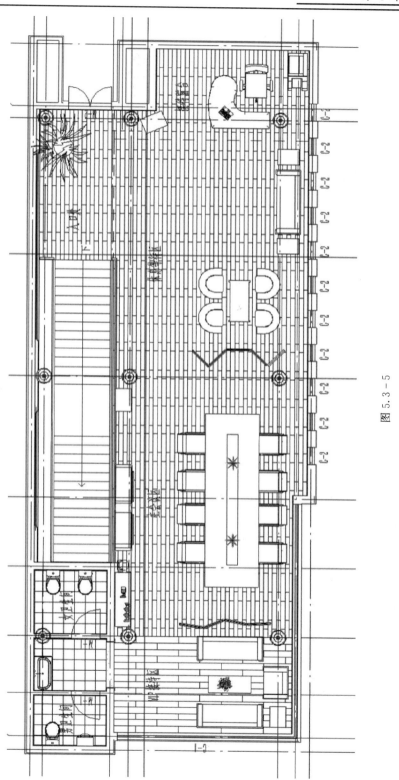

图 5.3-5

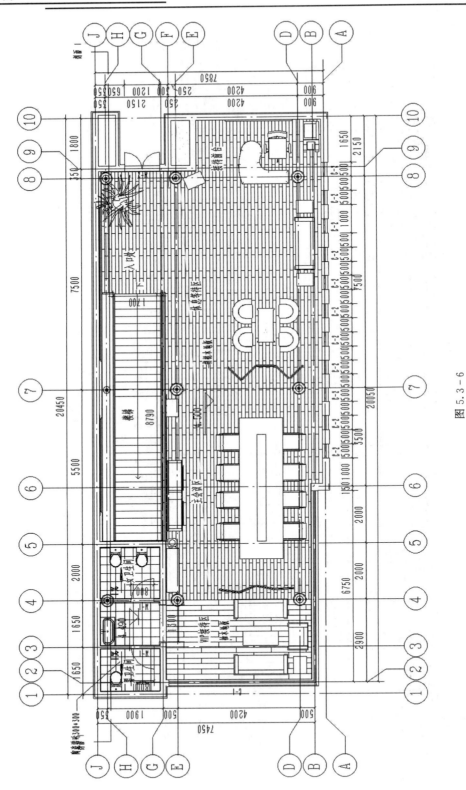

图 5.3 - 6

### 5.3.2 天花板平面图

在【项目浏览器】中单击选择【3F】视图，单击鼠标右键，在弹出的对话框中单击【复制-带细节复制】，对新建视图重命名为【天花板平面图】。在项目浏览器中双击【天花板平面图】进入视图，同【二层平面布置图】的操作相同，将【天花板平面图】中【建筑模型】和【结构模型】的【轴网】在视图中隐藏。

在【天花板平面图】视图中，选中主龙骨和次龙骨，右键单击【在视图中隐藏】中的【类别】来隐藏龙骨，如图 5.3-7 所示。

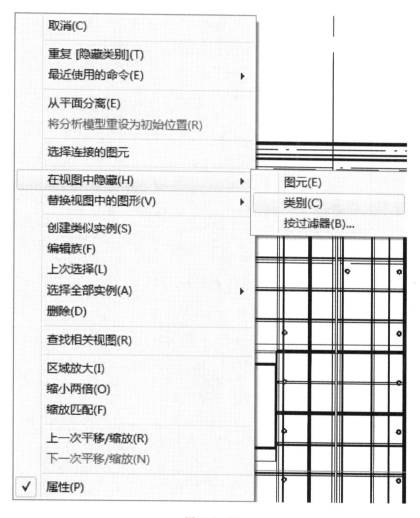

图 5.3-7

对轴网及灯具进行尺寸标注，添加天花板的标注为【轻钢龙骨纸面石膏板吊顶】及【轻钢龙骨纸面石膏板造型顶】，添加高程点，如图 5.3-8 所示。

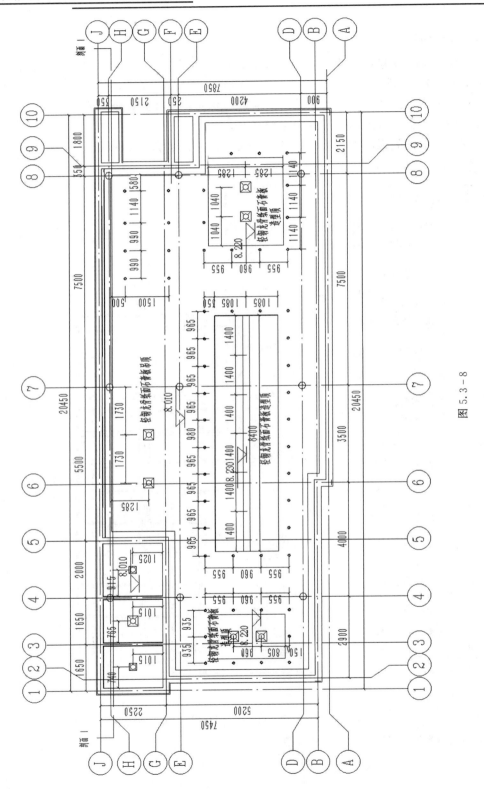

图 5.3 - 8

292

### 5.3.3　立面图

将视图调整到【2F】楼层平面，将原有剖面删除，单击【视图】选项卡中的【剖面】，在视图中如图 5.3-9 所示的位置绘制【剖面 1】和【剖面 2】。

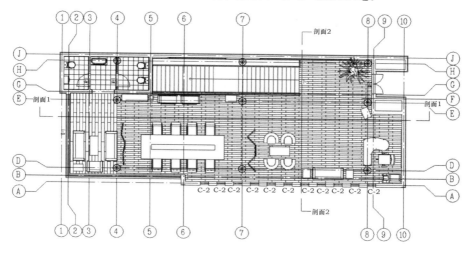

图 5.3-9

在项目浏览器中将【剖面 1】重命名为【室内北立面图】；【剖面 2】重命名为【室内东立面图】，双击【室内北立面图】进入视图，同【二层平面布置图】隐藏轴网的方法相同，需将视图中链接的建筑、结构模型的轴网和标高隐藏，将视图显示样式调整为【精细】【真实】，调整剖切框至适当位置，左右两侧的剖切框对齐 2 轴和 10 轴，将轴网与标高距模型的尺寸调整至适当位置，选择 3 轴和 6 轴，单击右键选择【在视图中隐藏】→【图元】，对标高和轴网进行尺寸标注，如图 5.3-10 所示。

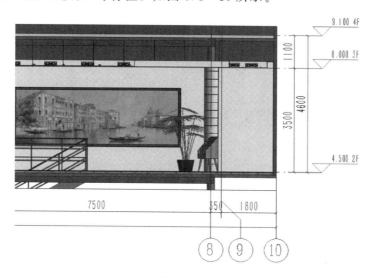

图 5.3-10

单击【注释】选项卡中的【材质标记】对地板的构造层、墙面、天花板构件等的材质进行标注，如图5.3-11所示。

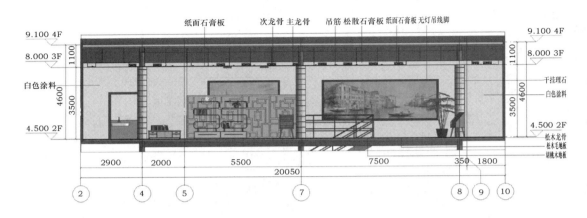

图 5.3-11

同样方法对【室内东立面图】进行上述调整，完成效果如图5.3-12所示。

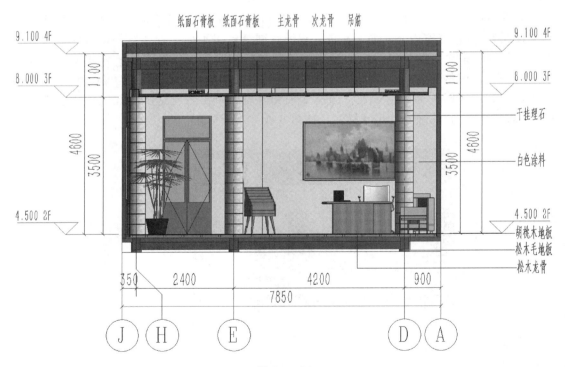

图 5.3-12

### 5.3.4　创建图纸

单击【视图】选项卡中的【图纸】命令，在弹出对话框中选择【BM＿图框-通长标题栏：A2】，完成，如图 5.3－13 所示。

图 5.3－13

将新建图纸重命名为【建施-01 -二层平面布置图】，如图 5.3－14 所示。

图 5.3－14

单击【视图】选项卡【图纸组合】面板中的【视图】命令，弹出【视图】对话框，选择列表中【二层平面布置图】，单击对话框下部【在图纸中添加视图】按钮，将视图拖动到适当位置即可。双击图纸中的平面图进入编辑模式，为视图添加图名标注后在空白处右键单击【取消激活视图】完成【二层平面布置图】的图纸，如图 5.3－15 所示。

同上所述，创建【建施-02 -天花板平面图】【建施-03 -室内东立面图】【建施-04 -室内北立面图】图纸，全部图纸完成，如图 5.3－16 所示。

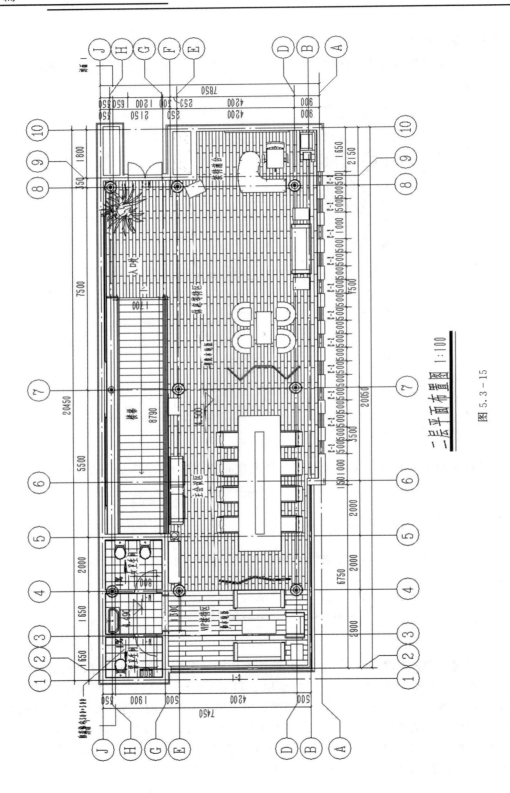

二层平面布置图 1:100

图 5.3－15

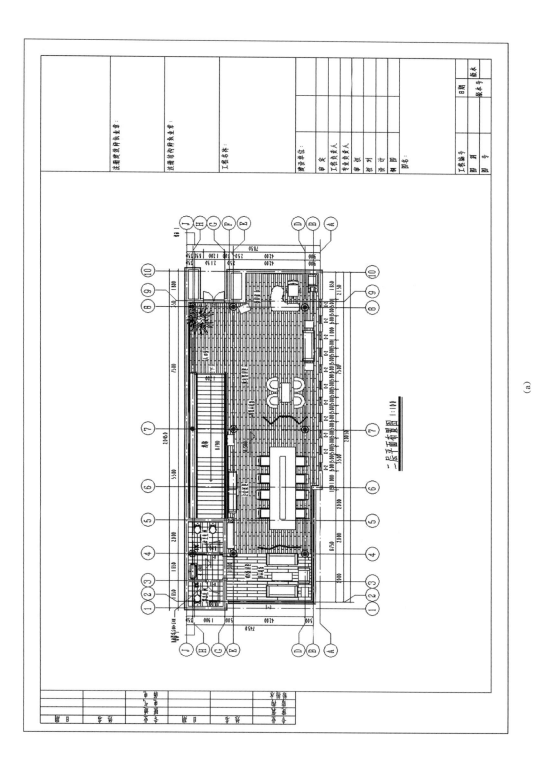

图 5.3-16（一）

(a)

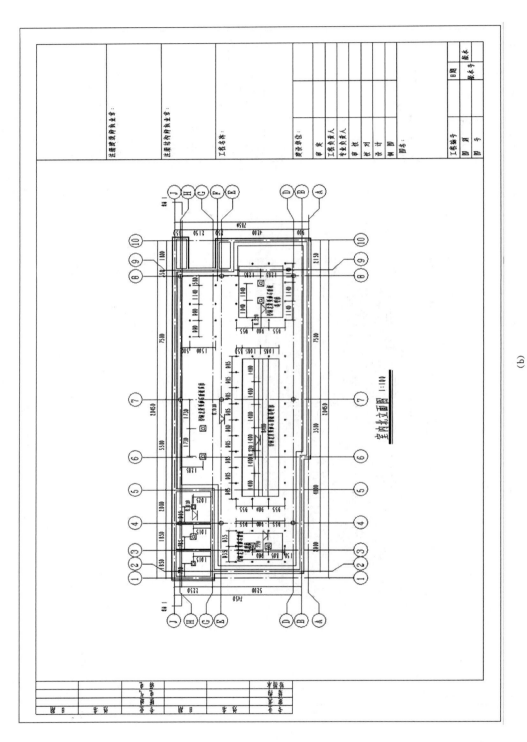

室内北立面图 1:100

图 5.3 - 16 （二）

(b)

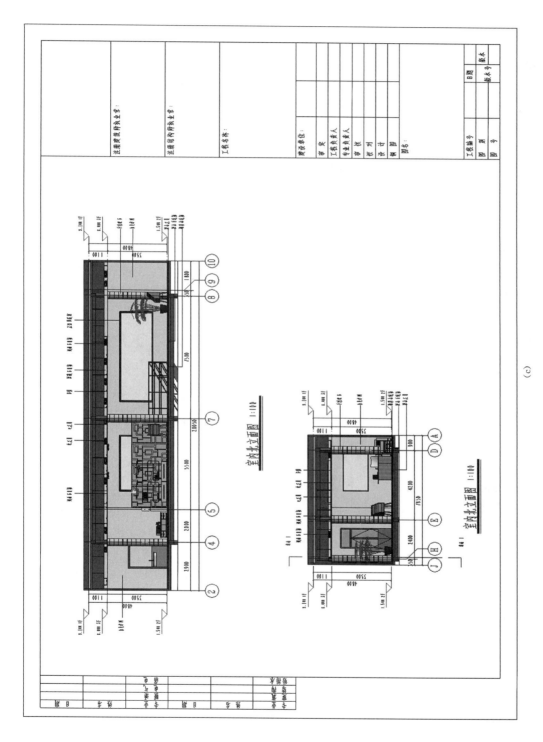

室内北立面图 1:100

室内北立面图 1:100

图 5.3 - 16 （三）

(c)

## 5.4 工程量清单

用 Revit 可以快速根据模型中的构件信息，统计出项目中所需整理的数据，如材料的材质、构造，构件的面积、体积，产品的生产厂家、生产日期等，可以作为施工运维阶段的报价、预算的参考。根据不同的需求可以导出不同功能的工程量清单，这需要前期模型的搭建要有深度，做出来的明细表才有参考价值。

明细表分实例和类型明细表，通过明细表中【排序/成组】选项卡下是否勾选【逐项列举每个实例】来控制。【实例明细表】按个数逐行统计每一个图元实例；【类型明细表】按类型逐行统计某一类图元总数。

### 5.4.1 墙明细表

右键单击【项目浏览器】中的【明细表】，单击【新建明细表】，如图 5.4－1 所示。

选择类别为【墙】，名称重命名为【清单＿装修-墙】，如图 5.4－2 所示。确定后添加字段，如图 5.4－3 所示。

图 5.4－1

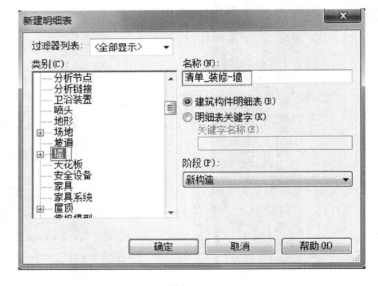

图 5.4－2

单击图 5.4 - 3 中的【计算值】，编辑【体积】参数的公式、规程、类型，如图 5.4 - 4 所示，单击【确定】。

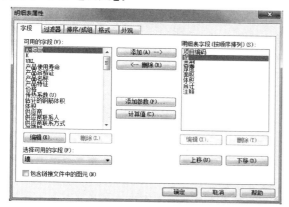

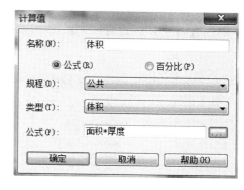

图 5.4 - 3

图 5.4 - 4

在【排序/成组】选项卡中，将排序方式选为【类型】，如图 5.4 - 5 所示。也可根据实际需要在其他面板下对明细表作其他设置。

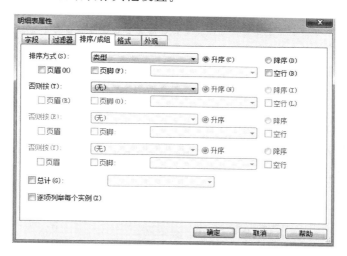

图 5.4 - 5

单击【确定】创建完成明细表，手动修改明细表的部分信息，如图 5.4 - 6 所示，完成墙明细表。

| <清单_装修-墙> | | | | | | |
|---|---|---|---|---|---|---|
| A | B | C | D | E | F | G |
| 项目编码 | 项目名称 | 项目特征 | 厚度 | 面积 | 体积 | 数量 |
| 011204001 | 基本墙 | 面墙_壁纸-20厚 | 20 mm | 15.861 m² | 0.317 m³ | 1 |
| 011204001 | 基本墙 | 面墙_大白-10厚 | 10 mm | 107.011 m² | 1.070 m³ | 9 |
| 011204001 | 基本墙 | 面墙_大白-10厚-有墙 | 10 mm | 64.577 m² | 0.646 m³ | 14 |
| 011204001 | 基本墙 | 面墙_石膏板-20厚 | 20 mm | 29.805 m² | 0.596 m³ | 3 |

图 5.4 - 6

### 5.4.2 地面铺装明细表

右键单击【项目浏览器】中的【明细表】，单击【新建明细表】，类别选择【幕墙嵌板】，名称重命名为【清单 _ 装修-地面铺装】，如图 5.4 - 7 所示。

单击【确定】后为明细表添加字段，如图 5.4 - 8 所示。

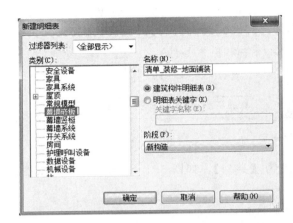
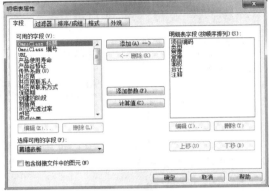

图 5.4 - 7                                    图 5.4 - 8

在【排序/成组】选项卡中，将排序方式选择为【类型】，依次是宽度、高度，如图 5.4 - 9 所示。

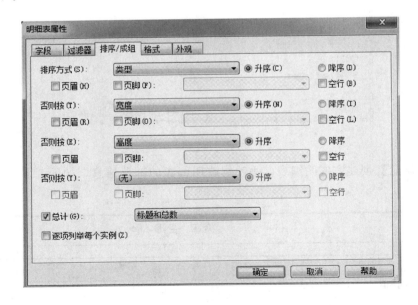

图 5.4 - 9

单击【确定】创建完成明细表，手动修改明细表的部分信息，如图 5.4 - 10 所示，完成地面铺装明细表。

| <清单_装修-地面铺装> | | | | | |
| A | B | C | D | E | F |
| 项目编码 | 项目名称 | 宽度 | 长度 | 工程量 | |
| | | | | 面积 | 数量 |
| 011104002 | 柚木 | | | 0.767 m² | 5 |
| 011104002 | 柚木 | 186 | 180 | 0.234 m² | 7 |
| 011104002 | 柚木 | 186 | 600 | 0.781 m² | 7 |
| 011104002 | 柚木 | 186 | 780 | 1.016 m² | 7 |
| 011104002 | 柚木 | 186 | 1200 | 10.937 m² | 49 |
| 011102001 | 理石 | 1300 | 225 | 0.293 m² | 1 |
| 011104002 | 胡桃木 | | | 6.427 m² | 60 |
| 011104002 | 胡桃木 | 140 | 120 | 0.017 m² | 1 |
| 011104002 | 胡桃木 | 250 | 80 | 0.020 m² | 1 |
| 011104002 | 胡桃木 | 250 | 120 | 0.450 m² | 15 |
| 011104002 | 胡桃木 | 340 | 120 | 0.408 m² | 10 |
| 011104002 | 胡桃木 | 390 | 120 | 0.094 m² | 2 |
| 011104002 | 胡桃木 | 500 | 100 | 0.050 m² | 1 |
| 011104002 | 胡桃木 | 500 | 120 | 0.900 m² | 15 |
| 011104002 | 胡桃木 | 540 | 70 | 0.038 m² | 1 |
| 011104002 | 胡桃木 | 540 | 120 | 1.166 m² | 18 |
| 011104002 | 胡桃木 | 550 | 120 | 0.528 m² | 8 |
| 011104002 | 胡桃木 | 590 | 120 | 0.566 m² | 8 |
| 011104002 | 胡桃木 | 790 | 80 | 0.063 m² | 1 |
| 011104002 | 胡桃木 | 790 | 120 | 1.612 m² | 17 |
| 011104002 | 胡桃木 | 800 | 70 | 0.560 m² | 10 |
| 011104002 | 胡桃木 | 800 | 80 | 0.320 m² | 5 |
| 011104002 | 胡桃木 | 800 | 100 | 0.480 m² | 6 |
| 011104002 | 胡桃木 | 800 | 120 | 86.784 m² | 904 |
| 031301001 | 陶瓷锦砖 | | | 0.304 m² | 6 |
| 031301001 | 陶瓷锦砖 | 20 | 220 | 0.004 m² | 1 |
| 031301001 | 陶瓷锦砖 | 20 | 300 | 0.066 m² | 11 |
| 031301001 | 陶瓷锦砖 | 270 | 220 | 0.059 m² | 1 |
| 031301001 | 陶瓷锦砖 | 270 | 300 | 0.486 m² | 6 |
| 031301001 | 陶瓷锦砖 | 300 | 220 | 0.858 m² | 13 |
| 031301001 | 陶瓷锦砖 | 300 | 300 | 7.920 m² | 88 |
| 总计 | | | | 124.208 m² | 1285 |

图 5.4 - 10

### 5.4.3　家具明细表

右键单击【项目浏览器】中的【明细表】，单击【新建明细表】，类别选择为【多类别】，名称重命名为【清单_装修-家具】，如图 5.4 - 11 所示。

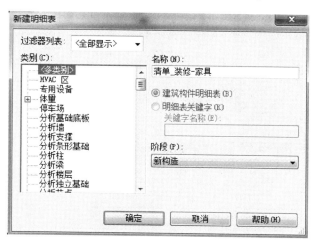

图 5.4 - 11

单击【确定】后为明细表添加字段，如图 5.4-12 所示。

新建明细表中，在要统计构件的注释一栏中手动输入【家具】，在过滤器中添加过滤条件为【注释】，如图 5.4-13 所示。

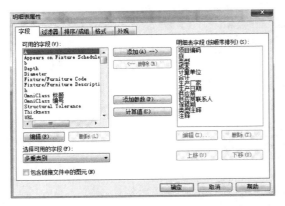

图 5.4-12

图 5.4-13

创建完成明细表，手动修改明细表的部分信息以达到所需格式及数据，如图 5.4-14所示，完成后选择注释一栏，单击【修改】选项卡中的【隐藏】完成家具明细表的创建。

<清单_装修-家具>

| A | B | C | D | E | F | G | H | I | J | K | L | M |
|---|---|---|---|---|---|---|---|---|---|---|---|---|
| 项目编码 | 项目名称 | 型号 | 单价 | 计量单位 | 数量 | 生产厂家 | 生产日期 | 供应商 | 供应商联系人 | 保修期 | 备注 | 注释 |
| | BM_木茶几 | 44" x 20" | 100.00 | | 1 | | | | | | | 家具 |
| | BM_椅子-001 | 800*850 | 180.00 | | 1 | | | | | | | 家具 |
| | BM_椅子-002 | 850*540 | 180.00 | | 8 | | | | | | | 家具 |
| | BM_矩形桌子 | 8915 x 0915mm | 233.00 | | 3 | | | | | | | 家具 |
| | BM_蚊帐 | 1500X2300*400mm | 50.00 | | 1 | | | | | | | 家具 |
| 011210003 | BM_衣柜（抽屉推拉门） | 1830x600x400mm | 1200.00 | | 1 | | | | | | | 家具 |
| | BM_厨柜 | 865*1650*60*1515 | 200.00 | | 9 | | | | | | | 家具 |
| | BM_办公桌 | BG208 | 1500.00 | | 1 | | | | | | | 家具 |
| | BM_复印机 | | 2300.00 | | 1 | | | | | | | 家具 |
| 030413011 | BM_天花射灯 | BM_天花射灯 | 100.00 | | 53 | | | | | | | 家具 |
| | BM_期刊架 | BM_期刊架 | 50.00 | | 2 | | | | | | | 家具 |
| | BM_饮水机 | BM_饮水机 | 150.00 | | 1 | | | | | | | 家具 |
| 030413004 | BM_吊灯灯 | CH-0883 01 W660*D610 | 288.00 | | 2 | | | | | | | 家具 |
| 030413004 | BM_吊灯灯 | CH-0883 02 W780*D710 | 300.00 | | 7 | | | | | | | 家具 |
| 030413004 | BM_吊灯 | Shilling 01 W130*H900 | 350.00 | | 5 | | | | | | | 家具 |
| 031004006 | BM_座便器 | ZB07135 | 1300.00 | | 3 | | | | | | | 家具 |
| | BM_单人沙发黄 | 加长沙发黄 | 260.00 | | 3 | | | | | | | 家具 |
| | BM_单人沙发 | 单人沙发黄 | 260.00 | | 1 | | | | | | | 家具 |
| | BM_会议桌 | 实木会议桌 | 1500.00 | | 1 | | | | | | | 家具 |
| | BM_小便器 | 小便池 | 680.00 | | 1 | | | | | | | 家具 |
| | BM_椅子 | 椅子 | 90.00 | | 1 | | | | | | | 家具 |
| | 贴花 | 油画1 | 100.00 | | 1 | | | | | | | 家具 |
| | 贴花 | 油画2 | 100.00 | | 1 | | | | | | | 家具 |
| | 贴花 | 油画3 | 100.00 | | 1 | | | | | | | 家具 |
| | BM_洗手盆 | 洗手盆 | 999.00 | | 1 | | | | | | | 家具 |
| 011210003 | BM_玻璃屏风 | 玻璃屏风 | 325.00 | | 4 | | | | | | | 家具 |
| | BM_组合沙发 | 组合沙发 | 2350.00 | | 1 | | | | | | | 家具 |
| | BM_风口饰框 | 风口饰框 | 30.00 | | 40 | | | | | | | 家具 |
| 总计: 155 | | | | | | | | | | | | |

图 5.4-14

### 5.4.4　龙骨明细表

本装修模型中的两种龙骨族类别不同，一种是【常规模型】，一种是【结构框架】，所以需要用到【多类别明细表】，做法与家具明细表相同，需将名称命名为【清单 _ 装修-龙骨】，将龙骨构件的【注释】改为【龙骨】，后再修改明细表的部分信息即可，如图5.4 - 15 所示。

| A | B | C | D | E | F | G |
|---|---|---|---|---|---|---|
| 项目编码 | 项目名称 | 项目特征 | 材质 | 价格 | 长度 | 数量 |
| | BM_主龙骨吊件 | 主龙骨吊件 | 不锈钢 | | 35.520 mm | 72 |
| | BM_天花主龙骨 | 天花主龙骨 | 天花-主龙骨-不锈钢 | | 9.258 mm | 1 |
| | BM_天花主龙骨 | 天花主龙骨 | 天花-主龙骨-不锈钢 | | 87.677 mm | 2 |
| | BM_天花主龙骨 | 天花主龙骨 | 天花-主龙骨-不锈钢 | | 109.461 mm | 3 |
| | BM_天花主龙骨 | 天花主龙骨 | 天花-主龙骨-不锈钢 | | 129.065 mm | 2 |
| | BM_天花主龙骨 | 天花主龙骨 | 天花-主龙骨-不锈钢 | | 131.244 mm | 3 |
| | BM_天花主龙骨 | 天花主龙骨 | 天花-主龙骨-不锈钢 | | 150.849 mm | 1 |
| | BM_天花主龙骨 | 天花主龙骨 | 天花-主龙骨-不锈钢 | | 153.027 mm | 5 |
| | BM_天花主龙骨 | 天花主龙骨 | 天花-主龙骨-不锈钢 | | 364.324 mm | 3 |
| | BM_天花主龙骨 | 天花主龙骨 | 天花-主龙骨-不锈钢 | | 386.107 mm | 7 |
| | BM_天花主龙骨 | 天花主龙骨 | 天花-主龙骨-不锈钢 | | 420.416 mm | 1 |
| | BM_天花主龙骨 | 天花主龙骨 | 天花-主龙骨-不锈钢 | | 496.657 mm | 2 |
| | BM_天花主龙骨 | 天花主龙骨 | 天花-主龙骨-不锈钢 | | 775.482 mm | 3 |
| | BM_天花次龙骨 | 天花次龙骨 | 天花-次龙骨-不锈钢 | | 8.038 mm | 4 |
| | BM_天花次龙骨 | 天花次龙骨 | 天花-次龙骨-不锈钢 | | 36.882 mm | 4 |
| | BM_天花次龙骨 | 天花次龙骨 | 天花-次龙骨-不锈钢 | | 76.129 mm | 5 |
| | BM_天花次龙骨 | 天花次龙骨 | 天花-次龙骨-不锈钢 | | 95.043 mm | 5 |
| | BM_天花次龙骨 | 天花次龙骨 | 天花-次龙骨-不锈钢 | | 112.065 mm | 3 |
| | BM_天花次龙骨 | 天花次龙骨 | 天花-次龙骨-不锈钢 | | 113.957 mm | 5 |
| | BM_天花次龙骨 | 天花次龙骨 | 天花-次龙骨-不锈钢 | | 117.267 mm | 4 |
| | BM_天花次龙骨 | 天花次龙骨 | 天花-次龙骨-不锈钢 | | 130.979 mm | 4 |
| | BM_天花次龙骨 | 天花次龙骨 | 天花-次龙骨-不锈钢 | | 132.871 mm | 9 |
| | BM_天花次龙骨 | 天花次龙骨 | 天花-次龙骨-不锈钢 | | 208.999 mm | 4 |
| | BM_天花次龙骨 | 天花次龙骨 | 天花-次龙骨-不锈钢 | | 231.696 mm | 4 |
| | BM_天花次龙骨 | 天花次龙骨 | 天花-次龙骨-不锈钢 | | 316.336 mm | 4 |
| | BM_天花次龙骨 | 天花次龙骨 | 天花-次龙骨-不锈钢 | | 335.250 mm | 12 |
| | BM_天花次龙骨 | 天花次龙骨 | 天花-次龙骨-不锈钢 | | 365.040 mm | 3 |
| | BM_天花次龙骨 | 天花次龙骨 | 天花-次龙骨-不锈钢 | | 431.239 mm | 2 |
| | BM_天花次龙骨 | 天花次龙骨 | 天花-次龙骨-不锈钢 | | 673.338 mm | 5 |
| | BM_天花次龙骨 | 天花次龙骨 | 天花-次龙骨-不锈钢 | | 1201.983 mm | 3 |
| | BM_天花次龙骨 | 天花次龙骨 | 天花-次龙骨-不锈钢 | | 1665.376 mm | 2 |
| | BM_天花次龙骨 | 天花次龙骨 | 天花-次龙骨-不锈钢 | | 1835.601 mm | 2 |
| | BM_木龙骨-方木 | 方木-4250*50 | 松木 | | 4210.000 mm | 1 |
| | BM_木龙骨-方木 | 方木-4250*50 | 松木 | | 4250.000 mm | 3 |
| | BM_木龙骨-方木 | 方木-4300*50 | 松木 | | 4300.900 mm | 3 |
| | BM_木龙骨-方木 | 方木-4900*50 | 松木 | | 4900.000 mm | 16 |
| | BM_木龙骨-方木 | 方木-5350*50 | 松木 | | 5350.000 mm | 15 |
| | BM_木龙骨-方木 | 方木-7520*50 | 松木 | | 7520.000 mm | 10 |
| | BM_木龙骨-方木 | 方木-12900*50 | 松木 | | 12900.000 mm | 1 |
| | BM_木龙骨-方木 | 方木-18000*50 | 松木 | | 18000.000 mm | 3 |
| | BM_木龙骨-方木 | 方木-19800*50 | 松木 | | 19800.000 mm | 9 |
| 总计: 244 | | | | | | |

图 5.4 - 15

## 5.4.5 植物明细表

植物明细表的创建方法与家具明细表类似，使用【多类别明细表】创建，添加所需字段及注释，完成后如图 5.4 - 16 所示。

| A | B | C | D | E |
|---|---|---|---|---|
| 项目编码 | 项目名称 | 项目特征 | 价格 | 数量 |
| | BM_兰花-002 | 植物 | 80 | 2 |
| | BM_盆栽-001 | 植物 | 50 | 2 |
| | BM_盆栽-002 | 植物 | 80 | 2 |
| | BM_盆栽-003 | 植物 | 100 | 1 |
| 总计: 7 | | | | |

图 5.4 - 16

## 5.4.6 天花板明细表

右键单击【项目浏览器】中的【明细表】，单击【新建材质提取明细表】，如图 5.4－17 所示。

在【类别】中选择【天花板】，名称重命名为【清单＿装修-天花板】，如图 5.4－18 所示。

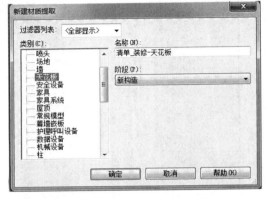

图 5.4－17　　　　　　　　　　　图 5.4－18

单击【确定】后添加如图 5.4－19 所示的字段。

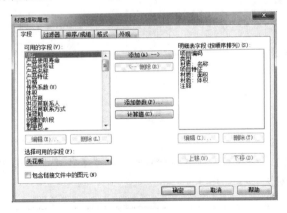

图 5.4－19

单击【确定】，手动修改明细表的部分信息，完成天花板明细表的创建，如图 5.4－20 所示。

| <清单_装修-天花板> | | | | | |
| A | B | C | D | E | F |
| 项目编码 | 项目名称 | 材质 | 项目特征 | 面积 | 体积 |
| 011032001 | 天花板-纸面石膏 | 石膏板 | | 98.295 m² | 0.983 m² |
| 011032001 | 天花边缘 | 松散_石膏板 | | 87.530 m² | 0.389 m² |
| 011032001 | 天花板-纸面石膏 | 石膏板 | | 11.535 m² | 0.115 m² |

图 5.4－20

# 柏慕 revit 基础教程

## 景观篇

主　　编　黄亚斌

副 主 编　李　签　乔晓盼

本篇参编　刘　瑞

中国水利水电出版社
www.waterpub.com.cn

# 内 容 提 要

　　本书是基于柏慕 1.0——BIM 标准化应用体系的 Revit 基础教程，通过简单的实际项目案例，使读者们能够在短时间内掌握 Revit 相关的知识与技巧。本书针对各个专业，实践性极强，并且能够从基础部分入手，适应 BIM 标准化、BIM 材质库、族库、出图规则、建模命名标准、国标清单项目编码及施工、运维信息管理的统一等，使得 Revit 初学者能够顺利、快速地掌握该软件，并为该软件与其他 BIM 流程的衔接打下基础。

　　本书适合 Revit 初学者、建筑相关专业的学生以及相关从业人员阅读参考。

## 图书在版编目（ＣＩＰ）数据

柏慕revit基础教程 / 黄亚斌主编. -- 北京 ： 中国
水利水电出版社，2015.7（2018.6重印）
　ISBN 978-7-5170-3415-5

　Ⅰ．①柏… Ⅱ．①黄… Ⅲ．①建筑设计－计算机辅助
设计－应用软件－教材 Ⅳ．①TU201.4

中国版本图书馆CIP数据核字(2015)第229482号

| 书　　　　名 | **柏慕 revit 基础教程（景观篇）** |
|---|---|
| 作　　　　者 | 主编　黄亚斌　　副主编　李签　乔晓盼 |
| 出 版 发 行 | 中国水利水电出版社 |
| | （北京市海淀区玉渊潭南路 1 号 D 座　　100038） |
| | 网址：www. waterpub. com. cn |
| | E-mail：sales@waterpub. com. cn |
| | 电话：(010) 68367658（营销中心） |
| 经　　　　售 | 北京科水图书销售中心（零售） |
| | 电话：(010) 88383994、63202643、68545874 |
| | 全国各地新华书店和相关出版物销售网点 |
| 排　　　　版 | 中国水利水电出版社微机排版中心 |
| 印　　　　刷 | 天津嘉恒印务有限公司 |
| 规　　　　格 | 184mm×260mm　16 开本　25 印张（总）　594 千字（总） |
| 版　　　　次 | 2015 年 7 月第 1 版　2018 年 6 月第 2 次印刷 |
| 印　　　　数 | 4001—7000 册 |
| 总 定 价 | **300.00 元（1—5 分册）** |

凡购买我社图书，如有缺页、倒页、脱页的，本社营销中心负责调换

# 前　　言

　　北京柏慕进业工程咨询有限公司创立于 2008 年，曾先后为国内外千余家地产商、设计院、施工单位、机电安装公司、工程总包、工程咨询、工程管理公司、物业管理公司等各类建筑及相关企业提供 BIM 项目咨询及培训服务，完成各类 BIM 咨询项目百余个，具备丰富的 BIM 项目应用经验。

　　北京柏慕进业工程咨询有限公司致力于以 BIM 技术应用为核心的建筑设计及工程咨询服务，主要业务有 BIM 咨询、BIM 培训、柏慕产品研发、BIM 人才培养。

　　柏慕 1.0——BIM 标准化应用系统产品经过一年的研发和数十个项目的测试研究，基本实现了 BIM 材质库、族库、出图规则、建模命名标准、国际清单项目编码及施工、运维信息管理的统一，初步形成了 BIM 标准化应用体系。柏慕 1.0 具有 6 大功能特点：①全专业施工图的出图；②国际清单工程量；③建筑节能计算；④设备冷热负荷计算；⑤标准化族库、材质库；⑥施工、运维信息管理。

　　本书主要以实际案例作为教程，结合柏慕 1.0 标准化应用体系，从项目前期准备开始，到专业模型建设、施工图出图、国际工程量清单及施工运维信息等都进行了讲解。对于建模过程有详细叙述，适合刚接触 Revit 的初学者、柏慕 1.0 产品的用户以及广大 Revit 爱好者。

　　由于时间紧迫，加之作者水平有限，书中难免有疏漏之处，敬请广大读者谅解并指正。凡是购买柏慕 1.0 产品的用户均可登陆柏慕进业官网（www.51bim.com）免费下载柏慕族库及本书相关文件。

　　欢迎广大读者朋友来访交流，柏慕进业公司北京总部电话：010－84852873；地址：北京市朝阳区农展馆南路 13 号瑞辰国际中心 1805 室。

编者

2015 年 8 月

# 目　　录

# 景　观　篇

～～～～～～～～～～～～～～～～～～～～～～～～～～～～～～

　　景观篇基于柏慕 1.0——BIM 标准化应用体系。通过简单的实际项目案例，使得读者能够在短时间内掌握 Revit 中景观方面的知识与技巧。针对景观专业，实践性极强，并且能够从基础部分入手适应 BIM 的标准化，BIM 材质库、族库、出图规则、建模命名标准，国标清单项目编码及施工、运维信息管理的统一等，使得初学者能够顺利、快速掌握 Revit 软件，并为衔接 BIM 流程的其他环节打下基础。

# 第6章

# 景 观 设 计

本章通过中山门项目景观的实际案例，详细讲解 Revit 的一些基本操作方法，如何用 Revit 软件实现景观设计；掌握景观模型构件创建的技巧及出图算量等应用的实现，除此之外，通过本章的案例，可以了解一个景观设计的基本流程及常规 BIM 模型在实际中的应用。

## 6.1 景观设计概述

### 6.1.1 景观设计与相关学科的关系

景观设计学的产生和发展有着相当深厚和宽广的知识底蕴，如哲学中人们对人与自然之间关系（或人地关系）的认识；在艺术和技能方面的发展，一定程度上还得益于美术（画家）、建筑、城市规划、园艺以及近年来兴起的环境设计等相关专业。但美术（画家）、建筑、城市规划、园艺等专业产生和发展的历史比较早，尤其在早期，建筑与美术（画家）是融合在一起的。城市规划专业也是在不断的发展中才和建筑专业逐渐分开的，尽管在中国这种分工体现的还不是十分明显。因此，谈到景观设计学的产生首先有必要理清它和其他相近专业之间的关系，或者说是其他专业要解决的问题和景观设计要解决的问题之间的差异。这样才可能阐述清楚景观设计专业的产生背景。

### 6.1.2 景观设计的基本要素

景观设计的素材或内容包括地形地貌、植被、水体、铺地和景观小品。其中，地形、地貌是设计的基础。

1. 地形地貌

地形地貌是景观设计最基本的场地和基础。地形地貌总体上分为山地和平原。进一步可以划分为盆地、丘陵，局部可以分为凹地、凸地等。在景观设计时，要充分利用原有的地形地貌，考虑生态学的观点，营造符合当地生态环境的自然景观，减少对其环境的干扰和破坏。同时，可以较少土石方量的开挖，节约经济成本。因此，充分考虑应用地形特点，是安排布置好其他景观元素的基础。

在具体的设计表现手法方面，可以采用 GIS 新技术，如 VR 仿真技术手段进行三维地形的表现，以便真实地模拟实际地形，表达景观设计后的场景效果，更好地和客户进行交流沟通。

2. 植被设计

《植物、人和环境品质》一书中，植被的功能被分为如下 4 个方面：

（1）建筑功能：界定空间、遮景、提供私密性空间和创造系列景观等，简言之，即空间造型功能。

（2）工程功能：防止眩光、防止水土流失、噪音及交通视线诱导。

（3）调节气候功能：遮阴、防风、调节温度和影响雨水的汇流等。

（4）美学功能：强调主景、框景及美化其他设计元素，使其作为景观焦点或背景；另外，利用植被的色彩差别、质地等特点还可以形成小范围的特色，以提高住区的识别性，使住区更加人性化。

3. 水体设计

景观设计大体将水体分为静态水和动态水的设计方法。静有安详，动有灵性。

根据水景的功能还可以将其分为观赏类、嬉水类。水体设计要考虑以下几点：

（1）水景设计和地面排水结合。

（2）管线和设施的隐蔽性设计。

（3）防水层和防潮性设计。

（4）与灯光照明相结合。

（5）寒冷地区考虑结冰防冻。

4. 景观小品

景观小品主要指各种材质的公共艺术雕塑或者与艺术化的公共设施如垃圾箱、座椅、公用电话、指示牌、路标等。

在接下来的内容中我们将运用 Revit 软件结合已经搭建完成的建筑模型进行景观的设计，将景观设计的基本要素：地形地貌、植被、道路、地面铺装、水体以及景观小品反应到建筑的周围，使整个场景更加丰富生动。

## 6.2  创建场地

本章内容主要运用 Revit 软件中【体量和场地】选项卡中的相关命令完成中山门建筑周边场地景观的创建。该建筑周边环境效果图和 Revit 搭建的场地模型，如图 6.2-1 所示。

图 6.2-1

### 6.2.1　场地的设置

Revit 中可以定义场地的等高线、标记等高线高程、场地坐标、建筑红线、子类别（道路、地面铺装等）、放置场地构件（植物、建筑小品、停车场、车辆、人物等）。

1. 创建地形表面

Revit 可以使用点或导入的数据来定义地形表面，可以在三维视图或场地平面中创建地形表面，本章中我们使用【高程点】命令，在场地平面视图中创建地形表面。

确定场地平面视图，在【属性】面板上的【视图范围】中进行参数设置，如图 6.2 - 2 所示。

图 6.2 - 2

打开【场地】平面图，单击【建筑】选项卡→【工作平面】面板→【参照平面】按钮，如图 6.2 - 3 所示。鼠标移动到绘图区域，在平行于 G 轴向上 60000mm 的位置，平行于 1 轴向西 30000mm 的位置分别绘制一条参照线，然后利用复制命令绘制一个 160000 ×110000 的矩形参照平面，如图 6.2 - 4 所示。

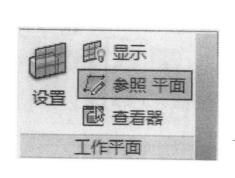

图 6.2 - 3

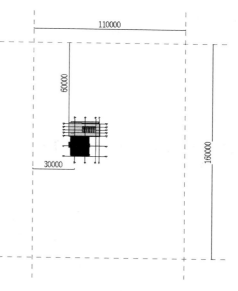

图 6.2 - 4

311

在其右下角绘制如图 6.2-5 所示的参照平面，没有具体尺寸控制，大致绘制即可。

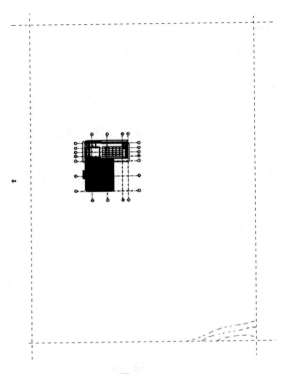

图 6.2-5

单击【体量和场地】选项卡→【场地建模】面板→【地形表面】按钮，如图 6.2-6 所示。进入地形表面编辑状态。

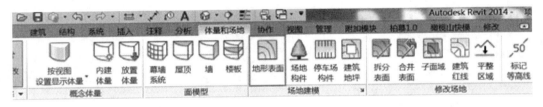

图 6.2-6

选择【工具】面板→【放置点】按钮，在界面左上角选项栏内的【高程】编辑框内输入【-600】，如图 6.2-7 所示。

图 6.2-7

鼠标移动到绘图区域，按照如图 6.2-8 所示放置高程点。

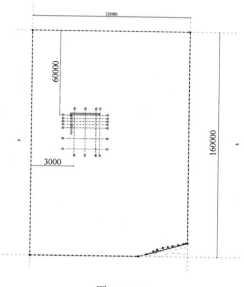

图 6.2-8

放置完【-600】的高程点后，修改选项栏中的参数为【高程：200】，在中间参照平面上放置若干高程为【200】的高程点。同理，修改选项栏中的参数为【高程：800】，在下方参照平面上放置若干高程为【800】的高程点，右下角边界放置一个高程为【1600】的高程点，如图 6.2-9 所示。

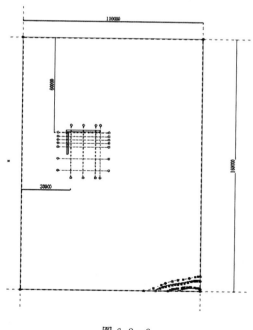

图 6.2-9

高程点放置完成后，在左侧地形表面【属性】对话框中为其添加材质，进入【材质】对话框中选择【0＿草】材质，最后单击【完成编辑】，效果如图 6.2－10 所示。

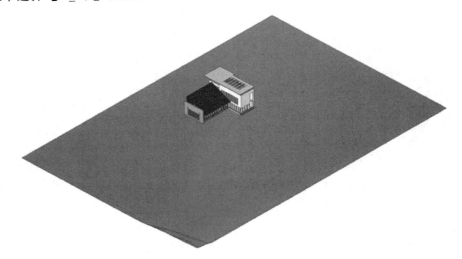

图 6.2－10

2. 创建建筑红线

建筑红线，也称【建筑控制线】，指城市规划管理中，控制城市道路两侧沿街建筑物或构筑物（如外墙、台阶等）靠临街面的界线。任何临街建筑物或构筑物不得超过建筑红线。

Revit 中可以用绘制工具直接绘制也可以将测量数据输入到项目中创建，本节中选择【通过绘制来创建】。

打开场地平面视图，单击【体量和场地】选项卡→【修改场地】面板→【建筑红线】命令，选择【通过绘制来创建】，如图 6.2－11 所示。

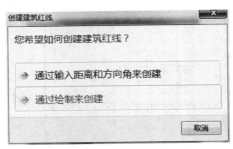

图 6.2－11

绘制建筑红线轮廓，边界距离上方参照平面【40000】、左方参照平面【22000】、下方参照平面【5000】，绘制转弯半径【19000】。绘制完成后单击【模式】面板内的【完成编辑】命令，距离右参照线边界距离为【100】完成建筑红线的创建。在【视图选项卡】→【图形】面板中的【可见性图形替换】进行设置，把建筑红线的线样式改为红色，如图 6.2－12 所示。

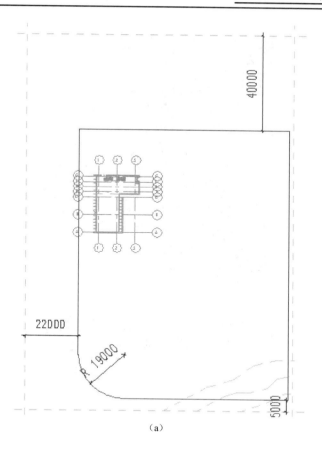

（a）

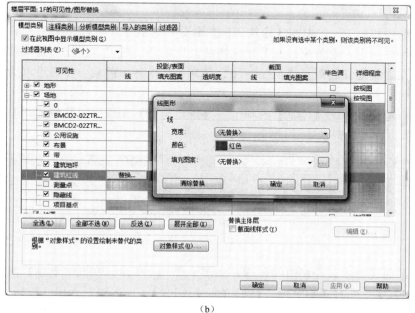

（b）

图 6.2-12 （一）

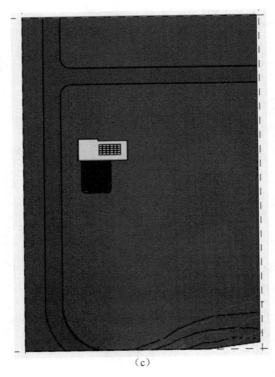

（c）

图 6.2-12（二）

### 6.2.2　地形编辑

1. 创建道路系统

创建道路要用到 Revit 中的【建筑地坪】命令，建筑地坪可以定义结构和深度。在绘制地坪后，可以指定一个值来控制其距标高的高度偏移，还可以指定其他属性。

可通过在建筑地坪的周长之内绘制闭合环来定义地坪中的洞口，还可以为该建筑地坪定义坡度。

创建城市道路，单击【体量】选项卡→【场地建模】面板→【建筑地坪】按钮，如图 6.2-13 所示，进入编辑状态。

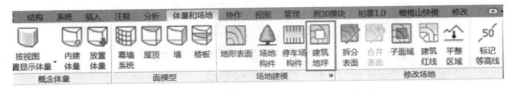

图 6.2-13

在场地平面视图中，绘制道路轮廓，如图 6.2-14 所示，在其【属性】对话框中，将【标高】栏改为【室外】；【相对标高】栏改为【-100】，单击该对话框【编辑类型】按钮，进入【类型属性】对话框，将其命名为【城市道路】，再单击【参数类型】中的结构【编辑】按钮，弹出【编辑部件】对话框，按照如图 6.2-15 所示进行参数设置。

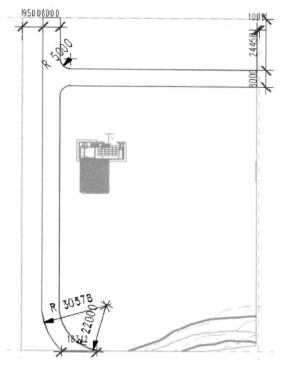

图 6.2-14

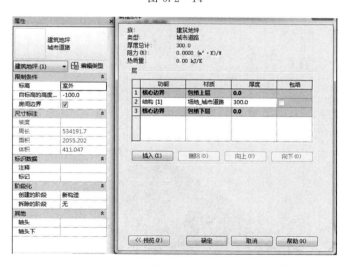

图 6.2-15

连续两次单击【确定】退出对话框，最后单击【模式】面板中的【完成编辑】命令，完成城市道路的创建。

注意：行车道路一般要低于场地地坪，因此创建城市道路时使用【建筑地坪】命令来创建，设置标高值为【室外】。Revit 中也可以用【子面域】命令来创建道路，地形表面子面域是在现有地形表面中绘制的区域。创建子面域不会生成单独的表面，它仅定义可应用不同属性（例如材质）的表面区域。

下面我们将用子面域命令创建步行道路。

创建步行道路：在场地平面视图中单击【体量和场地】选项卡→【修改场地】面板→【子面域】按钮，进入步行道路系统的绘制界面，通过【绘制】功能面板内的各项命令在场地中完成步行路的轮廓，切记在此命令中创建的轮廓必须是一个闭合的轮廓，如图 6.2－16 所示。

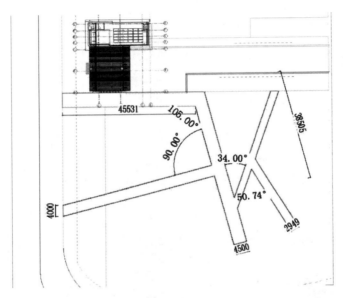

图 6.2－16

编辑完成轮廓后，在其【属性】对话框中的【材质】栏中为其添加【0_沥青柏油】材质，最后单击【完成编辑】，结果如图 6.2－17 所示。

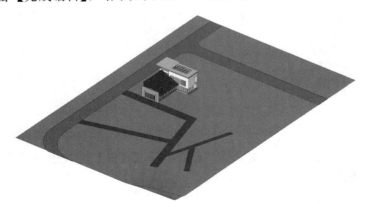

图 6.2－17

2. 创建建筑体量

根据现有的道路系统，定位那些建筑周边辅助表现效果的建筑体量。

进入【场地】视图，单击【体量和场地】选项卡→【概念体量】面板→【内建体量】按钮，如图 2 - 18 所示。

图 6.2 - 18

用【绘制】面板→【矩形】命令创建体量的基底轮廓线，单击【形状】面板→【创建形状】命令，生成体量后，分别选取体量的上表面调整体量高度，如图 6.2 - 19～图 6.2 - 21 所示。

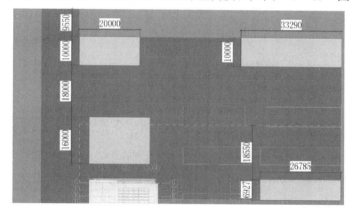

图 6.2 - 19

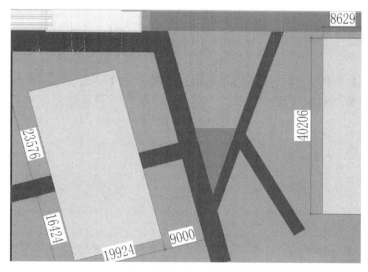

图 6.2 - 20

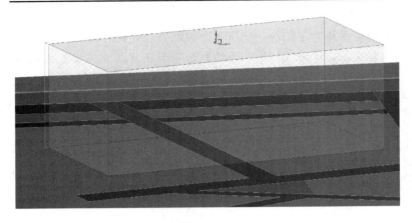

图 6.2 - 21

完成体量后进入三维视图查看效果，如图 6.2 - 22 所示。

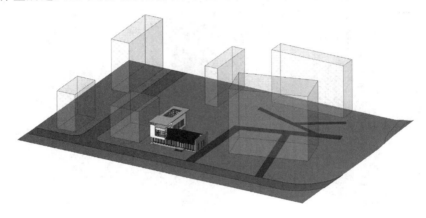

图 6.2 - 22

3. 创建硬质铺装

创建硬质铺装主要是广场、停车场等供人员活动的硬质铺地部分，在这里我们用【子面域】命令创建。

打开【场地】视图，单击【体量和场地】选项卡→【修改场地】面板→【子面域】按钮，进入编辑状态。利用【绘制】面板内的命令绘制广场硬质铺的轮廓，如图 6.2 - 23～图 6.2 - 25 所示。

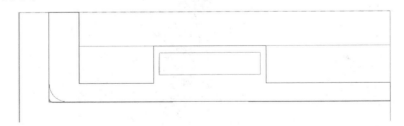

图 6.2 - 23

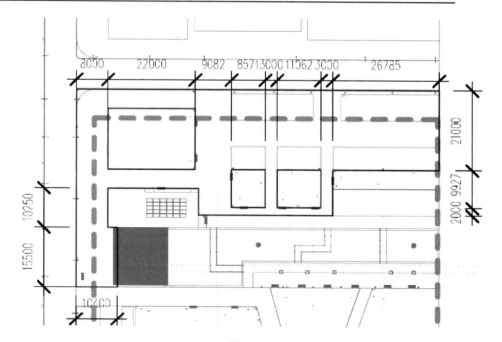

图 6.2 - 24

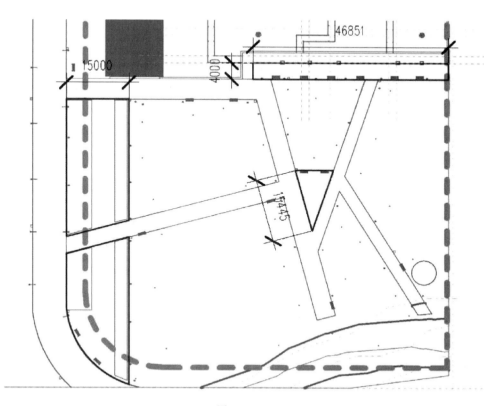

图 6.2 - 25

完成轮廓后在其【属性】对话框中的【材质】选项栏内选择【S_大理石】，最后单击【模式】面板→【完成编辑】命令，完成地面铺装的创建，如图 6.2 - 26 所示。

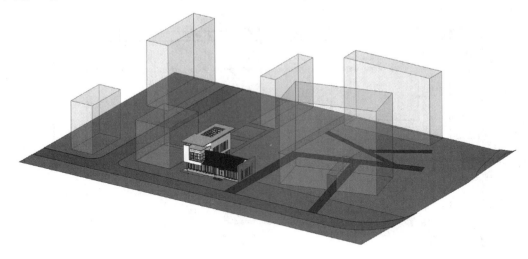

图 6.2 - 26

注意：利用【子面域】命令创建的轮廓只能是一个闭合的轮廓，因此上述步骤中地面铺装的创建应分六步完成。

创建停车场硬质铺装，同样用【子面域】命令创建。

注意：子面域创建时各个边界线不能相交重合。

我们只需要注意材质的添加，将停车场的材质改为【S_花岗岩、粗糙】即可。停车场创建完成后，如图 6.2 - 27～图 6.2 - 29 所示。

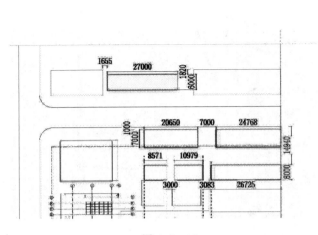

图 6.2 - 27

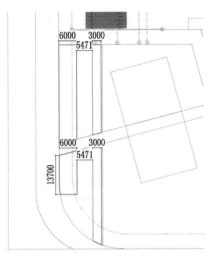

图 6.2 - 28

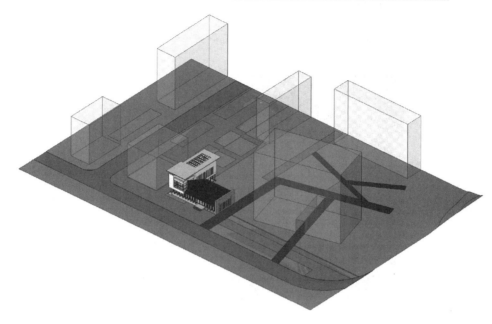

图 6.2 - 29

4．创建水池

要想使建筑的周边环境更加丰富生动，水体的设计必不可少，在这里水体设计我们依然用【子面域】命令去创建。

选择【体量和场地】选项卡→【修改场地】面板→【子面域】按钮，在【场地】视图内编辑售楼中心东侧的水体轮廓，如图 6.2 - 30 所示。

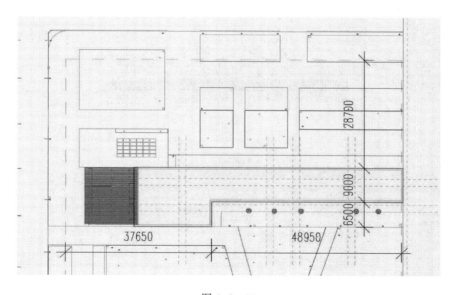

图 6.2 - 30

编辑完成水体轮廓后在【实例属性】对话框中的【材质】选项栏内选择【0 _ 天然水】，最后单击【完成编辑】，结果如图 6.2 - 31 所示。

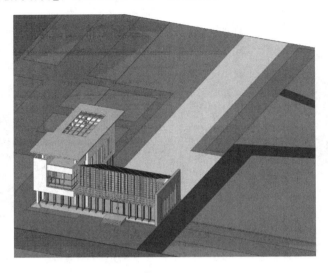

图 6.2 - 31

完成水体的创建后我们来创建水池围护结构，单击【建筑】选项卡→【构建】面板→【墙】按钮，在【属性】对话框【类型选择器】中选择【基墙 _ 水池围护 - 400 厚】，单击【构造】选项栏内的【编辑】按钮，弹出【编辑部件】对话框，如图 6.2 - 32 所示。

图 6.2 - 32

　　设置完墙体的属性后我们开始绘制墙，在【属性】对话框中将【定位线】设置为【核心面：外部】，将【基准限制条件】设置为【室内外】，将【无连接高度】调整为【300】，最后开始顺时针方向绘制墙体，如图 6.2 - 33 所示。

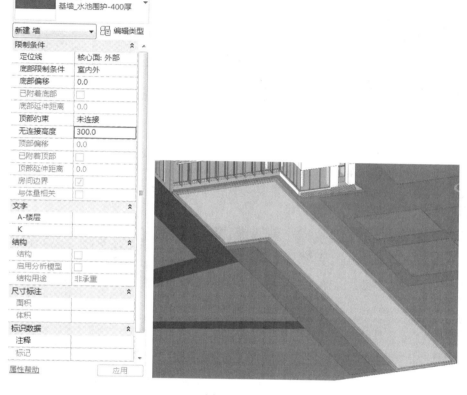

图 6.2 - 33

　　创建完水池主体后，我们来创建水池边上的户外亲水平台和栈桥。

　　首先用【子面域】命令创建户外亲水平台。使用【子面域】命令，开始编辑亲水平台轮廓，如图 6.2 - 34 所示。

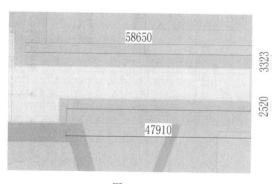

图 6.2 - 34

将【属性】中的【材质】定义为【非洲菠萝格】，单击【完成编辑】，最后创建完成两个亲水平台，如图 6.2-35 所示。

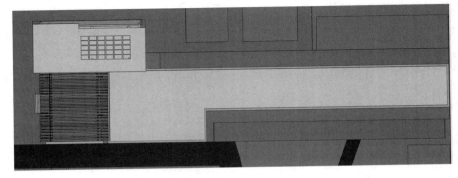

图 6.2-35

我们继续创建水池上的栈桥，由于栈桥平面与室外地坪有高差，因此桥两端会有坡道或台阶。我们使用【楼板】命令创建栈桥，在楼板编辑中用【形状编辑】命令完成栈桥与地坪的连接问题。在创建之前我们先用【参照平面命令】画出栈桥的轮廓辅助线（栈桥的宽度是 1800mm），如图 6.2-36 所示。

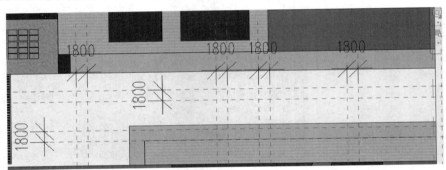

图 6.2-36

打开【场地】视图，单击【建筑】选项卡→【构建】面板→【楼板】下拉列表中的【楼板】命令，进入楼板编辑界面绘制楼板轮廓，如图 6.2-37 所示。

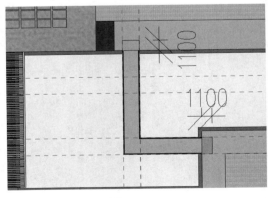

图 6.2-37

打开楼板【实例属性】对话框，将【标高】栏设定为【室外】；【相对标高】栏设定为【310】。单击对话框中的【编辑类型】按钮，进入【类型属性】对话框。在【类型】选项栏中单击右侧下拉列表，从中选择【地_木质-100厚】楼板，单击【确定】。然后我们来编辑它的结构构造。单击【结构】选项栏的【编辑】按钮，弹出【编辑部件】对话框，将【层】参数栏内结构［1］的【材质】类型选择为【T_非洲菠萝格】，如图 6.2-38 所示。

图 6.2-38

连续两次单击【确定】完成楼板材质编辑，界面重新回到绘制楼板轮廓。然后再单击【完成编辑】。这时操作界面会出现一个【形状编辑】面板，如图 6.2-39 所示。

单击【形状编辑】面板→【添加分割线】按钮，在刚刚创建的楼板与水池围护外边沿交界处各绘制一条线段，如图 6.2-40 所示。

图 6.2-39

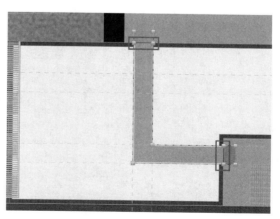

图 6.2-40

　　然后再单击【形状编辑】面板→【修改子图元】按钮，编辑楼板的两端高差，鼠标单击楼板边缘的一点，点的右上角会出现数字【0】，如图 6.2－41 所示，再次单击数字【0】这时光标闪动可输入数值，将数值改为【－300】后鼠标单击空白处完成修改图元，这样依次将楼板两端的四个端点全部定义为【－300】，如图 6.2－42 所示，编辑完成后，按键盘上的【Esc】键退出楼板编辑命令。

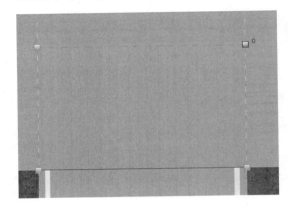

图 6.2－41

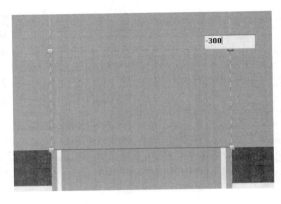

图 6.2－42

　　创建完栈桥桥面后我们来创建桥面支撑柱。

　　单击【建筑】选项卡→【构建】面板→【柱】下拉列表中的【结构住】命令，在【属性】对话框的【类型选择器】中找到【BM＿钢筋砼圆形-C30】，单击【类型属性】按钮，使用【复制】命令新建一个类型柱，将名称定义为【桥桩】后单击【确定】，如图 6.2－43 所示。

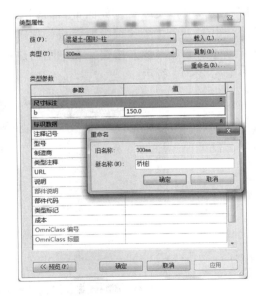

图 6.2－43

　　将【类型参数】栏内【尺寸标注】的【b】值改为【150】，再次单击【确定】。回到【属性】对话框将【柱材质】栏的材质类型修改为【桥桩】，调整完桥桩的类型和材质后，我们开始放置桥桩。在【属性】对话框内将【基准标高】调整为【室内外】，【顶部标高】也调整为【室内外】，【顶部偏移】调整为【300】，如图 6.2 - 44 所示。

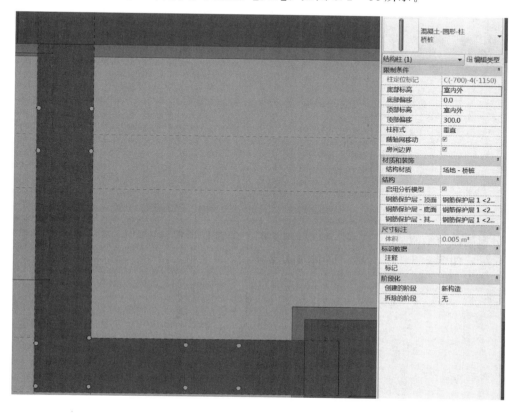

图 6.2 - 44

　　最后创建栈桥扶手。首先进入【场地】视图，单击【建筑】选项卡→【楼梯坡道】面板→【扶手】按钮，如图 6.2 - 45 所示。然后在【属性】对话框中单击【编辑类型】按钮，在弹出的对话框中将【类型】选择为【1100mm】，单击【确认】返回扶手编辑界面。

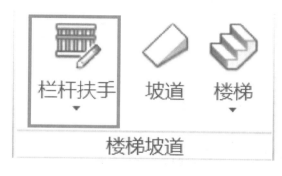

图 6.2 - 45

　　在绘制扶手路径之前我们先单击【工具】→【拾取新主体】按钮，如图 6.2-46 所示，然后鼠标单击栈桥完成主体的拾取，接着我们开始使用【绘制】面板内的绘制扶手路径命令，如图 6.2-47 所示。每次绘制扶手路径只能是一条连续不间断的线。

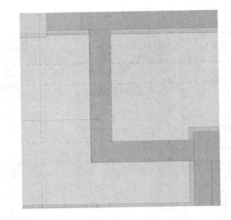

图 6.2-46　　　　　　　　　　　　图 6.2-47

　　用相同命令绘制另一边的扶手。绘制完后，用鼠标拾取栈桥的桥面、桥桩、扶手将其创建成组，如图 6.2-48 所示，命名为【栈桥1】。

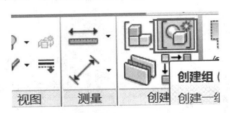

图 6.2-48

　　完成后进入三维视图查看效果，如图 6.2-49 所示。

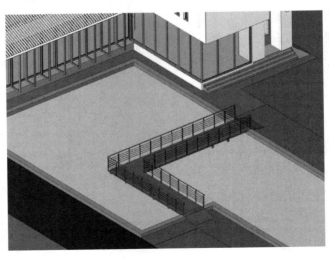

图 6.2-49

注意：扶手的创建默认为水平生成在楼层平面标高处，所以要创建楼梯、坡道扶手或者阳台扶手时，首先要使用【拾取新主体】命令，拾取相应的楼梯、坡道或楼板，选择【扶手生成方式】。

用相同的步骤依次创建其他两个栈桥，结果如图 6.2 - 50 所示。

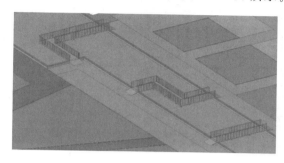

图 6.2 - 50

5. 创建路缘石

主要部分创建完成后，我们来创建路缘石和各部分间交界处的缘石。

为了便于对工程材料进行统计，我们可以用创建【墙】的方式创建路缘石。这需要我们定义它的名称、材质、厚度、高度等参数。

打开【场地】视图，单击【建筑】选项卡→【构建】面板→【墙】下拉选项中的【墙】命令。绘制墙体前，先在【类型属性】创建墙的名称【马路缘石】，然后在其【编辑部件】对话框中设置缘石的厚度为【100】，材质为【S＿花岗岩、抛光】，如图 6.2 - 51 所示。

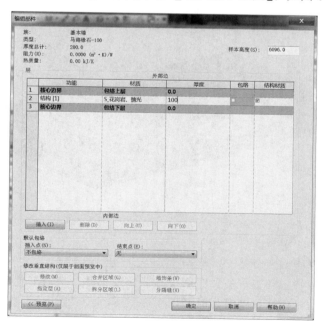

图 6.2 - 51

完成结构材质等设置后，在【属性】对话框中将【基准限制条件】调整为【室外】，将【底部偏移】调整为【－100】，将【无连接高度】调整为【150】，如图 6.2－52 所示。调整完成后开始顺时针方向沿马路边缘绘制。

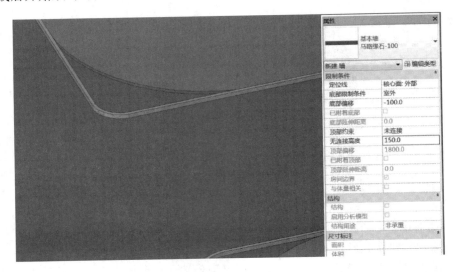

图 6.2－52

按照绘制马路缘石的方法，创建其他边界缘石，最终完成场地编辑，如图 6.2－53 所示。

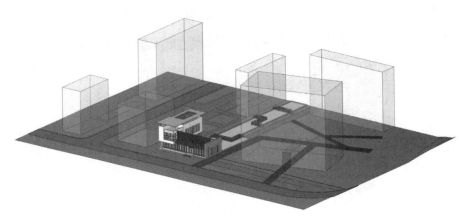

图 6.2－53

### 6.2.3 添加场地构件

场地构件包括植物、环卫设施、照明设施、景观小品、交通工具等。在添加场地构件前我们先载入相应的构件族以备添加时使用。

1. 载入场地构件族

添加场地构件之前我们首先将需要添加的构件族载入到项目中去。

项目浏览器中打开【场地】视图，单击【体量和场地】选项卡→【场地建模】面板→
【场地构件】命令，然后单击【模式】面板→【载入族】命令，如图 6.2 - 54 所示。

图 6.2 - 54

弹出【载入族】对话框，在 Revit 默认族库（场地、配景、植物等文件夹内）中找到
项目需要的场地构件族，如图 6.2 - 55 所示，最后单击【打开】命令。

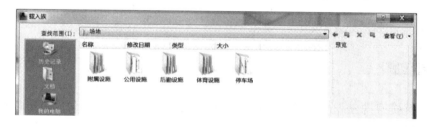

图 6.2 - 55

2. 布置场地构件

载入族后，我们开始向场地中布置构件。

在【实例属性】上的【类型选择器】中选择自己需要的场地构件，如图 6.2 - 56 所
示。在标高栏内调整构件底部的基准标高。

图 6.2 - 56

最后完成所有场地构件的布置，如图 6.2 - 57 和图 6.2 - 58 所示。

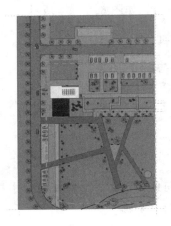

图 6.2 - 57

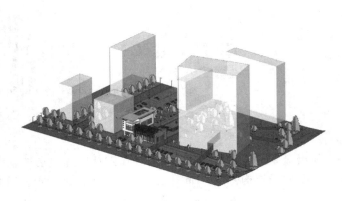

图 6.2 - 58

## 6.3 模型细化

本章讲解模型搭建完成后对各个视图进行细化和整理，包括平面图、立面图、剖面图等。不同的视图平面表达不尽相同，可能需要隐藏一些图元，或添加一些特定图元。

### 6.3.1 平面图细化

建筑总平面图主要表现的是建筑与基地周边环境、道路等的关系，还有主体建筑的主入口、次入口的位置，各个建筑的层高等。总平面图上需要有指北针，标志整个基地的位置朝向，风玫瑰图标志整个基地的风向等地理风貌，总之，对于一套建筑图来说，总平是至关重要的，能体现设计者对整个基地环境以及建筑的整体把握。

打开场地平面视图，单击【属性】对话框【可见性→图形替换】右侧的【编辑】按钮，如图 6.3 - 1 所示。在弹出的对话框中，单击【注释类别】栏，将其子类别的剖面、参照平面、立面、轴网取消勾选前面的复选框，如图 6.3 - 2 所示。

图 6.3 - 1

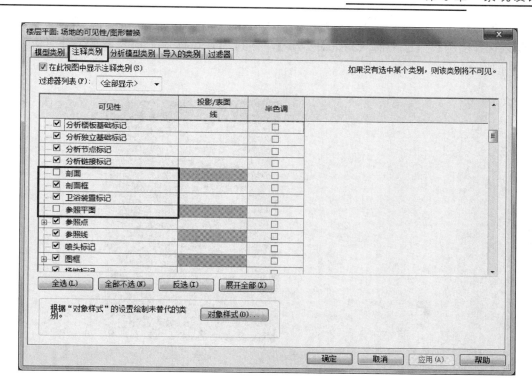

图 6.3 - 2

单击【插入】选项卡→【从库中载入面板】→【载入族】命令，选择族库【注释】文件夹→【符号】→【建筑】→【指北针】，将其打开载入到项目中来，如图 6.3 - 3 所示。

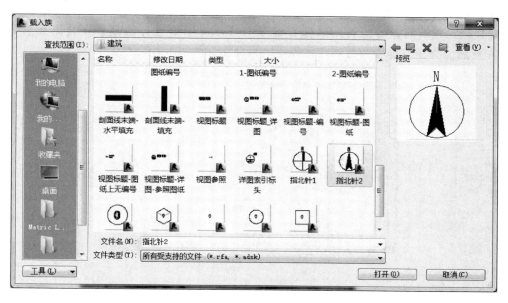

图 6.3 - 3

　　单击【建筑】选项卡→【构建】面板→【构件】下拉菜单【放置构件】命令，【属性】中默认选择刚刚载入进来的【指北针.rfa】，将其放置在场地平面视图的右上角，如图6.3-4所示。

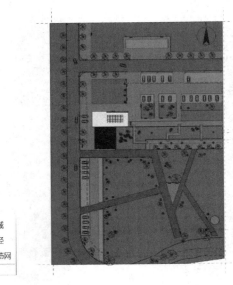

图 6.3-4

## 6.3.2　立面图细化

　　进入南立面视图，同上述步骤打开该视图【可见性】→【图形替换】对话框，取消【剖面、参照平面】的显示，并调整标高的位置，使其两侧标头对称位于建筑的两侧（注意要在 2D 模式下进行操作）。

　　选择挡在建筑前方的植物，鼠标右键单击【在视图中进行隐藏】→【图元】，如图6.3-5所示。将建筑前方的植物隐藏掉，结果如图6.3-6所示。

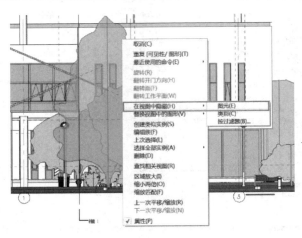

图 6.3-5

图 6.3 - 6

同理，处理北立面、东立面和西立面视图，结果如图 6.3 - 7～图 6.3 - 9 所示。

图 6.3 - 7

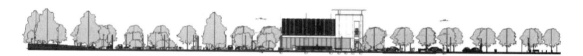

图 6.3 - 8

图 6.3 - 9

### 6.3.3　剖面图细化

剖面图主要剖切建筑复杂部位，主要强调建筑的表现，因此方案阶段配景尽量少，将多余的场地构件图元在视图中进行隐藏，结果如图 6.3 - 10 所示。

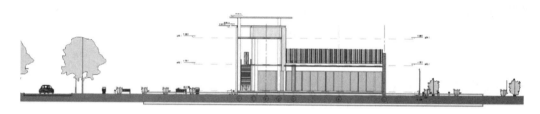

图 6.3 - 10

剖面图中场地被剖切时可以调节显示的【剖面填充样式】和【深度】，单击【体量和场地】选项卡→【场地建模】面板上的右侧斜下拉箭头，如图 6.3-11 所示。在弹出来的【场地设置】对话框中，修改【剖面填充样式】栏内的材质参数和【基础土层高程】的数值，如图 6.3-12 所示，确定后的效果，如图 6.3-13 所示。

图 6.3-11

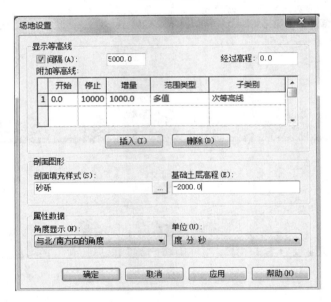

图 6.3-12

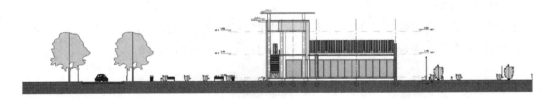

图 6.3-13

## 6.4 场地构件统计

场地构件的统计是场地设计中很重要的一项工作，我们可以通过创建明细表的方法，很快地统计出场地构件的种类和数量。

### 6.4.1　创建场地构件明细表

单击【视图】选项卡→【创建】面板→【明细表】下拉列表中的【明细表→数量】命令，如图 6.4-1 所示。

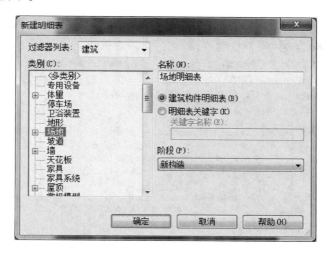

图 6.4-1

在弹出的【新建明细表】对话框左侧的【类别】选项栏内单击【场地】，在右侧的【名称】栏用鼠标左键单击输入统计表的名称，并在下部【建筑构件明细表】一项前用鼠标左键单击，最后单击【确定】。

单击【确定】后会弹出【明细表属性】对话框，在左侧类别选择器中选择【类型】然后单击右侧的【添加】　添加(A) -->　，所选的类型会在右侧【明细表字段】中出现，这样依次为明细表添加【族与类型】【合计】【说明】，可单击【上移】【下移】来完成它们几个类别的排列顺序，如图 6.4-2 所示。

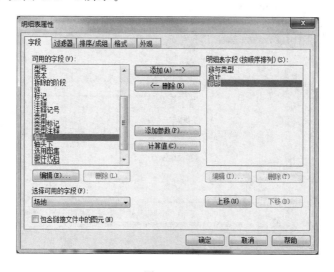

图 6.4-2

接着单击【明细表属性】对话框上方【排序→成组】按钮，单击【排序方式】选项栏后的小三角▼图标，从下拉菜单中单击【族与类型】，并在右侧【升序】前单击，接着在对话框左下角【总计】前单击，并在后面的选项栏的下拉菜单里选择【标题和总数】，取消勾选【逐项列举每个实例】，如图 6.4 - 3 所示。

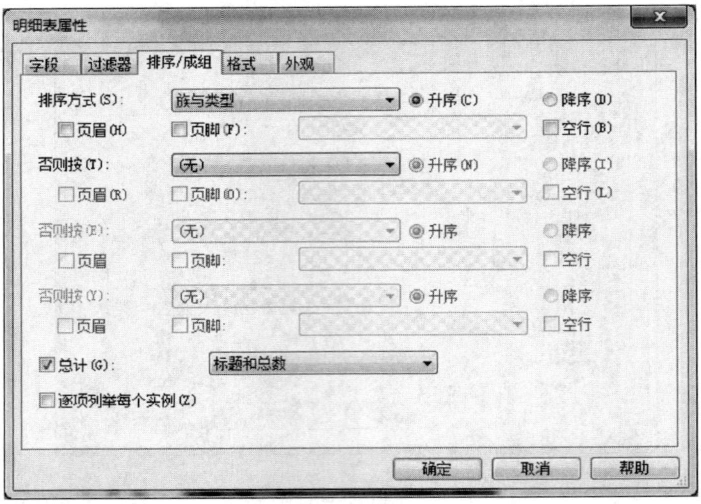

图 6.4 - 3

最后选择【明细表属性】对话框上方的【格式】按钮，单击【字段】栏下的【合计】，在右侧【字段格式】上【计算总数】前单击，如图 6.4 - 4 所示，然后在【字段】栏上单击【族与类型】，在右侧【标题】栏内单击，输入【种类】，如图 6.4 - 5 所示，最后单击【确定】。

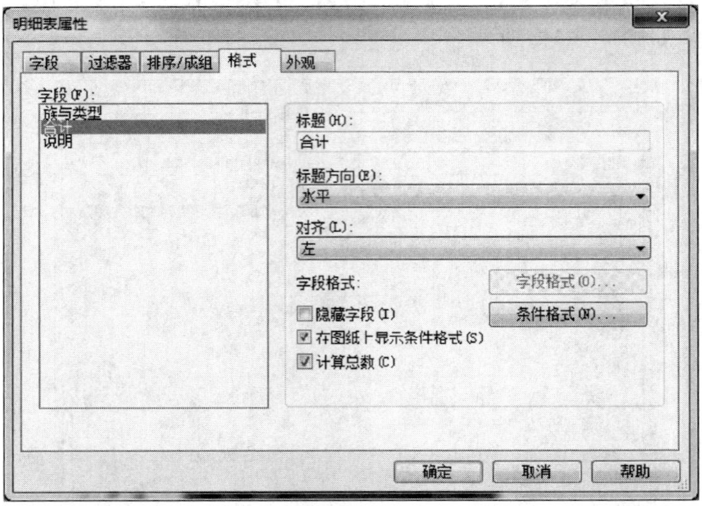

图 6.4 - 4

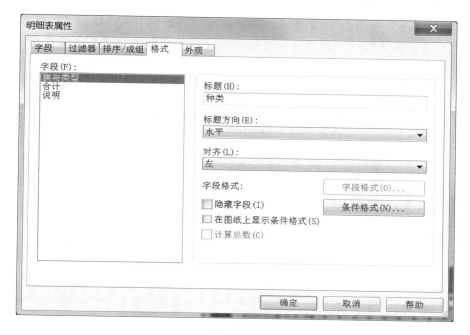

图 6.4－5

　　Revit 自动统计该项目中所有的场地构件，完成【场地构件明细表 1】，如图 6.4－6所示。

<table>
<tr><td colspan="3" align="center">〈场地构件明细表〉</td></tr>
<tr><td align="center">A</td><td align="center">B</td><td align="center">C</td></tr>
<tr><td align="center">种类</td><td align="center">合计</td><td align="center">说明</td></tr>
<tr><td>公园长椅：</td><td>29</td><td></td></tr>
<tr><td>垃圾桶　一</td><td>25</td><td></td></tr>
<tr><td>消防栓：</td><td>6</td><td></td></tr>
<tr><td>花盆：090</td><td>5</td><td></td></tr>
<tr><td>总计</td><td>65</td><td></td></tr>
</table>

图 6.4－6

　　自动完成的明细表中【说明】栏太短，无法显示完整的说明内容，因此需要我们对表格的宽度进行调整，将鼠标光标放到表格两列间的边界时，单击鼠标左键会出现一个拉伸的符号，单击后左右拖动即可调整表格的各项的宽度。最后在【说明】栏内输入各种构件的布置原则。

## 6.4.2　创建植被明细表

　　场地植被树木的统计也是场地设计中很重要的一项工作，我们同样用创建植物明细表的方法来对其进行统计。

单击【视图】选项卡→【创建】面板→【明细表】下拉列表中的【明细表→数量】命令，弹出对话框，如图 6.4-7 所示。在左侧【类别】选项栏内单击【植物】，在右侧【名称】栏中单击输入统计表的名称，并在下部【建筑构件明细表】一项前单击，最后确定。

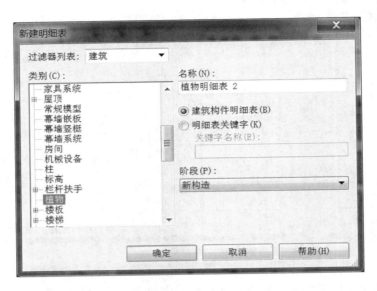

图 6.4-7

单击【确定】后会弹出【明细表属性】对话框，在左侧类别选择器中选择【类型】然后单击右侧的【添加】 添加(A) →，所选的类型会在右侧【明细表字段】中出现，这样依次为明细表添加【族与类型】【合计】【说明】，可单击【上移】【下移】来完成类别的排列顺序，如图 6.4-8 所示。

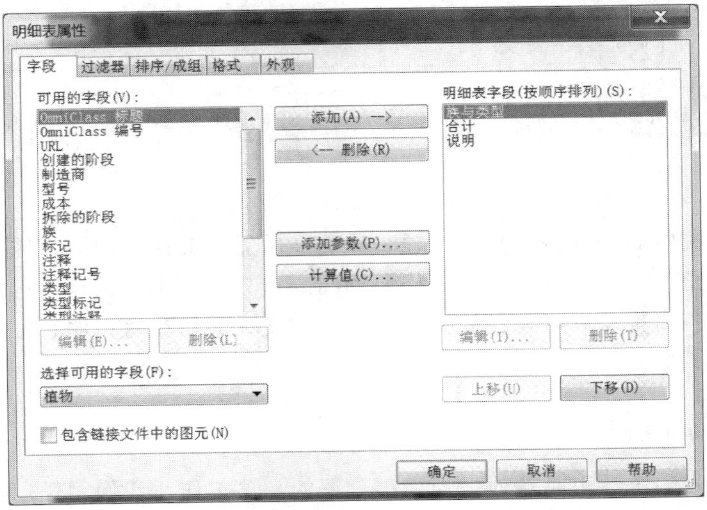

图 6.4-8

　　接着单击【明细表属性】对话框上方的【排序→成组】按钮，弹出对话框后单击【排序方式】选项栏后的小三角▼图标，从下拉菜单中单击【族与类型】，并在右侧【升序】前单击，接着在对话框下部【总计】前单击，并在后面的选项栏中的下拉菜单里选择【标题和总数】，【逐项列举每个实例】前复选框不勾选，如图 6.4－9 所示。

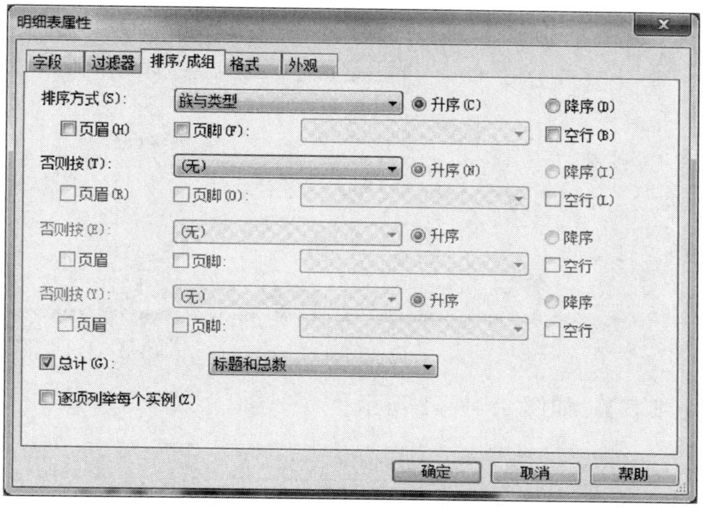

图 6.4－9

　　最后【明细表属性】对话框上方【格式】按钮，弹出对话框后单击【字段】栏下的【合计】，在右侧【字段格式】下的【计算总数】前单击，如图 6.4－10 所示。然后在【字段】栏下单击【族与类型】，在右侧【标题】栏内单击，输入【树种】，如图 6.4－11 所示。最后单击【确定】。

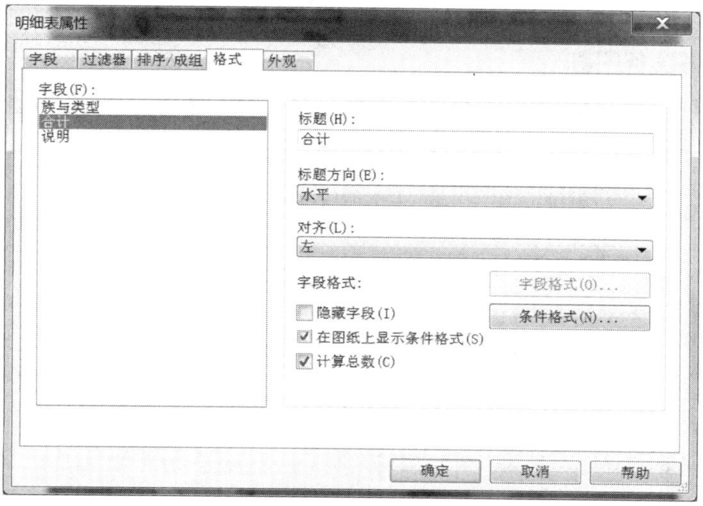

图 6.4－10

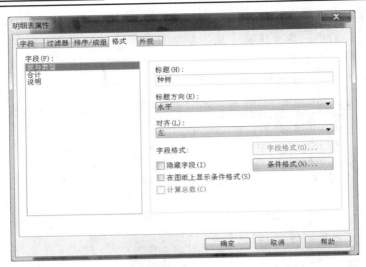

图 6.4 - 11

完成【植物明细表】，如图 6.4 - 12 所示。

| | A | B | C |
|---|---|---|---|
| | 名称 | 合计 | 说明 |
| | M RPC Tree - Deciduous; | 3 | |
| | M RPC Tree - Fall: 皂荚 | 8 | |
| | M RPC Tree - Fall: 鸡爪 | 14 | |
| | RPC 树 - 落叶树: 大齿白 | 42 | |
| | RPC 树 - 落叶树: 白蜡树 | 14 | |
| | RPC 树 - 落叶树: 金链花 | 1 | |
| | RPC 树 - 落叶树: 钻天杨 | 1 | |
| | RPC 树 - 落叶树: 钻天杨 | 1 | |
| | RPC 灌木: 丁香 - 3.0 米 | 11 | |
| | RPC 灌木: 八仙花 - 1.12 | 36 | |
| | RPC 灌木: 黄杨木 - 0.8 | 5 | |
| | 荷花: 荷花 | 12 | |
| | 总计: 148 | 148 | |

〈植物明细表 2〉

图 6.4 - 12

### 6.4.3　创建照明设备明细表

照明设备的统计也是场地设计中很重要的一项工作，我们同样用创建植物、场地构件明细表的方法来对其进行统计，如图 6.4 - 13 所示。

| | A | B | C |
|---|---|---|---|
| | 类型 | 合计 | 说明 |
| | 庭院灯 | 42 | |
| | 草坪灯 | 53 | |
| | 路灯 | 27 | |
| | 总计: 122 | 122 | |

〈照明设备明细表〉

图 6.4 - 13

## 6.5　渲染与漫游

在商业领域里，建筑效果图通常使用手绘效果图和电脑效果图来表现，大家熟知的软件有 3ds Max、Sketchup 等软件，本节来讲解用 Revit 软件对建筑、场地模型进行渲染，导出渲染图片以及学习创建漫游动画的方法，让大家体会 Revit 在三维表现方面的独特魅力。

## 6.5.1　创建场地渲染图像

### 1. 创建相机视图

打开【场地】视图，单击【视图】选项卡→【创建】面板→【三维视图】下拉菜单→【相机】命令，如图 6.5 - 1 所示。将鼠标放到视点所在的位置单击鼠标左键，然后拖动鼠标朝向视野一侧，再次单击左键，完成相机的放置，如图 6.5 - 2 所示。

图 6.5 - 1　　　　　　　　　　　　图 6.5 - 2

放置完相机后当前视图会自动切换到相机视图，如图 6.5 - 3 所示。

图 6.5 - 3

2. 调整材质渲染外观

在相机视图中，单击建筑外墙，如图 6.5 - 4 所示。进入其【类型属性】→【编辑部件】对话框，将墙体内外面层材质修改为【砌体-石头】，单击【确定】，如图 6.5 - 5 所示。

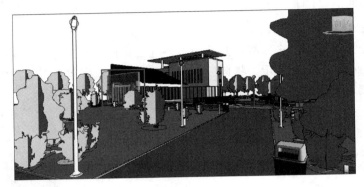

图 6.5 - 4

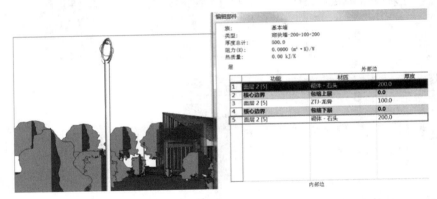

图 6.5 - 5

单击，如图 6.5 - 6 所示。墙体，查看其外部面层材质是否为【ZTJ 保温 _ 聚苯板】，如果不是请修改成【ZTJ 保温 _ 聚苯板】。

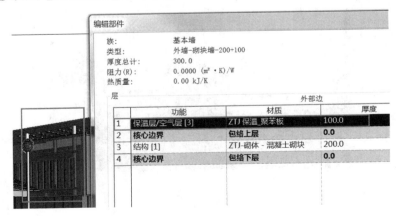

图 6.5 - 6

单击【管理】选项卡→【设置】面板→【材质】命令，如图 6.5－7 所示。进入到材质对话框，在左侧材质列表中找到【ZTJ 保温＿聚苯板】，单击右上角的【外观】按钮，如图 6.5－8 所示。

图 6.5－7

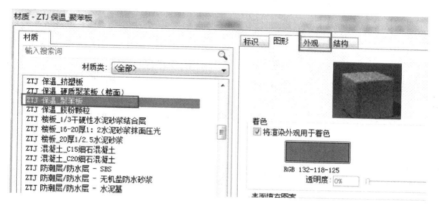

图 6.5－8

进入到【资源管理器】面板，左侧【Autodesk 库】列表中选择【墙漆】→【橙红色】，此时，此时渲染外观的颜色以确定，如图 6.5－9 所示。

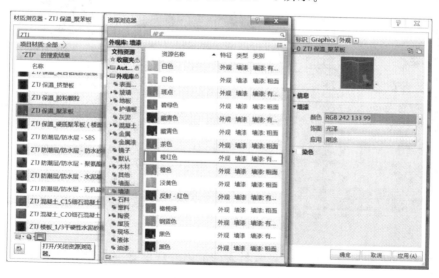

图 6.5－9

同理，调节【砌体 _ 石头】的渲染外观为【石料】→【不均匀的小矩形石料-褐色】，如图 6.5 - 10 所示。

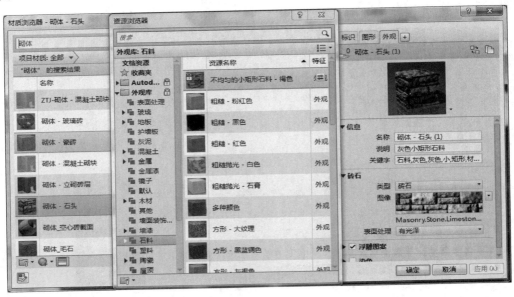

图 6.5 - 10

同理，调节【玻璃】材质的渲染外观为【玻璃制品】→【淡蓝色反射】，如图 6.5 - 11 所示。

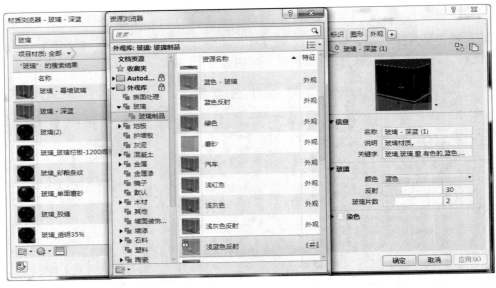

图 6.5 - 11

初步材质渲染外观设置完毕，其余材质的渲染外观设置方法相同，在这里就不一一列举，读者可根据自己的设计理念，给建筑和场地模型定义不同的材质外观。

3. 渲染图像

渲染图像前首先要进入将要渲染的相机视图，单击【视图】选项卡→【图形】面板→【渲染】命令，如图 6.5－12 所示。

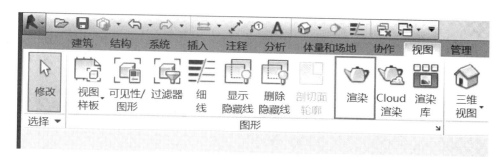

图 6.5－12

弹出渲染对话框，首先我们来调节下渲染出图的质量，单击对话框【质量】栏内【设置】选项框后的下拉菜单，从中选择渲染的标准，渲染的质量越好，需要的时间也越多，所以我们要根据需要设置不同的渲染质量标准，如图 6.5－13 所示。

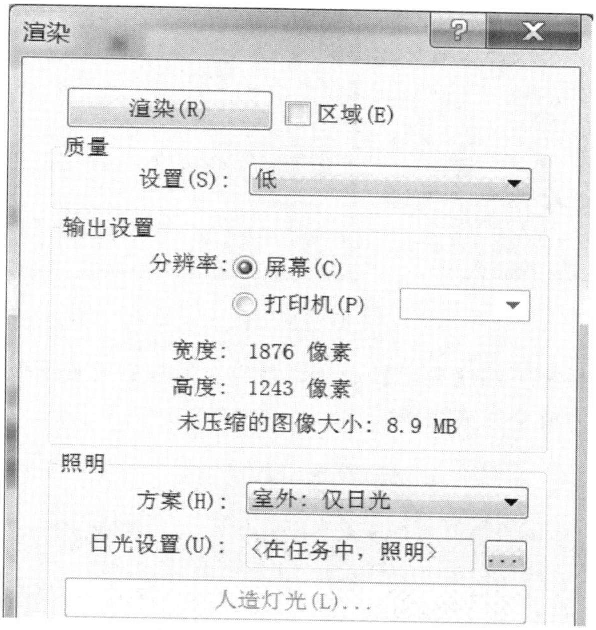

图 6.5－13

在【渲染】对话框中的【输出设置】栏内调节渲染图像的【分辨率】。【照明】设置栏内将【方案】选项栏内设置为【室外：仅日光单击】。【背景】设置栏内可设置视图中天空的样式，单击【样式】下拉菜单，选择【图像】，下方出现【自定义图像】设按钮，单击进入【背景图像】对话框，再单击右上角【图像】命令，可以在电脑中选择一张下载好的

【天空】图片，载入到该项目中，如图6.5－14所示。这样渲染出来的图像更加真实生动。

图 6.5－14

所有参数设置完成后，单击对话框左上角的【渲染】按钮，开始进入渲染过程，渲染完成后单击对话框下端【保存到项目中】可以将渲染图像保存到【项目浏览器】→【渲染】栏下，如图6.5－15所示。

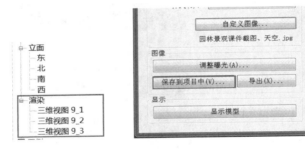

图 6.5－15

单击【渲染】对话框下端【导出】命令，弹出对话框后设置图像的保存格式和存放位置，图6.5－16所示为渲染完成图像。

图 6.5－16

### 6.5.2　创建场地漫游动画

首先我们先创建一条路径，然后去调节路径上每个相机的视图，最后所有视图连接起来就组成一个漫游。

在项目浏览器中进入场地平面视图。单击【视图】选项卡→【创建】面板→【三维视图】下拉菜单→【漫游】命令，如图 6.5 - 17 所示。

图 6.5 - 17

**注意:** 选项栏中可以设置路径的高度，默认为【1680】，可单击【1680】修改其高度。

光标移至绘图区域，在场地平面视图教堂西南方向单击，开始绘制路径，即漫游所要经过的路线。光标每单击一个点，即创建一个关键帧，沿教堂外围逐个单击放置关键帧，路径围绕教堂一周后，鼠标单击【漫游】面板→【完成漫游】命令，完成漫游路径的绘制，如图 6.5 - 18 所示。

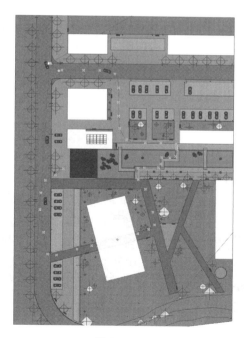

图 6.5 - 18

完成路径后，项目浏览器中出现【漫游】项，可以看到我们刚刚创建的漫游名称是【漫游1】，如图 6.5－19 所示。双击【漫游1】打开漫游视图。

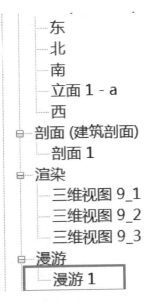

图 6.5－19

打开项目浏览器中【楼层平面】项，双击【场地】，打开场地平面图，单击【视图】选项卡→【窗口】面板→【平铺】命令，此时绘图区域同时显示平面图和漫游视图。

单击漫游视图的视图控制栏【模型图形样式】图标，将显示模式替换为【着色】，选择漫游视口边界，单击视口四边上的控制点，按住向外拖拽，放大视口，如图 6.5－20 所示。

图 6.5－20

选择漫游视口边界，单击选项栏的【编辑漫游】按钮，在场地视图上单击，激活场地平面视图，此时选项栏的工具可以用来设置漫游，参数如图 6.5 - 21 所示。单击帧数【300】，输入【1】，按【Enter】键确认，从第一帧开始编辑漫游。当【控制】项选择【活动相机】时，场地平面视图中相机为可编辑状态，此时可以拖拽相机视点改变相机方向，直至观察三维视图该帧的视点合适。单击【控制】→【活动相机】后的向下箭头，替换为【路径】即可编辑每帧的位置，在场地视图总关键帧变为可拖拽位置的蓝色控制点。

图 6.5 - 21

第一个关键帧编辑完毕后单击选项栏的下一关键帧图标，借此工具可以逐帧编辑漫游，使每帧的视线方向和关键帧位置合适，得到完美的漫游。

如果关键帧过少，可以单击选项栏【控制】→【活动相机】后下拉箭头，替换为【添加关键帧】。光标可以在现有两个关键帧中间直接添加新的关键帧，而【删除关键帧】则是删除多余关键帧的工具。

注意：为使漫游更顺畅，Revit 在两个关键帧之间创建了很多非关键帧。

编辑完成后可按【漫游面板】的【播放】键，播放刚刚完成的漫游，如图 6.5 - 22 所示。

图 6.5 - 22

注意：如需创建上楼的漫游，如从 1F 到 2F，可在 1F 起始绘制漫游路径，沿楼梯平面向前绘制，当路径走过楼梯后，可将选项栏【自】设置为【2F】，路径即从 1F 向上，至 2F，同时可以配合选项栏的【偏移值】，每向前几个台阶，将偏移值增高，可以绘制较流畅的上楼漫游。也可以在编辑漫游时，打开楼梯剖面图，将选项栏【控制】设置为【路径】，在剖面上修改每一帧位置，创建上下楼的漫游。

漫游创建完成后可单击【应用程序菜单】→【文件】→【导出】→【图像和动画】→

【漫游】命令，如图 6.5 - 23 所示。弹出【长度/格式】对话框，如图 6.5 - 24 所示。

 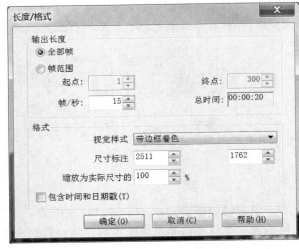

图 6.5 - 23                                    图 6.5 - 24

　　其中【帧/秒】项设置导出后漫游的速度为每秒多少帧，默认为 15 帧，播放速度会比较快，建议设置为 3 - 4 帧，速度将比较合适，按确定后弹出【导出漫游】对话框，输入文件名，并选择路径，单击【保存】按钮，弹出【视频压缩】对话框，如图 6.5 - 25 所示。默认为【全帧（非压缩的）】，产生的文件会非常大，建议在下拉列表中选择压缩，此模式为大部分系统可以读取的模式，同时可以减小文件大小，单击【确定】将漫游文件导出为外部 AVI 文件。

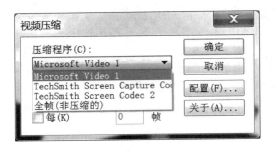

图 6.5 - 25

## 6.6　布图与打印

　　阶段性成果汇报或者最终出图的时候，我们要将各个视图放置在图框里进行打印。本章讲解在 Revit 中如何布置视图和打印图纸。

### 6.6.1 布图

单击【视图】选项卡→【图纸组合】面板→【图纸】按钮，如图 6.6-1 所示。弹出【新建图纸】对话框，如果【选择标题栏】栏下方没有任何图纸，可以单击右上角【载入】命令，选择默认族库中的【标题栏】→A1\A2...图纸，载入到项目中来，如图 6.6-2 所示。

图 6.6-1

图 6.6-2

选择载入进来的【A3 公制：A3】，将其打开，当前窗口自动切换到图纸视图，此时在【项目浏览器】→【图纸】下方出现【J0-1-未命名】，如图 6.6-3 所示。在其上方右键鼠标，选择【重命名】命令，在弹出来的对话框中输入名称【总平面图】。

图 6.6-3

　　此时观察图框左下角，【图纸名称】自动修改成【总平面图】，单击【设计者】将其修改为【王晓】，因为每张图纸的设计人员不尽相同，因此需要手动输入，如图 6.6-4 所示。

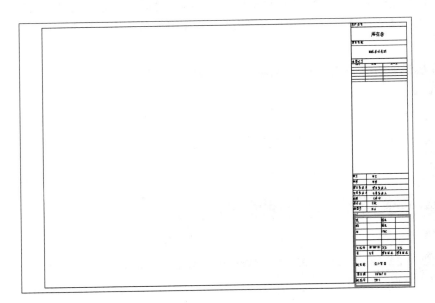

图 6.6-4

## 6.6.2　布置视图

　　图框上面的相关信息添加完毕之后，要把视图放置到图框中，放置视图有三种方法：

　　展开项目浏览器，选择要放置的视图，鼠标左键拖拽视图，将其放置在图纸中，松开鼠标即可，如图 6.6-5 所示。

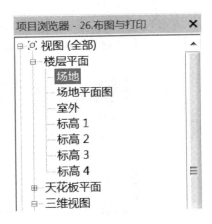

图 6.6-5

在【项目浏览器】→【图纸】→【J0-1 总平面图】上单击鼠标右键，选择【添加视图】，如图 6.6-6 所示。此时弹出【视图】对话框，在其中找到要添加到图纸中的视图，单击【在图纸中进行添加】即可，如图 6.6-7 所示。

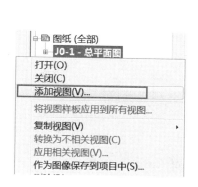

图 6.6-6　　　　　　　　　　　　　　　图 6.6-7

单击【视图】选项卡→【图纸组合】面板→【视图】按钮，如图 6.6-8 所示。同样弹出【视图】对话框，从列表中找到【场地】，单击对话框下部的【在图纸中添加视图】按钮，将视图拖动到合适的位置即可，如图 6.6-9 所示。

图 6.6-8

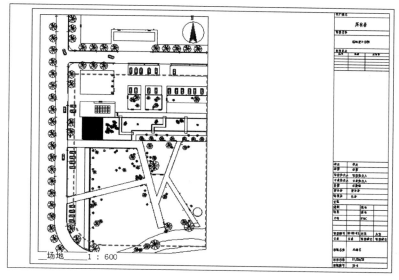

图 6.6-9

### 6.6.3 创建图例视图

单击【视图】选项卡→【创建】面板→【图例】下拉列表中【图例】命令，弹出【新图例视图】对话框，如图 6.6-10 所示，定义其【名称】和【比例】后确定进入图例编辑视图。

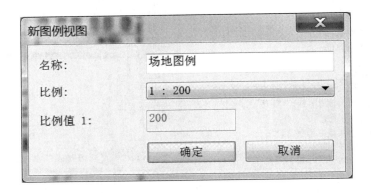

图 6.6-10

单击【注释】选项卡→【详图】面板→【构件】下拉列表中的【图例构件】命令，如图 6.6-11 所示。

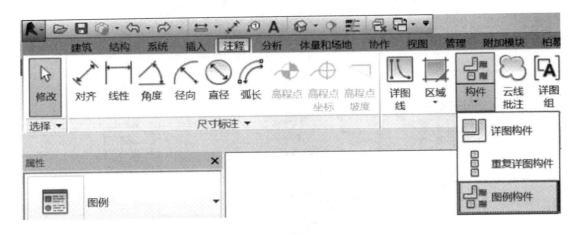

图 6.6-11

开始添加图例，在界面左上方【状态显示】栏的【族】选项栏下拉菜单中依次选择场地平面中所有的构件族（植物、车辆、路灯、长椅等），如图 6.6-12 和图 6.6-13 所示。将其放置在视图的合适位置。

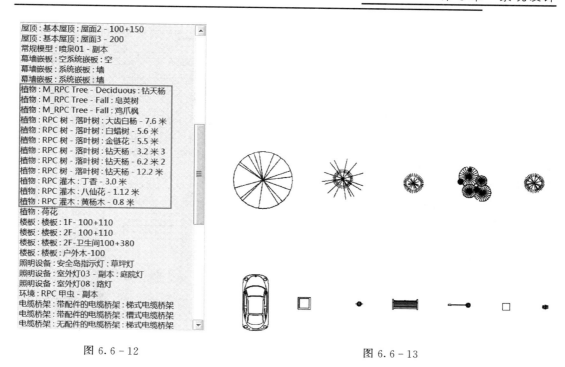

图 6.6－12                    图 6.6－13

放置后添加说明文字，单击【注释】选项卡→【文字】面板→【文字】命令，在图例下面合适的位置添加文字，如图 6.6－14 所示。

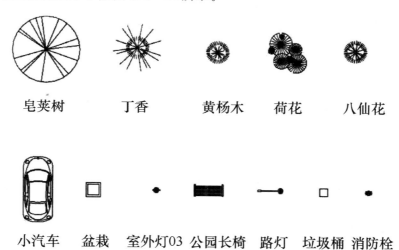

皂荚树    丁香    黄杨木    荷花    八仙花

小汽车    盆栽    室外灯03  公园长椅    路灯    垃圾桶  消防栓

图 6.6－14

在【项目浏览器】中，按住鼠标左键将图例视图拖动到图纸中。

在【项目浏览器】→【明细表】栏下选择【场地构件明细表】【植物明细表】和【照明设备明细表】分别拖动到【总平面图纸】中，结果如图 6.6－15 所示。

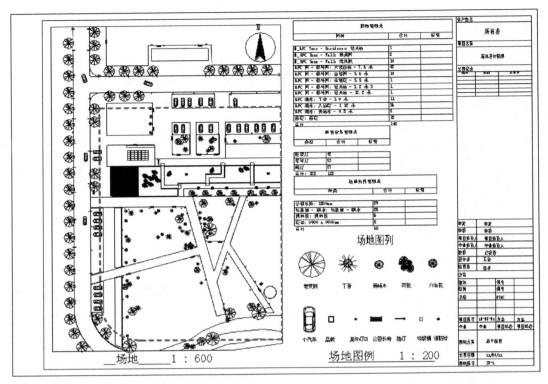

图 6.6 - 15

Revit 中布图用到的命令比较少，主要注意图纸的选择与视图比例名称的调整。可以用同样的方法将各层平面图、立面图等放置于图纸中。

## 6.6.4 出图深度

Revit 软件能够达到施工图出图的深度，并附有各个节点大样详图，以及剖面详图。

室外地面铺砖详图效果如图 6.6 - 16 和图 6.6 - 17 所示。

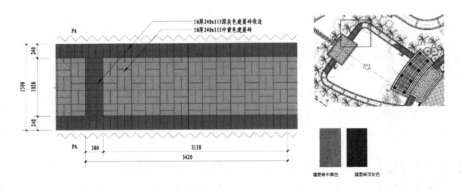

图 6.6 - 16

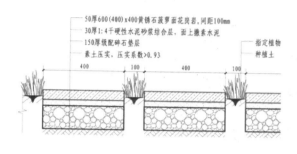

黄锈石烧面花岗岩

图 6.6－17

溪流硬质铺地岸剖面图效果如图 6.6－18 和图 6.6－19 所示。

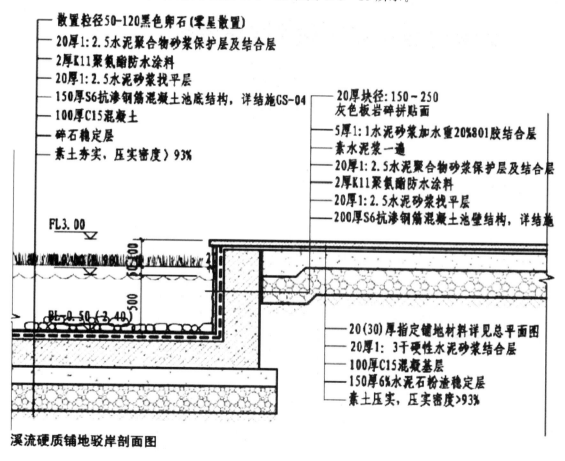

溪流硬质铺地驳岸剖面图

图 6.6－18

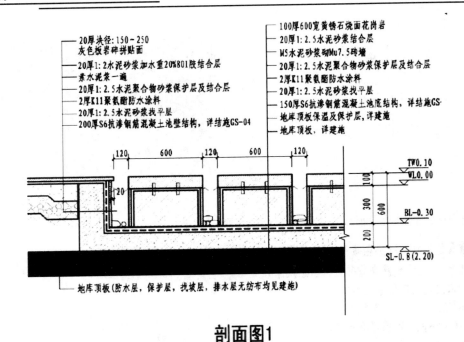

20厚决径:150~250
灰色板岩碎拼贴面
20厚1:2水泥砂浆加水重20%801胶结合层
素水泥浆一遍
20厚1:2.5水泥聚合物砂浆保护层及结合层
2厚K11聚氨酯防水涂料
20厚1:2.5水泥砂浆找平层
200厚S6抗渗钢筋混凝土池壁结构,详结施GS-04

100厚600宽黄锈石饰面花岗岩
20厚1:2.5水泥砂浆结合层
M5水泥砂浆砌Mu7.5砖墙
20厚1:2.5水泥聚合物砂浆保护层及结合层
2厚K11聚氨酯防水涂料
20厚1:2.5水泥砂浆找平层
150厚S6抗渗钢筋混凝土池底结构,详结施GS-
地库顶板保温及保护层,详建施
地库顶板,详建施

地库顶板(防水层,保护层,找坡层,排水层无纺布均见建施)

## 剖面图1

图 6.6 - 19

楼梯节点大样详图效果如图 6.6 - 20 所示。

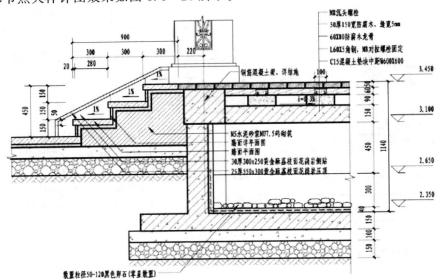

## 节点大样图一

图 6.6 - 20

### 6.6.5　打印

　　【打印】工具可打印当前窗口、当前窗口的可见部分或所选的视图和图纸。可以将所需的图形发送到打印机、打印为 PDF 文件，下面讲解如何打印 PDF 文件。

　　鼠标单击【应用程序菜单】→【打印】，或者快捷键【Ctrl＋P】进入打印对话框，如图 6.6－21 所示。

图 6.6－21

　　在【打印】对话框中，打印机【名称】选择【Adobe PDF】（如果电脑安装过 PDF 软件，PDF 打印机就会自动安装），如图 6.6－22 所示。单击右下角【设置】命令，进入到【打印设置】对话框，如图 6.6－23 所示。

图 6.6－22

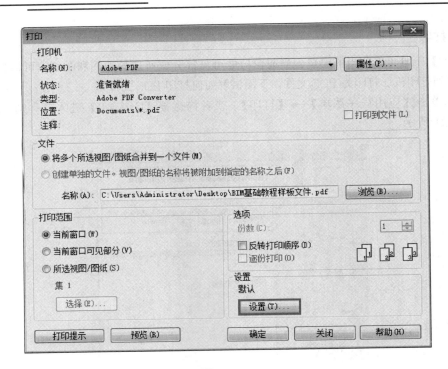

图 6.6 - 23

【打印设置】对话框中，参数设置如图 6.6 - 24 所示。

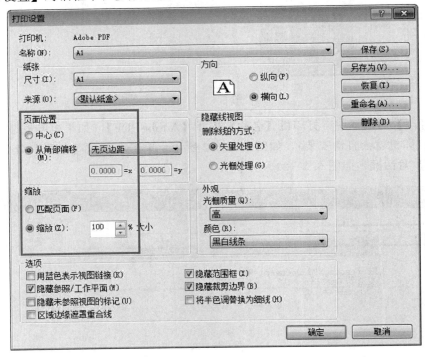

图 6.6 - 24

单击【确定】后，回到【打印】对话框，激活左下角【所选视图→图纸】命令后单击【选择】按钮，在弹出来的【视图/图纸集】对话框中，将【视图】取消勾选，只选择要打印的图纸视图（可以选择单张也可以选择多张），单击【确定】即可，如图 6.6 - 25 和图 6.6 - 26 所示。

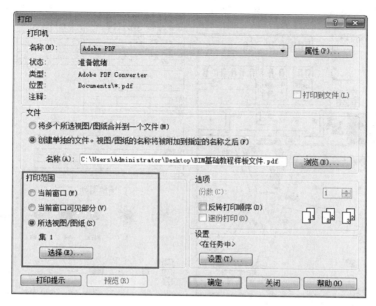

图 6.6 - 25

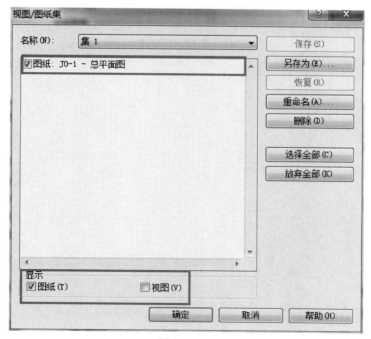

图 6.6 - 26

单击【确定】，设置保存路径和名称后，最终成果如图 6.6 - 27 所示。

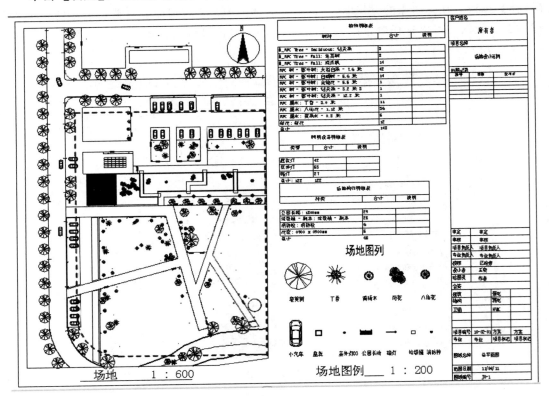

图 6.6 - 27